高等院校力学教材

Textbook in Mechanics for Higher Education

弹性力学

闫晓军 胡殿印 张小勇 王荣桥 编著

U0302666

清华大学出版社

北京

内 容 简 介

弹性力学是力学、机械、土木、航空航天等专业的基础课。本书紧密结合当前工程技术发展,对相关概念和知识进行了介绍和阐述;同时,根据弹性力学的发展历程,系统、条理地给出了其研究方法。

全书共 9 章,涵盖了弹性力学的发展历史、数学基础、基本概念、方程组建立及求解原理、经典例题、数值方法、实验方法等内容。在大部分章中增加"重点概念阐释及知识延伸"部分,将该章涉及的重点概念进行深入内涵解释或证明,对涉及其他学科的知识点也进行了介绍、对比、关联,以期起到学科间的交叉和融会贯通、扩展视野的作用。

本书可作为高等学校工科相关专业本科、研究生的学习使用教材,也可供工程技术人员参考。

图书在版编目(CIP)数据

弹性力学/闫晓军等编著.--北京:清华大学出版社,2015(2024.2重印)

高等院校力学教材

ISBN 978-7-302-40742-3

Ⅰ. ①弹… Ⅱ. ①闫… Ⅲ. ①弹性力学—高等学校—教材 Ⅳ. ①O343

中国版本图书馆 CIP 数据核字(2015)第 160624 号

责任编辑:佟丽霞
封面设计:傅瑞学
责任校对:赵丽敏
责任印制:沈 露

出版发行:清华大学出版社
      网 址:https://www.tup.com.cn,https://www.wqxuetang.com
      地 址:北京清华大学学研大厦 A 座   邮 编:100084
      社 总 机:010-83470000   邮 购:010-62786544
      投稿与读者服务:010-62776969,c-service@tup.tsinghua.edu.cn
      质量反馈:010-62772015,zhiliang@tup.tsinghua.edu.cn
印 装 者:三河市龙大印装有限公司
经 销:全国新华书店
开 本:185mm×260mm   印 张:14.25   字 数:346 千字
版 次:2015 年 8 月第 1 版   印 次:2024 年 2 月第 6 次印刷
定 价:39.90 元

产品编号:065666-02

前　言

弹性力学是力学、机械、土木、航空航天等专业的基础课。作为一门基础课的教材,一方面要准确、生动地介绍课程相关的概念和知识,为读者后续的学习奠定基础;另一方面,还需要系统、条理表述本学科的研究方法,便于读者在后续的工作中借鉴和使用。

在阐述弹性力学基本概念时,教材注重科学(弹性力学)和技术(工程)的结合。以第7章弹性力学的经典例题为例,教材首先介绍其工程背景,说明"从哪儿来";然后在此基础上抽象出物理模型;在数学求解之后,则给出求解结果的工程应用,指出"到哪儿去"。每个例题的内容,体现了"认识世界"到"改造世界"的过程。书中各章的内容都给出了大量的工程实例。

在介绍弹性力学的求解方法时,教材注重阐述整个求解思路。首先,通过介绍弹性力学及其经典例题的发展历史来体现:较详细地介绍了科学家如何寻求和定义合适的物理量,如何建立不同形式的方程,以及如何采用不同的化简方法来求解的历史,还原了弹性力学的发展历程。其次,通过章节安排来体现:先介绍基本物理量(第3章),再介绍方程组(第5章),再重点介绍如何简化求解的过程(第6章)。弹性力学的发展历史和求解方法的演变,实际上折射出科学研究的过程和方法,以期读者能够从中受益。

教材还注重和其他学科的交叉和融汇。除第2章外,在每章内容中增加"重点概念阐释及知识延伸"部分,将本章涉及的重点概念进行深入内涵地解释或证明,将本章涉及的其他学科的知识点也进行了介绍、对比、关联,以期起到学科间的交叉和融会贯通、扩展视野的作用。

本书同时采用多种方式来表达课程内容。在每章中尽量安排框图来表达各部分内容的逻辑关系;通过曲线、云图、照片等表达求解结果;对于经典例题,通过多种求解方法来介绍,以期加深读者的印象。

北京航空航天大学能源与动力工程学院航空推进系的部分博士生和硕士生参加了本书的文字、图片的输入和整理工作,在此表示感谢!他们是博士生:张锴,陈霞,黄大伟,陈操,刘志伟,李达,高晔,张龙,毛建兴,蒋康河;硕士生:任军,朱畅,高伟思,杨宝锋,杨艺,聂超,张顺杰。

在本书作为讲义使用阶段,北京航空航天大学能源与动力工程学院 2012 级本科生对书中的内容提出了大量的建议,在此表示感谢!

限于作者水平,疏漏和不足之处难免,恳请读者指正!

编　者
2015 年春

弹性力学符号表

A	面积
C_{ijkl}	弹性常数张量
c_{mn}	弹性矩阵
D_{ij}	初始应力张量
e_{ij}	应变偏张量
$\boldsymbol{e}_1$、$\boldsymbol{e}_2$、$\boldsymbol{e}_3$	单位矢量
E	弹性模量
F_B	体力集度
F_S	面力集度
F_{Sx}、F_{Sy}	薄板截面剪力
F_x、F_y、F_z	势函数引起的有势力
$\boldsymbol{F}^e$	有限单元载荷
$\boldsymbol{F}_L^e$	有限单元节点载荷
G	剪切模量
I_1、I_2、I_3	应力张量第一、二、三不变量
I_1'、I_2'、I_3'	应变张量第一、二、三不变量
I	惯性矩
I_p	极惯性矩
J_1、J_2、J_3	应力偏张量第一、二、三不变量
J_1'、J_2'、J_3'	应变偏张量第一、二、三不变量
K	体积模量(第 4 章)、应力集中系数(第 7 章)
$\boldsymbol{K}$	整体刚度矩阵
$\boldsymbol{K}^e$	单元刚度矩阵
l_{ij}	坐标变换张量
p	静水压力
q	单位长度的载荷
r	极坐标径向坐标
s_{ij}	应力偏张量
S	面积,静矩(第 7 章)
t	厚度
T_n、T_t	应力矢量法向、切向分量
T_x、T_y、T_z	应力矢量 X、Y、Z 方向分量
u、v、w	位移 X、Y、Z 方向分量
V	势函数
w	扭转翘曲函数(第 6 章、第 7 章)

W	应变能
$\overline{X}$、$\overline{Y}$、$\overline{Z}$	X、Y、Z 方向面力载荷
Z	垂度
α	单位长度扭转角
β	扭转角度
γ_8	八面体切应变
δ_{ij}	Kronecker 符号
$\boldsymbol{\Delta}$	节点位移向量
$\boldsymbol{\varepsilon}$	应变张量
ε_1、ε_2、ε_3	第一、二、三主应变
ε_8	八面体正应变
ε_{ijk}	交错张量
θ	体积应变(第 4 章)、极坐标角度(第 6 章)
λ	拉梅第一常数
μ	拉梅第二常数
ν	泊松比
ρ	密度
σ	应力张量
σ_n	正应力
σ_1、σ_2、σ_3	第一、第二、第三主应力
σ_8	八面体正应力
σ_m	平均正应力
$[\sigma]$	许用应力
τ	切应力
τ_8	八面体切应力
$\varphi_f(r)$	轴对称问题应力函数
$\varphi(x,y)$	圣维南扭转函数
Φ	艾里应力函数(第 6 章)、普朗特应力函数(第 6 章)
Ψ	断面收缩率(第 7 章)、插值函数(第 8 章)
ω	角速度
I、II、III	张量的第一、第二、第三不变量
∇	散度运算符号

目　录

第1章　绪论 ………………………………………………………………………………… 1

　1.1　概述 ………………………………………………………………………………… 1

　1.2　发展历史 …………………………………………………………………………… 2

　1.3　基本假设 …………………………………………………………………………… 7

　1.4　研究方法 …………………………………………………………………………… 10

　1.5　与其他力学课程的关系 …………………………………………………………… 12

　1.6　本书内容安排 ……………………………………………………………………… 12

　1.7　重点概念阐释及知识延伸 ………………………………………………………… 13

　　　1.7.1　连续介质 …………………………………………………………………… 13

　　　1.7.2　弹性力学建模中的物理量 ………………………………………………… 13

　　　1.7.3　各向同性与各向异性 ……………………………………………………… 14

　　　1.7.4　弹性力学与材料力学的对比例子 ………………………………………… 16

　　　1.7.5　巴黎综合理工学院对弹性力学发展的贡献 ……………………………… 16

　思考题 …………………………………………………………………………………… 17

　习题 ……………………………………………………………………………………… 17

　参考文献 ………………………………………………………………………………… 18

第2章　数学基础 ………………………………………………………………………… 19

　2.1　概述 ………………………………………………………………………………… 19

　2.2　坐标系 ……………………………………………………………………………… 20

　2.3　标记方法 …………………………………………………………………………… 20

　　　2.3.1　指标记法 …………………………………………………………………… 20

　　　2.3.2　求和约定 …………………………………………………………………… 21

　　　2.3.3　微分标记法 ………………………………………………………………… 22

2.4　标量与矢量 ………………………………………………………… 23

2.5　坐标变换 …………………………………………………………… 23

2.6　张量 ………………………………………………………………… 25

2.7　常用张量 …………………………………………………………… 26

　　2.7.1　Kronecker 符号 ………………………………………… 26

　　2.7.2　交错张量（ε_{ijk}符号）…………………………………… 27

2.8　张量相关运算及法则 ……………………………………………… 28

　　2.8.1　张量的性质 ……………………………………………… 28

　　2.8.2　二阶张量特征值及不变量 ……………………………… 29

　　2.8.3　各向同性张量 …………………………………………… 30

思考题 ……………………………………………………………………… 31

习题 ………………………………………………………………………… 31

参考文献 …………………………………………………………………… 33

第 3 章　应力与应变 ………………………………………………………… 34

3.1　概述 ………………………………………………………………… 34

3.2　外力 ………………………………………………………………… 35

3.3　应力 ………………………………………………………………… 36

　　3.3.1　应力矢量 ………………………………………………… 36

　　3.3.2　应力张量 ………………………………………………… 37

　　3.3.3　主应力 …………………………………………………… 40

　　3.3.4　八面体应力 ……………………………………………… 42

　　3.3.5　应力球张量和应力偏张量 ……………………………… 42

　　3.3.6　平衡方程 ………………………………………………… 44

　　3.3.7　应力小结 ………………………………………………… 46

3.4　应变 ………………………………………………………………… 46

　　3.4.1　位移 ……………………………………………………… 46

　　3.4.2　应变张量 ………………………………………………… 47

　　3.4.3　位移与应变关系 ………………………………………… 48

　　3.4.4　主应变 …………………………………………………… 50

　　3.4.5　八面体应变 ……………………………………………… 51

　　3.4.6　应变球张量和应变偏张量 ……………………………… 52

　　3.4.7　变形协调方程 …………………………………………… 52

　　3.4.8　应变小结 ………………………………………………… 54

3.5　重点概念阐释及知识延伸 ………………………………………… 54

　　3.5.1　体力与面力的尺寸效应 ………………………………… 54

　　3.5.2　大变形下的几何方程 …………………………………… 54

    3.5.3 用位移表达的平衡方程 ·· 55

    3.5.4 应力张量的证明 ·· 55

    3.5.5 静止流体的应力状态 ·· 57

  思考题 ·· 58

  习题 ·· 58

  参考文献 ·· 60

第 4 章 弹性本构方程 ·· 61

  4.1 概述 ·· 61

  4.2 广义胡克定律 ·· 62

    4.2.1 应力应变关系 ·· 62

    4.2.2 弹性常数张量 ·· 63

  4.3 各向异性弹性体 ·· 64

    4.3.1 一般各向异性弹性体 ·· 64

    4.3.2 具有一个对称面的弹性体 ·· 65

    4.3.3 具有两个对称面的弹性体 ·· 66

    4.3.4 横向各向同性弹性体 ·· 67

  4.4 各向同性弹性体 ·· 69

    4.4.1 弹性常数的简化 ·· 69

    4.4.2 各向同性弹性常数的测定 ·· 71

  4.5 重点概念阐释及知识延伸 ·· 74

    4.5.1 脆性材料与韧性材料 ·· 74

    4.5.2 温度对本构方程的影响 ·· 74

    4.5.3 脆性材料的单轴性能测试 ·· 75

    4.5.4 牛顿流体的本构方程 ·· 76

    4.5.5 复合材料及其本构方程 ·· 76

    4.5.6 形状记忆合金及其本构方程 ······································ 77

  思考题 ·· 77

  习题 ·· 78

  参考文献 ·· 79

第 5 章 方程组求解方法与原理 ·· 80

  5.1 概述 ·· 80

  5.2 基本方程 ·· 80

  5.3 边值问题及边界条件 ·· 81

    5.3.1 应力边界条件 ·· 82

    5.3.2 位移边界条件 ·· 82

    5.3.3 混合边界条件 ·· 83

  5.4 边值问题求解方法 ·· 84

    5.4.1 应力法 ·· 84

    5.4.2 位移法 ·· 86

  5.5 叠加原理 ·· 88

  5.6 圣维南原理 ·· 89

  5.7 重点概念阐释及知识延伸 ·· 91

    5.7.1 解的唯一性证明 ·· 91

    5.7.2 叠加原理证明 ·· 92

    5.7.3 有限元计算边界条件施加 ·· 93

    5.7.4 应力解法中的方程个数 ·· 94

  思考题 ·· 94

  习题 ·· 94

  参考文献 ·· 96

第 6 章 方程组的化简与求解 ·· 97

  6.1 概述 ·· 97

  6.2 平面问题 ·· 100

    6.2.1 平面应力 ··· 101

    6.2.2 平面应变 ··· 102

    6.2.3 平面问题直角坐标求解 ··· 103

    6.2.4 平面问题极坐标求解 ··· 105

    6.2.5 平面轴对称问题 ·· 108

  6.3 柱体扭转 ·· 109

    6.3.1 基本假设 ··· 109

    6.3.2 等截面柱体扭转的位移解法 ······································ 112

    6.3.3 等截面柱体扭转的应力解法 ······································ 113

  6.4 薄板弯曲 ·· 115

    6.4.1 基本假设 ··· 116

    6.4.2 薄板弯曲的位移解法 ··· 117

    6.4.3 薄板内力 ··· 118

    6.4.4 边界条件 ··· 119

  6.5 重点概念阐释及知识延伸 ·· 121

    6.5.1 位移函数 ··· 121

    6.5.2 应力函数的复变函数形式 ··· 123

    6.5.3 流体力学中的势函数 ··· 124

    6.5.4 柱体扭转的薄膜比拟 ··· 124

      6.5.5　基尔霍夫在其他学科的贡献 …………………………………………… 125

思考题 …………………………………………………………………………………… 126

习题 ……………………………………………………………………………………… 126

参考文献 ………………………………………………………………………………… 127

第7章　经典例题求解 ……………………………………………………………………… 128

  7.1　概述 ……………………………………………………………………………… 128

  7.2　深梁弯曲问题 …………………………………………………………………… 128

      7.2.1　工程背景 ………………………………………………………………… 128

      7.2.2　物理模型 ………………………………………………………………… 129

      7.2.3　求解过程 ………………………………………………………………… 129

      7.2.4　结果分析 ………………………………………………………………… 132

      7.2.5　工程应用 ………………………………………………………………… 135

  7.3　旋转圆盘应力分布 ……………………………………………………………… 136

      7.3.1　工程背景 ………………………………………………………………… 136

      7.3.2　物理模型 ………………………………………………………………… 138

      7.3.3　求解过程 ………………………………………………………………… 138

      7.3.4　结果分析 ………………………………………………………………… 140

      7.3.5　工程应用 ………………………………………………………………… 141

  7.4　小孔应力集中 …………………………………………………………………… 143

      7.4.1　工程背景 ………………………………………………………………… 143

      7.4.2　物理模型 ………………………………………………………………… 144

      7.4.3　求解过程 ………………………………………………………………… 144

      7.4.4　结果分析 ………………………………………………………………… 148

      7.4.5　工程应用 ………………………………………………………………… 149

  7.5　等截面柱体扭转 ………………………………………………………………… 151

      7.5.1　工程背景 ………………………………………………………………… 151

      7.5.2　物理模型 ………………………………………………………………… 152

      7.5.3　求解过程 ………………………………………………………………… 152

      7.5.4　结果分析 ………………………………………………………………… 154

      7.5.5　工程应用 ………………………………………………………………… 155

  7.6　重点概念阐释及知识延伸 ……………………………………………………… 156

      7.6.1　强度理论 ………………………………………………………………… 156

      7.6.2　结构静强度设计 ………………………………………………………… 157

      7.6.3　应力集中手册 …………………………………………………………… 158

      7.6.4　断裂力学：结构缺陷/裂纹描述 ……………………………………… 159

      7.6.5　温度对结构的影响 ……………………………………………………… 160

思考题 ·· 161

习题 ·· 161

参考文献 ·· 163

第 8 章　数值方法 ··· 164

8.1　概述 ·· 164

8.2　有限单元法 ··· 164

　　8.2.1　结构离散化 ··· 165

　　8.2.2　位移场表达 ··· 165

　　8.2.3　应力应变的位移表达 ·· 167

　　8.2.4　单元分析 ·· 168

　　8.2.5　整体分析 ·· 169

　　8.2.6　边界条件及求解 ·· 170

8.3　有限差分法 ··· 176

　　8.3.1　建立差分方程 ··· 177

　　8.3.2　边界应力函数求解 ··· 178

　　8.3.3　虚节点应力函数求解 ··· 179

8.4　重点概念阐释及知识延伸 ·· 182

　　8.4.1　有限元法的单元类型 ··· 182

　　8.4.2　有限元法的用户材料子程序 ··· 183

　　8.4.3　经典例题的有限元方法求解 ··· 184

　　8.4.4　变分法 ··· 193

　　8.4.5　边界元法 ·· 194

思考题 ·· 194

习题 ·· 195

参考文献 ·· 195

第 9 章　实验方法 ··· 196

9.1　概述 ·· 196

9.2　应变片测量 ··· 196

　　9.2.1　测量原理 ·· 196

　　9.2.2　测量系统 ·· 198

　　9.2.3　测量实例 ·· 199

9.3　光弹性测量 ··· 200

　　9.3.1　测量原理 ·· 200

　　9.3.2　测量系统 ·· 203

　　9.3.3　测量实例 ·· 204

9.4 数字图像相关法 ·································· 205

9.4.1 测量原理 ·································· 205

9.4.2 测量系统 ·································· 206

9.4.3 测量实例 ·································· 207

9.5 重点概念阐释及知识延伸 ················ 209

9.5.1 云纹干涉法 ·································· 209

9.5.2 激光散斑干涉法 ·································· 210

9.5.3 全息干涉法 ·································· 211

思考题 ·································· 213

习题 ·································· 213

参考文献 ·································· 214

第1章

绪　　论

1.1　概　　述

力学是物理学的一个分支,主要研究能量、力以及它们与物体的平衡、变形或运动之间的关系。按照基础理论的差异,力学可以划分为经典力学和量子力学。其中,经典力学起源于牛顿运动定律,主要研究低速或静止的宏观物体;而量子力学的主要研究对象是微观粒子。图 1.1 给出了不同空间和时间尺度下,目前发展的相关力学理论和方法;其中,连续介质力学是研究包括固体和流体在内的连续介质宏观性质的力学,包括固体力学、流体力学等。

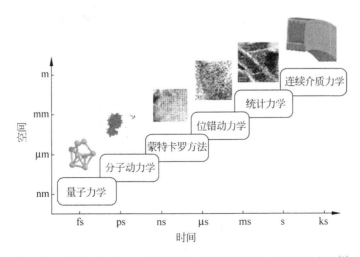

图 1.1　不同的空间和时间尺度下,目前采用的力学理论和方法[1]

弹性力学(Elasticity),又称弹性理论(Theory of Elasticity),是研究弹性体由于外力或者其他外界因素作用,物体内部所产生的位移、变形和内力分布等。弹性力学是固体力学的基础和分支。

本章首先简单介绍弹性力学的发展历史,在此基础上,介绍弹性力学研究的基本假设、研究方法以及与其他力学课程的关系。

1.2　发展历史

弹性力学起源于对结构变形和破坏的研究,根据不同时期的发展特点,其发展阶段可以划分为萌芽探索、框架建成、体系形成、分支发展等四个阶段。

1. 萌芽探索(1700 年之前)

在萌芽探索阶段,科学家们注意到了固体的变形和破坏现象,并初步研究了变形和破坏与结构尺寸、外力之间的关系,在此基础上,提出了胡克定律,为后续弹性力学的发展奠定了基础。

意大利博学家达·芬奇(Leonardo da Vinci,1452—1519)是最早采用实验方法来研究材料强度的科学家。他当时研究了铁丝的断裂现象,这可能和他经常利用铁丝挂画而发生断裂的生活经历有关。达·芬奇的研究过程如下(图 1.2):选用不同长度的铁丝来悬挂容器,向容器中注入细沙直至铁丝断裂。实验研究得到结论是:铁丝的长度越短,断裂时承担的重量越大,即强度越高。得出这样结论的主要原因是:当时材料制造水平较低,铁丝长度越短,其含有缺陷的概率就越低,因此表现出的材料强度就越高。

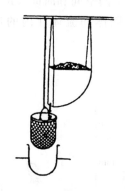

图 1.2　达·芬奇及铁丝断裂实验

意大利科学家伽利略(Galileo Galilei,1564—1642)除了在天文学方面很有造诣外,也是早期开始对材料强度问题进行研究的科学家。他首先考虑到了固体的变形,对直杆进行过拉伸实验(图 1.3),发现杆件的承载能力与横截面积成正比,而与它的长度无关,他把杆件这种承载能力叫做"抗断裂力"(Absolute Resistance to Fracture)[2]。此外,伽利略还对悬臂梁进行了受力计算与分析,由于对梁端部 AB 的应力分布(图 1.3)假设不合适,得出的计算结果并不准确。

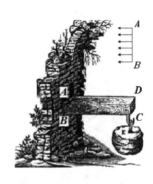

图 1.3 伽利略及直杆、悬臂梁强度实验

英国科学家胡克(Robert Hooke,1635—1703)在 1678 年发表了第一篇讨论材料弹性的文章《弹簧》。在文章中,作者通过对金属弹簧悬挂砝码的实验研究发现,不同重量的砝码及其引起的弹簧伸长量具有相同的比例(图 1.4),即力与力所产生的位移变化量成正比,这种力与位移变化量间的线性关系即胡克定律。胡克曾担任英国皇家学会的实验室主任,在力学、显微学、光学方面的贡献突出,胡克定律是弹性力学后续发展的理论基础。

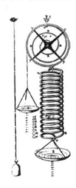

图 1.4 胡克及弹簧拉伸实验

在这一时期,法国物理学家马略特(Edme Mariotte,1620—1684)针对梁构件进行了一系列拉伸与弯曲试验,改进了伽利略的悬臂梁计算理论。瑞士的伯努利家族代表人物之一雅各布·伯努利(Jacob Bernoulli,1654—1705)通过研究得到了悬臂梁的挠度曲线。

在弹性力学的萌芽探索阶段,科学家通过对简单结构的变形和破坏研究,积累了一定的力学认识和基础规律。伴随桥梁道路建设、造船、军械制造等工程领域的发展,构建更为普遍的力学理论用来指导变形结构设计的需求越来越迫切。

2. 框架建成(1700—1880 年)

对弹性体在受到外力后的平衡状态进行描述,选取合适的物理量,并建立方程体系,是弹性力学在这一发展时期的主要特征。

最早提出应力应变概念的是雅各布·伯努利,他在 1705 年的一篇论文中提出了应力和应变的概念;瑞士伟大的科学家欧拉(Leonhard Euler,1707—1783,图 1.5)在 1727 年提出了应力和应变之间的线性关系;1807 年,英国物理学家托马斯·杨(Thomas Young,

1773—1829)给出了应力与应变之间的比例系数——杨氏弹性模量的定义,这些工作都为弹性理论框架的建立奠定了良好的基础。

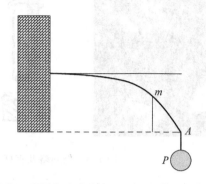

图 1.5　欧拉及悬臂梁挠度曲线

　　法国科学家纳维(Claude Louis Navier,1785—1836,图 1.6)对弹性力学的发展起到了奠基性的作用,他曾就读著名的巴黎综合理工学院(École Polytechnique),1804 年毕业后考入法国国立桥路学院(École des Ponts Paris Tech)。纳维对弹性力学的研究始于桥梁建筑,他曾接替叔父——法国著名工程师高随(Emiland Gauthey,1732—1806)的工作,编写了关于桥梁和渠道的论著,并在国立桥路学院的任教过程中开始了针对弹性体的研究。纳维对弹性力学最大的贡献是推导出了采用位移表达的弹性体平衡方程。他假设弹性体内部质点上作用有两个力系:自身的分子力及外力作用引起的分子力。其中,外力作用引起的分子力大小取决于相邻质点间的相对位移,在此基础上,得到了外力作用下的弹性体中任一质点的受力情况,以位移为未知数,推导出了质点的平衡方程。

图 1.6　纳维及其设计的荣军院桥(Pont des Invalides)初稿[3]

　　法国科学家柯西(Augustin Louis Cauchy,1789—1857,图 1.7)对弹性力学发展起到了非常大的推动作用。他的工作包括:引进"应力张量"概念来描述弹性体内部的受力情况,在此基础上,建立了微元体的平衡方程;引进"应变张量"概念来描述弹性体的变形,建立了应变与位移的关系(几何方程);建立了应力与应变的关系(广义胡克定律)等。上述三类方程基本奠定了弹性力学的求解框架,柯西本人也利用这些方程研究过矩形杆件的扭转等问题。

　　法国科学家泊松(Siméon Denis Poisson,1781—1840)提出了泊松比这一常数,即弹性体变形时,正交两方向上的变形之比为常数。在弹性力学方程组的建立过程中,纳维列出的平衡方程组中仅有 1 个弹性常数,柯西论证了通常情况下应该有 36 个弹性常数,最终英国人格林(George Green,1793—1841)的研究表明:各向异性弹性体有 21 个独立的弹性常

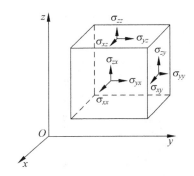

图 1.7　柯西及其提出的应力张量

数,而各向同性弹性体的独立弹性常数是 2 个。法国力学家圣维南(Adhémar Jean Claude Barré de Saint-Venant,1797—1886)建立了求解弹性问题的半逆解法,并提出了圣维南原理。1862 年,英国剑桥大学的艾里(George Biddell Airy,1801—1892)提出了应力函数,用以求解平面问题。德国科学家基尔霍夫(Gustav Robert Kirchhoff,1822—1887)将弹性力学理论应用到板构件中,建立了薄板弯曲理论[4]。

在这一阶段,表征弹性体内力集中程度、变形程度的应力张量和应变张量的概念已经提出,并形成了完整的弹性力学边值问题的方程组,对弹性常数的认识已经比较清晰,并且提出了半逆解法来求解复杂的方程组,弹性力学的理论框架基本形成。

3. 体系形成(1880—1950 年)

在这一阶段,几位重要的科学家对弹性力学进行了系统的总结和发展,进一步推动了弹性力学的深入研究和工程应用。

英国科学家勒夫(Augustus Edward Hough Love,1863—1940)在 1892—1893 年分两卷出版了《弹性力学的数学理论论述》(A Treatise on the Mathematical Theory of Elasticity)(图 1.8),这本书详细总结了在此之前弹性力学的全部成果。在对前人工作进行总结的基础上,勒夫对薄壳弯曲问题进行了系统研究,相关工作奠定了薄壳理论的基础。

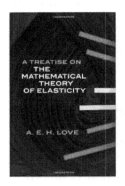

图 1.8　勒夫及其专著

对弹性力学总结和发展起到重要作用的另外一个人物是美国科学家铁木辛柯(Stephen Prokofyevich Timoshenko,1878—1972),他推动了弹性理论在工程问题中的应用,提出了沿用至今的"铁木辛柯梁"模型,此外在圆孔应力集中、薄壁杆件扭转、弹性系统稳定性等问题上都进行了大量工作。同时,铁木辛柯作为一个力学教育家,编写了包括《弹性力学》(图 1.9)在内的大量力学教材,为推广弹性理论做出了很大贡献[5]。

图 1.9　铁木辛柯及其编著的《弹性力学》教材

在此期间,德国物理学家赫兹(Heinrich Rudolf Hertz,1857—1894)于 1881 年给出了弹性体接触问题的求解方法,德国工程师基尔斯(Ernst Gustav Kirsch,1841—1901)于 1898 年给出了应力集中问题的求解方法。

这一时期,弹性力学的理论体系已经形成,并且已经被广泛应用到解决实际工程问题中。

4. 分支发展(1950 年—　　)

从 20 世纪中期以来,材料、制造、航空航天等工程领域的快速发展,大大促进了弹性力学自身的发展,并以此为基础,产生了一些新的分支学科。

1950 年,荷兰力学家科尔特(Warner Tjardus Koiter,1914—1997)在他的博士论文中研究了弹性系统稳定性问题;英国航空机械师格里菲斯(Alan Arnold Griffith,1893—1963,图 1.10)针对高强度材料在大量使用后不断出现的低应力断裂事故,在弹性力学的基础上,提出了断裂因子的概念,用来描述固体内部的缺陷和裂纹,建立了断裂力学理论;此外,热弹性力学、弹性动力学、损伤力学等分支学科在此期间也得到了蓬勃发展。

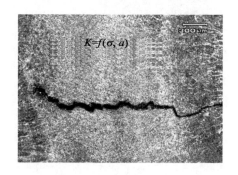

图 1.10　格里菲斯及其提出的断裂因子

伴随着微纳米等新兴学科的发展,需要发展新的理论来描述微细观结构的力学问题(图 1.11)。在新发展的力学分支中,微观力学用来描述原子层次的物理过程,如位错、点缺陷等[6];细观力学则以弹性力学为基础,研究尺度可以从纳米到毫米量级。英国物理学家杰弗里·泰勒(Geoffrey Ingram Taylor,1886—1975)等人于 20 世纪 20—30 年代在细观塑性理论方面开展了开创性的研究工作。

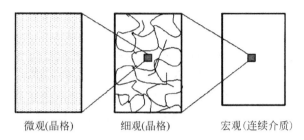

微观(晶格)　　　细观(晶格)　　　宏观(连续介质)

图 1.11　细观力学研究尺度的示意图

为了研究几何形状更为复杂的结构,弹性力学的计算方法在这一时期也获得了很大突破,有限单元法、有限差分法、边界元法等数值计算方法大大丰富了弹性力学的内容。1943年,美国数学家柯朗(Richard Courant,1888—1972)在他的应用数学论文中首先提出了一个与有限单元法类似的近似方法;美国加州大学伯克利分校教授克劳夫(Ray William Clough,1920—　　)于 1960 年在他的一篇论文中首次使用了"有限元"这一名称;英国工程力学与计算力学专家辛克维奇(Olgierd Cecil Zienkiewicz,1921—2009)出版了第一本讲述有限单元法的著作并创办了第一份关于计算力学的期刊。几乎同时期,中国的数学家冯康(1920—1993)也独立发展了有限单元法的理论体系。

综合上述弹性力学发展的四个阶段,图 1.12 简要地给出了弹性力学发展史上的一些重要事件。

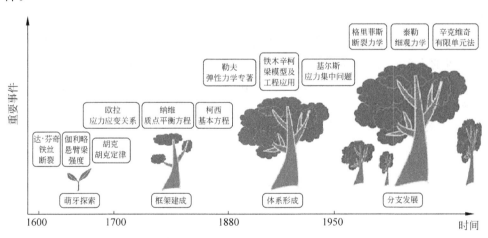

图 1.12　弹性力学简要发展历程

1.3　基　本　假　设

弹性力学在研究问题和建立基本方程的过程中有一些假设,这些假设抓住了弹性体的本质物理特征,在一定程度上简化了问题的求解难度,并且得到了能够满足工程应用精度的求解结果。

弹性力学基本假设有：

1. 连续性假设

弹性力学将固体看作是连续密实的物体，组成物体的微粒之间不存在任何空隙，即连续性假设。真实固体是由分子、原子组成，不可能是连续密实的。例如，图 1.13(a)是金原子排列的微观图像，在弹性力学中将其看作是如图 1.13(b)所示的固体。一般物体的几何尺寸都远大于组成其的原子或分子的尺寸，弹性力学是宏观科学，因此在弹性力学中采用这样的假设是合适的。

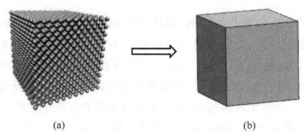

(a)　　　　　　　　　　　　　(b)

图 1.13　连续性假设

在连续性假设的基础上，可以把描述问题的基本物理量表示成坐标的连续函数，因而在数学推导时可方便地运用连续和极限的概念，这为建立方程和求解问题提供了很大方便。

2. 均匀性假设

弹性力学假设固体是由同一类型的均匀材料组成，即各部分的物理性质都相同，不会随着坐标位置的改变而发生变化。从微观角度来观察固体构成，可以发现其成分并不均匀（如图 1.14(a)），但是宏观来看（如图 1.14(b)），物体各部分近似均匀。如果物体由两种或两种以上材料组成（如混凝土），只要每种材料的颗粒远远小于物体的几何尺寸，而且在物体内均匀分布，从宏观意义上说，也可认为是均匀的。

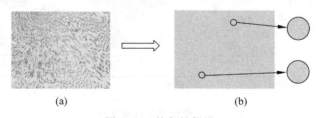

(a)　　　　　　　　　　　　　(b)

图 1.14　均匀性假设

根据均匀性假设，在求解问题的过程中，可取出固体内任一部分/微元体进行分析，求解结果仍适用于整个固体；同时，在计算过程中，反映固体的力学性质的弹性常数等，也可以认为是不随坐标变化的常数。

3. 各向同性假设

固体在微观上是由大量的原子和分子组成的，当在微观尺度研究其力学特性时，由于每个方向的微观颗粒数目和排列方式都不同(如图1.15(a)),必然表现出各向异性;弹性力学从宏观尺度上研究固体时,固体表现为大量的晶粒或者组织无规则的排列(如图1.15(b)),在宏观上表现出来的各个方向的力学特征是相同的,即各向同性假设。

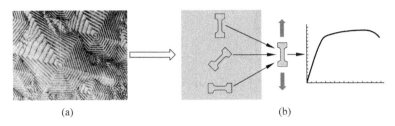

图 1.15　各向同性假设

根据各向同性假设,物体在各方向上的宏观力学性能相同,所以,在弹性力学中用来描述力学性质的物理量也不随坐标方向的改变而改变。

4. 线弹性假设

弹性力学假设固体受到外力后,应力和应变之间呈线性关系,即线弹性假设,如图1.16(b)所示。金属材料,在受到外力作用下的典型的应力-应变曲线如图1.16(a)所示,当变形不是很大时,应力和应变之间呈线性变化关系。

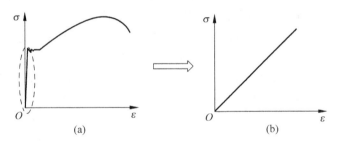

图 1.16　线弹性假设

弹性力学的线弹性假设,就是广义胡克定律,在固体力学中又称弹性本构关系,是弹性力学特有的规律,也是弹性力学区别于连续介质力学其他分支的重要标识和内容,本书将在第4章进行详细介绍。

5. 小变形假设

弹性力学的研究对象是小变形的固体,小变形假设是指假设固体在外力或其他载荷作用下所产生的位移、变形等远小于物体原来的尺寸,可以不考虑因变形而引起的尺寸变化。结构在不同载荷作用下,会有不同的变形状态,如图1.17(a)所示;弹性力学仅研究其中的小变形状态(图1.17(b))。

在小变形假设的情况下,当物体发生变形时,可以用变形前的尺寸代替变形后的尺寸;并且在考察应变和位移的关系时,就可以省略高阶小量,而不会引起较大的误差。

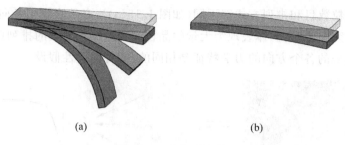

(a)　　　　　　　　　　　　　　　　(b)

图 1.17　小变形假设

1.4　研究方法

弹性力学的研究方法包括数学方法和实验方法。

1. 数学方法

数学方法利用数学工具求解弹性力学问题,包括解析方法和数值方法。

解析方法是弹性理论最基本的研究方法,该方法根据弹性体满足的静力学、几何学、物理学条件,建立偏微分方程组,给出边界条件,在此基础上进行求解。解析方法得到的解是精确的函数解,但由于弹性力学问题的方程组中未知量较多,能够通过解析方法得到的解是很少的,只有一些特殊问题才能得到精确解。较为复杂的问题,常采用近似方法求解。第5、6、7章的内容,就介绍了弹性力学一些经典问题的解析求解方法。

数值方法是以电子计算机为基本工具、采用各种数值原理求解弹性力学问题的方法。目前,常见的数值方法包括有限单元法、边界元法、有限差分法等。有限单元法将计算对象离散为有限个单元,首先建立单个单元的刚度方程,在此基础上,得到整个结构的刚度方程,然后施加边界条件和载荷条件,通过求解有限元方程组获得结果。图 1.18 为采用有限元方法计算涡轮叶片的网格以及应力计算结果。有限单元法在连续体域内划分单元,而边界元

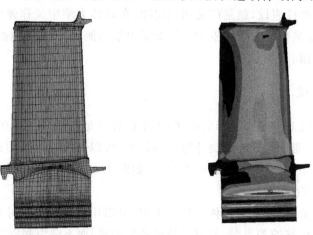

图 1.18　发动机涡轮叶片有限元模型及有限元计算结果

法只在定义域的边界上划分单元。边界元法首先将域内的微分方程变换成边界上的积分方程,然后将边界划分成有限个单元,同时将边界积分方程离散成代数方程,最后求解代数方程。有限差分法将连续体用有限个离散点代替,将连续函数用离散点上的离散变量函数来代替,把问题的基本方程和边界条件化为代数方程求解;然后借助插值方法,利用离散解得到整个连续体的近似解。第 8 章介绍了有限元单元法和有限差分法的应用实例。

2. 实验方法

弹性力学实验方法是指利用电学、光学、机械、声学等方法来测定固体在外界作用下的应力、应变等的分布规律。

电学方法借助电阻、电容、电感等参数的变化进行测量,其中,电阻应变片测量方法应用较为广泛。电阻应变片的测量原理是,通过应变片的电阻变化来测量构件表面的应变,进一步根据构件的应力应变关系来确定构件表面的应力状态。图 1.19 为涡轮叶片疲劳试验中,采用应变片来测量叶片考核部位的应力状态[7]。应变片测量方法方便快速,误差小,能应用于多种严酷环境,但只能测量局部应变,且应变梯度较大时,测量精度较低。

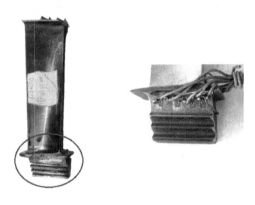

图 1.19 利用应变片对发动机涡轮叶片试验考核部位进行应力测量

光学方法包括光弹性测量法、数字图像相关法、云纹干涉法等多种方法。光弹性测量法的测量依据是,特殊透明材料在外载作用下可以产生干涉条纹,测量条纹,通过计算可以确定模型各部位的应力状态,图 1.20 为涡轮榫接结构的光弹性测量结果。数字图像相关法利用图像采集器,拍摄变形前后待测结构的图像,基于一种图像相关点的对比算法可计算出物体表面位移及应变分布,进一步得到全场应变数据分布,图 1.21 为数字图像相关法测量系统及测量结果。

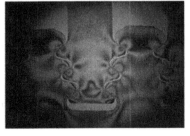

图 1.20 光弹性测量法测试系统及榫接结构应力分布

图 1.21 数字图像相关法测量系统及三点弯曲试样受压时应变分布测量结果

第 9 章介绍了采用实验方法研究固体在外界作用下的应力、应变等的分布规律。

1.5 与其他力学课程的关系

表 1.1 给出了理论力学、材料力学、弹性力学三门力学课程的对比。材料力学是弹性力学的基础，相比较而言，弹性力学的研究范围更广泛；同时，弹性力学用到的数学方法比材料力学更复杂，得到的解答更为精确，可以用来校核材料力学对同类问题的解答结果。理论力学从研究对象、内容、方法方面均与前两者有较大区别。

表 1.1 不同力学课程的对比

力学课程	研究对象	研究内容	研究方法
理论力学	质点、刚体	1）静力学：物体受力情况 2）运动学：物体运动情况 3）动力学：物体受力与运动之间的关系	以力学基本定律为基础，建立模型和方程，通过数学推导得到结论
材料力学	杆件等简单构件	杆状构件在拉压、剪切、扭转和弯曲情况下的应力和变形	从问题的静力学、几何学和物理学角度出发，借助某些附加假设，得到基本方程，给出近似解答
弹性力学	弹性体	结构在外载作用下的应力、应变和位移	从问题的静力学、几何学和物理学角度出发，得到基本方程和边界条件，经过严密数学推导得到精确解答

1.6 本书内容安排

本书包含了弹性力学最基本的概念、理论和方法。在介绍基本概念时，力求通过经典例题和实际工程应用，加深读者对弹性力学概念的理解。在介绍理论和求解方法时，既注重介绍弹性理论的完整和完美，又给出了根据不同应用问题进行化简和求解的过程；同时，也介绍了弹性力学的发展历史，便于读者体会在弹性力学的发展历程中科学家们的探索研究过程，对弹性力学的研究方法有更深刻的认识，以期能有益于后续的科研和工作。

第 1 章重点介绍了弹性力学的发展历史、基本假设及其研究方法。第 2 章介绍了弹性力学相关的数学基础,对张量概念和标记方法进行了重点介绍。第 3 章对弹性力学中的重要物理量进行了定义和解释(包括应力、应变、位移等)。第 4 章介绍弹性体应力-应变之间的关系。第 5 章介绍了弹性力学中关于应力、应变、位移的 15 个方程组成的方程组及其求解方法。第 6 章针对实际应用的几类问题,介绍了对弹性力学方程组的化简求解方法。第 7 章挑选了 4 个非常经典的弹性力学例题,并介绍了求解结果的工程应用。第 8 章和第 9 章分别介绍了求解弹性力学问题的数值方法和实验方法。

区别于其他弹性力学教材,本书在每章增加了"重点概念阐释及知识延伸",从不同角度解释了本章出现的重点概念内涵,对弹性力学以外的相关知识进行了介绍,以期起到学科间的交叉和融会贯通、扩展视野的作用。

1.7 重点概念阐释及知识延伸

1.7.1 连续介质

连续介质假设物质在空间是连续分布的。下面利用密度的概念来说明连续介质的概念。假设图 1.22 中的空间 v_0 连续不断地充满了物质,v_0 内部包含一系列的子空间 v_1,v_2,$\cdots$,满足条件 $v_n \subset v_{n-1}$($n=1,2,3,\cdots$);且空间 v_n 中存在一点 P。假设 v_n 的体积是 V_n,充满空间 v_n 的物质质量是 M_n。若当 $n \to \infty$ 和 $V_n \to 0$ 时,M_n/V_n 存在极限,则将该极限定义为点 P 处的密度,并记为 $\rho(P)$:

$$\rho(P) = \lim_{\substack{n \to \infty \\ V_n \to 0}} \frac{M_n}{V_n}$$

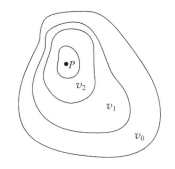

如果在 v_0 内部处处都能定义物质密度,就称作质量是连续分布的。按照相同的方法,在空间 v_0 内定义密度、动量、能量、应力和应变等变量,如果它们在 v_0 内的空间坐标系中都是连续函数,则我们说 v_0 内的物质是一种连续介质。

图 1.22 收敛于 P 的空间域序列

1.7.2 弹性力学建模中的物理量

研究力学问题,首先是根据研究对象和目标,定义和选择物理量;之后再根据物理关系建立数学方程;因此,定义和选择物理量的过程对于后续的研究来说非常重要,直接关系到后续方程的形式和阶次,这可以从弹性力学的发展过程中得到体现。

如 1.2 节所述,在科学家研究固体变形和破坏的历史过程中,逐步找到了和变形与破坏密切相关的应力(张量)和应变(张量),在此基础上,才建立了完美的弹性力学体系。如图 1.23 所示,达·芬奇在研究铁丝断裂时,对长度 L 较为关注;伽利略注意到了结构的破坏与横截面积 S 相关;伯努利开始采用了挠度 ω 的概念;纳维采用位移 u 作为未知数建立了平衡方程；直到柯西采用应力张量 σ_{ij} 建立平衡方程，采用应变张量 ε_{ij} 来描述变形，奠定了一直沿用至今的弹性力学理论框架。

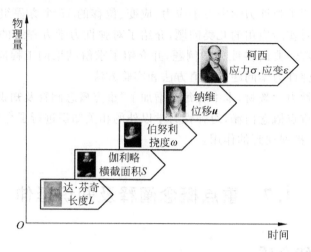

图 1.23   弹性理论建立过程中物理量的变化

可以看出，在研究中定义准确描述物理现象的物理量是非常关键的，弹性力学采用位移（矢量）、应力（张量）、应变（张量）来描述固体的受力和变形，抓住了物理现象的本质，才使得弹性力学理论至今仍有很强的生命力。

1.7.3   各向同性与各向异性

晶体从微观来看，都是由晶粒以及晶粒内部的晶格组成，如图 1.24 所示。大部分金属都是多晶体，即由大量杂乱无章的晶粒组成。大量晶粒按照任意方向堆积在一起使得晶体在各个方向上的宏观性质近似相同，表现出各向同性。

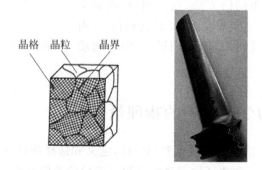

图 1.24   晶体微观结构示意图及多晶体涡轮叶片

在多晶体的形成过程中，通过定向凝固工艺可以控制晶粒沿结构的主要承载方向生长，形成定向凝固柱晶。对于定向凝固柱晶而言，晶体生长方向的力学性能与其他两个方向的性质有显著差异，宏观上表现出横向各向同性（参看 4.3.4 节）。

在定向凝固工艺基础上，通过选晶工艺，还可以得到仅由一颗晶粒组成的晶体，称为单晶。单晶内部所有晶格都按照同一方向排列,三个方向材料的力学性能都不相同,宏观上表现出各向异性。

图1.25给出了三种工艺制造的、在航空燃气涡轮发动机中使用的涡轮叶片:多晶叶片、定向凝固叶片、单晶叶片,从微观组织差异可以看到三者的区别。表1.2给出了几种航空材料弹性模量的对比[8]。K406合金(一种镍基铸造高温合金)表现出各向同性,DZ22合金(一种定向凝固镍基高温合金)则表现出横向各向同性,DD3合金(一种镍基单晶高温合金)则表现出各向异性。

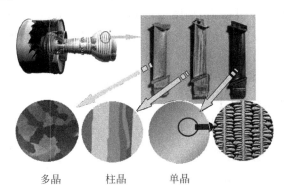

多晶　　　柱晶　　　单晶

图1.25　三种工艺制造的不同材料涡轮叶片

表1.2　材料弹性模量对比

材　　料	晶体组成	温度/℃	弹性模量/GPa	
K406合金	多晶体	30	203	
DZ22合金	定向凝固柱晶	室温	纵向	132
			横向	155
DD3合金	单晶	760	[001]取向	97.5
			[011]取向	162.0
			[111]取向	217.0

需要注意的是,自然界的很多固体都是各向异性的,例如木材(图1.26),其在沿木纤维方向和垂直于木纤维方向上的材料的组织不同,力学性能也有明显区别,沿纤维方向的抗拉强度要明显高于垂直于纤维方向。

图1.26　木板

1.7.4　弹性力学与材料力学的对比例子

以某矩形截面简支梁(图 1.27)为例,分别利用材料力学和弹性力学知识分析其应力状态。梁的几何尺寸见图(宽度看作单位宽度),梁的上方受均布载荷 q,不计体力。

根据材料力学理论,分析梁的受力状态时,取梁的任一横截面。根据弯曲平面假设和单向受力假设,横截面受弯曲正应力 σ 和切应力 τ,如图 1.28(a)所示[9]。

利用弹性力学理论分析其受力,如图 1.28(b)所示,其中,σ_x 为单元体 x 方向的正应力(即上述弯曲正应力),σ_y 为单元体 y 方向的正应力(梁中纤维之间的挤压应力),τ_{xy} 为单元体受到的切应力(参看 7.2 节)。

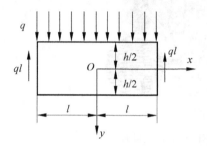

图 1.27　简支梁模型

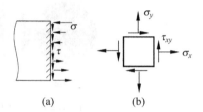

图 1.28　单元体受力分析

对比弹性力学与材料力学对同一问题的分析,可以看出:材料力学由于采用了近似假设,得到的是一个近似解答;相比较,弹性力学的解答更为精确。

1.7.5　巴黎综合理工学院对弹性力学发展的贡献

巴黎综合理工学院(法语:École Polytechnique,别称"X"),于 1794 年创立,初始校名为"中央公共工程学院"。作为法国最杰出的工程师大学,巴黎综合理工学院在数学、物理及计算机等领域都处于世界一流水平,并培养了众多的科学家(多名学科开创者和诺贝尔获奖者)、政治家(多任法兰西共和国总统)、军事将领和企业家(众多巨头公司的创立者及首席执行官)。

图 1.29　巴黎综合理工学院标志及建筑

巴黎综合理工学院与弹性力学有着密切的关系。纳维、柯西及泊松等均曾就读于巴黎综合理工学院,他们为弹性理论的建立和发展做出了巨大贡献。纳维以位移为物理量,推导出了弹性体的平衡方程；柯西引进了应力、应变概念来描述弹性体的受力和变形情况,并建立了弹性力学的三类基本方程；泊松提出了泊松比这一重要弹性常数。

思 考 题

1.1 试说明在受到外部载荷作用后,流体与固体表现的差异。

1.2 弹性力学的研究方法是"整体唯象"的,对照本章内容,解释"整体唯象"的意义。

1.3 混凝土一般是指用水泥作为胶凝材料,将砂、石、水等按一定比例配合,经搅拌得到的混合物。试分析水泥混凝土能否看做连续介质?

1.4 某钢筋混凝土结构外形如图1.30所示,能否利用弹性理论求解其在外界作用下的内力分布?

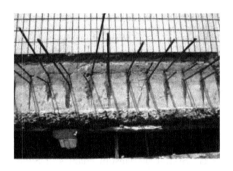

图1.30 钢筋混凝土地基

习 题

1.1 一门学科的发展历史,往往反映了人类在该学科领域的认识、研究方法和手段不断提高的过程；而教科书往往只反映最后的结果。检索和阅读弹性力学发展史相关书籍和文献,简述弹性力学发展历史。

1.2 查阅相关文献,对比弹性力学和分子动力学在研究方法和基本假设方面的差异。

1.3 请查阅相关文献,论述法国物理学家马略特针对梁的拉伸与弯曲试验,说明其开展了哪些研究,并阐述和伽利略的研究有何不同。

1.4 如图1.3所示,伽利略在对悬臂梁进行受力分析时,假设悬臂梁中高度方向的应力均匀分布。回顾材料力学知识,给出高度方向的正确应力分布情况。

1.5 图1.31(a)为含有微小裂纹的某金属构件局部细节图,(b)为含有夹杂的某金属构件局部细节图,试分别说明它们不满足弹性理论中的哪些基本假设?

1.6 请说明各向异性材料在结构设计或工程应用中的优点。

1.7 列举三位以上弹性力学发展史上的著名学者,并分别简述其贡献。

1.8 弹性力学基本假设在建立弹性力学基本方程时有什么用途?

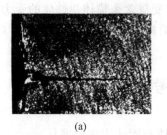 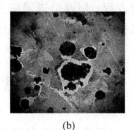

(a)   (b)

图 1.31 金属表面放大图片

参 考 文 献

[1] Ghoniem N M，Busso E P，Kioussis N，Huang H. Multiscale Modelling of Nanomechanics and Micromechanics：an Overview[J]. Philosophical Magazine. 2003,83：3475-3528.

[2] Zvi Biener. Galileo's first new science：The science of matter[J]. Perspectives on Science,2004,12：262-287.

[3] Cannone M，Friedlander S. Navier：Blow up and Collapse[J]，Notices AMS,2003,50：7-13.

[4] Timoshenko S. History of Strength of Materials：with a Brief Account of the History of Theory of Elasticity and Theory of Structures[M]. Dover Publications，1983.

[5] 武际可. 力学史[M].重庆：重庆出版社，2000.

[6] Bai Y，Xia M，Ke F，Wang H. Statistical Mesomechanics of Solid，Linking Coupled Multiple Space and Time Scales[J]. Applied Mechanics Reviews,2005,58：372-388.

[7] 闫晓军，聂景旭. 涡轮叶片疲劳[M]. 北京：科学出版社，2014.

[8] 于慧臣，吴学仁. 航空发动机设计用材料数据手册：第四册[M]. 北京：航空工业出版社，2010.

[9] 单辉祖.材料力学[M].北京：高等教育出版社，1999.

第 2 章

数 学 基 础

2.1 概 述

在定量研究弹性体的受力、变形时,首先需要建立坐标系,不同研究人员在建立坐标系时,可能会不相同,因此就存在物理量在不同坐标系下的变换问题。

张量在坐标变换时满足一定的规则,如图 2.1 所示。按照阶次高低,张量可以分为标量、矢量、二阶张量、高阶张量等。张量在采用指标记法和求和约定后,力学方程在表达形式上可以更为简明和清晰。

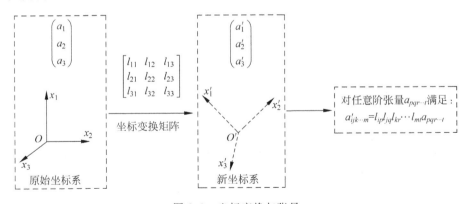

图 2.1 坐标变换与张量

本章同时介绍了几个重要的张量,例如 Kronecker 符号、交错张量、各向同性张量等,还简单介绍了张量的相关运算和法则。

2.2　坐　标　系

根据求解的弹性力学问题的几何特点、难易程度、关注的求解结果等不同需求,常用的坐标系有:二维直角坐标系、三维正交的直角坐标系(笛卡儿坐标系)、圆柱坐标系和极坐标系等。

直角坐标系是由三条相互垂直、零点重合的数轴构成的。其中,处于同一平面内的两个数轴称为 x 轴、y 轴,符合右手定则且垂直于 x 轴、y 轴,过 x、y 轴原点 O 的坐标轴为 z 轴,如图 2.2 所示。为了后续表述方便,本书中也采用 x_1、x_2、x_3 表示三个坐标轴。在三维空间的任何一点 P,可以用直角坐标 $P(x_1,x_2,x_3)$ 来描述其空间位置。

圆柱坐标系是二维极坐标系的三维延伸,坐标系中任意点 P 的位置坐标可由极径 ρ、转角 ϕ 和高度 z 描述,其和直角坐标系的关系如图 2.3 所示。其中 ρ 是 P 点到 z 轴的距离,ϕ 是正 x 轴转到半平面 OAP 的方位角($0 \leqslant \phi \leqslant 2\pi$),$z$ 是 P 点在 z 轴上的投影高度,即 P 点到 x-y 平面的距离。

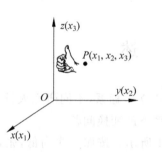

图 2.2　直角坐标

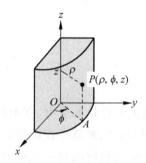

图 2.3　圆柱坐标

2.3　标　记　方　法

2.3.1　指标记法

在三维空间里,矢量有三个分量,如速度矢量可写成 $\boldsymbol{V} = (v_1,v_2,v_3) = v_1\boldsymbol{e}_1 + v_2\boldsymbol{e}_2 + v_3\boldsymbol{e}_3$,可以更紧凑地用 v_i 代表矢量 $\boldsymbol{V}$ 的所有分量,其中指标 i 的值从 1 到 3 变化,即 $\boldsymbol{V} = v_i(i = 1,2,3)$。而对于 $v_i = 0$,代表矢量 $\boldsymbol{V}$ 的每个分量 v_1、v_2、v_3 均为零,或是零矢量。

具有三个分量的矢量可以表示为

$$v_i = \begin{bmatrix} v_1 \\ v_2 \\ v_3 \end{bmatrix} \tag{2-1}$$

对于具有 9 个分量的矩阵,如应力矩阵(第 3 章内容),可以类似地用两个下标 i 和 j 来表示:

$$\sigma_{ij} = \begin{bmatrix} \sigma_{11} & \sigma_{12} & \sigma_{13} \\ \sigma_{21} & \sigma_{22} & \sigma_{23} \\ \sigma_{31} & \sigma_{32} & \sigma_{33} \end{bmatrix} \quad (i=1,2,3; \; j=1,2,3) \tag{2-2}$$

2.3.2 求和约定

求和约定规则如下：如果在表达式的某项中，某指标重复出现两次，则表示要把该项在该指标的取值范围内遍历求和（在本书中，若无特殊说明，指标的默认取值范围为 1～3），求和约定在求和结果中不采用求和符号 $\sum$。

例如，采用求和约定后，两个矢量 U 和 V 的点积表述如下：

$$U \cdot V = u_1 v_1 + u_2 v_2 + u_3 v_3 = \sum_{i=1}^{3} u_i v_i = u_i v_i \tag{2-3}$$

即可直接用 $u_i v_i$ 表示求和 $\sum_{i=1}^{3} u_i v_i$。

1. 哑标

由于指标自身可以随意选择，所以 $u_i v_i$ 和 $u_k v_k$ 代表同一个求和 $u_1 v_1 + u_2 v_2 + u_3 v_3$。在表达式的某项中，若某指标重复出现两次，该指标称为"**哑标**"或"**伪标**"。

在求和约定中，有关哑标的约定需要注意以下几点：

（1）哑标的符号可以任意改变（仅表示求和）。如

$$S = a_i x_i \overset{\text{or}}{=\!=} a_j x_j \overset{\text{or}}{=\!=} a_k x_k \tag{2-4}$$

（2）哑标只能成对出现，否则要加上求和符号或特别指出。如果在一个方程或表达式的一项中，一种指标出现的次数多于两次，则是错误的。如 $a_i b_i x_i$ 是违约的，求和时要保留求和号 $\sum_{i=1}^{n} a_i b_i x_i$。

（3）同项中出现两对（或多对）不同哑标，则表示多重求和。例如，

双重求和：

$$
\begin{aligned}
a_{ij} x_i x_j &\equiv \sum_{i=1}^{3} \sum_{j=1}^{3} a_{ij} x_i x_j \\
&= a_{1j} x_1 x_j + a_{2j} x_2 x_j + a_{3j} x_3 x_j \\
&= a_{11} x_1 x_1 + a_{12} x_1 x_2 + a_{13} x_1 x_3 \\
&\quad + a_{21} x_2 x_1 + a_{22} x_2 x_2 + a_{23} x_2 x_3 \\
&\quad + a_{31} x_3 x_1 + a_{32} x_3 x_2 + a_{33} x_3 x_3
\end{aligned} \tag{2-5}
$$

上式在展开后共 9 项。

三重求和：

$$S = \sum_{i=1}^{3} \sum_{j=1}^{3} \sum_{k=1}^{3} a_{ijk} x_i x_j x_k = a_{ijk} x_i x_j x_k \tag{2-6}$$

上式在展开后共 27 项。

（4）若重复出现的指标不求和时,应特别声明。

（5）哑标不能进行约分运算,即:由 $a_ib_i=a_ic_i$ 不能得出 $b_i=c_i$。

2. 自由指标

一个表达式中如果出现非重复的标号或一个方程每项中出现非重复的指标,称为**自由指标**。对于自由指标可以从最小数取到最大数。例如:

$$x_i'=a_{ij}x_j \tag{2-7}$$

指标 i 在方程的各项中只出现一次,称之为自由指标。

一个自由指标每次可取整数 $1,2,3,\cdots,n$。与哑标一样,无特别说明 $n=3$。这样,式（2-7）则表示 3 个方程,即

$$\begin{cases} x_1'=a_{11}x_1+a_{12}x_2+a_{13}x_3 \\ x_2'=a_{21}x_1+a_{22}x_2+a_{23}x_3 \\ x_3'=a_{31}x_1+a_{32}x_2+a_{33}x_3 \end{cases} \tag{2-8}$$

在求和约定中,有关自由指标的约定也需要注意以下几点:

（1）自由指标仅表示为轮流取值,因此可以换标,但必须整个表达式换标;

例如:

$$x_i'=a_{ij}x_j \Longrightarrow x_k'=a_{kj}x_j \Longrightarrow x_j'=a_{ji}x_i$$

（2）若重复出现的指标不求和时,在指标下方加划线以示区别,如

$$\left.\begin{array}{l} R_1=C_1E_1 \\ R_2=C_2E_2 \\ R_3=C_3E_3 \end{array}\right\} \Leftrightarrow R_i=C_{\underline{i}}E_{\underline{i}}=C_iE_{\underline{i}} \tag{2-9}$$

这里的 i 相当于一个自由指标,并不求和。

2.3.3　微分标记法

微分标记法就是用一个逗号表示微分,以简化微分的表达,如 $\dfrac{\partial v_1}{\partial x_1}=v_{1,1}$。通常,结合求和约定和微分标记法可以大大简化公式的表达。如在以 e_1,e_2,e_3 为单位矢量的坐标系中,标量 V 的梯度 G 是典型的偏微分表达式,通常可写成:

$$G=\mathrm{grad}V=e_1\frac{\partial V}{\partial x_1}+e_2\frac{\partial V}{\partial x_2}+e_3\frac{\partial V}{\partial x_3} \tag{2-10}$$

采用求和约定可简写为

$$G=e_i\frac{\partial V}{\partial x_i} \tag{2-11}$$

其中,i 为哑标。进一步采用微分标记法可写成:

$$G=e_i\frac{\partial V}{\partial x_i}=e_iV_{,i} \tag{2-12}$$

例题 2.1　写出 $\psi_{ij,j}+f_i=0$（其中 i 为自由指标,j 为哑标）的展开表达式。

解:　$\psi_{ij,j}+f_i=0$ 表示 3 个方程

$$\begin{cases} \dfrac{\partial \psi_{11}}{\partial x_1} + \dfrac{\partial \psi_{12}}{\partial x_2} + \dfrac{\partial \psi_{13}}{\partial x_3} + f_1 = 0 \\[2mm] \dfrac{\partial \psi_{21}}{\partial x_1} + \dfrac{\partial \psi_{22}}{\partial x_2} + \dfrac{\partial \psi_{23}}{\partial x_3} + f_2 = 0 \\[2mm] \dfrac{\partial \psi_{31}}{\partial x_1} + \dfrac{\partial \psi_{32}}{\partial x_2} + \dfrac{\partial \psi_{33}}{\partial x_3} + f_3 = 0 \end{cases}$$

2.4　标量与矢量

标量是只具有数值大小,没有方向性的变量,如材料密度 ρ、杨氏弹性模量 E、泊松比 ν 以及温度 T 等。标量数值与坐标系选取无关,运算遵循一般的代数法则。

矢量是既有数值大小又有方向的变量,又叫"向量",常用黑体(或箭头)表示,如位移矢量 u、速度矢量 v 等。

矢量也可以用分量的形式在坐标系中表示,如位移矢量在直角坐标系中可表示为: $u = u e_1 + v e_2 + w e_3$,如图 2.4 所示。其中 u、v、w 分别是矢量 u 的三个分量; e_1、e_2、e_3 是**单位矢量**,它们表示大小为1,方向为 x_1、x_2、x_3 坐标轴正方向的矢量。

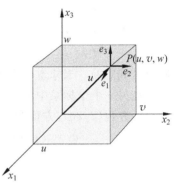

图 2.4　直角坐标系中的位移矢量及其分量

矢量的散度运算是公式推导中非常常见的。算子矢量 ∇ 与矢量 V 的标量积定义为矢量的散度,即

$$\nabla \cdot V = \mathrm{div} V = \frac{\partial v_1}{\partial x_1} + \frac{\partial v_2}{\partial x_2} + \frac{\partial v_3}{\partial x_3} \qquad (2\text{-}13)$$

其中,∇ 为算子矢量,其表达式为

$$\nabla = e_1 \frac{\partial}{\partial x_1} + e_2 \frac{\partial}{\partial x_2} + e_3 \frac{\partial}{\partial x_3} \qquad (2\text{-}14)$$

矢量的散度是一个标量。显而易见,$V \cdot \nabla$ 不存在,不能与点积 $\nabla \cdot V$ 互换。即

$$\nabla \cdot V \neq V \cdot \nabla \qquad (2\text{-}15)$$

2.5　坐　标　变　换

对于一个矢量,当选取不同的坐标系时,矢量的分量也会不同,这时需要通过坐标变换将两个坐标系中的矢量联系起来。本书仅讨论笛卡儿坐标系下的坐标变换。

首先,考虑笛卡儿坐标轴(直角坐标轴)的转动对矢量分量的影响。假设原来的坐标轴是 x_1、x_2、x_3,转动后的新坐标轴是 x_1'、x_2'、x_3'。令 x_1'、x_2'、x_3' 相对于原来坐标轴的方向余弦分别为(见图 2.5)

$$l_{11}、l_{12}、l_{13}; \ l_{21}、l_{22}、l_{23}; \ l_{31}、l_{32}、l_{33}$$

其中,

$$l_{ij} = e_i' \cdot e_j = \cos(x_i', x_j) \qquad (2\text{-}16)$$

把新坐标系中的每个单位矢量都投影到原坐标轴上，则新坐标轴中的单位矢量 e' 可以表示为

$$e'_i = (e'_i \cdot e_1)e_1 + (e'_i \cdot e_2)e_2 + (e'_i \cdot e_3)e_3$$
$$= l_{i1}e_1 + l_{i2}e_2 + l_{i3}e_3 = l_{ij}e_j \qquad (2\text{-}17)$$

同样，把原坐标系基向量投影到新坐标系上，可得

$$e_i = l_{ji}e'_j \qquad (2\text{-}18)$$

写成矩阵的形式：

$$\begin{bmatrix} e'_1 \\ e'_2 \\ e'_3 \end{bmatrix} = \begin{bmatrix} l_{11} & l_{12} & l_{13} \\ l_{21} & l_{22} & l_{23} \\ l_{31} & l_{32} & l_{33} \end{bmatrix} \begin{bmatrix} e_1 \\ e_2 \\ e_3 \end{bmatrix} \qquad (2\text{-}19)$$

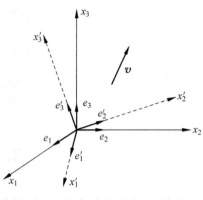

图 2.5　坐标变换示意图

设一个矢量 U 在原坐标系和新坐标系中的分量形式分别为

$$U = u_1e_1 + u_2e_2 + u_3e_3 = u'_1e'_1 + u'_2e'_2 + u'_3e'_3 = u_ie_i = u'_ie'_i \qquad (2\text{-}20)$$

矩阵 $L = \begin{bmatrix} l_{11} & l_{12} & l_{13} \\ l_{21} & l_{22} & l_{23} \\ l_{31} & l_{32} & l_{33} \end{bmatrix} = l_{ij}$ 为坐标变换矩阵。当两个坐标系一定时，它们的坐标变换

矩阵也是确定的。当知道一个矢量在一个坐标系中的分量时，通过此矩阵就能方便地求出该矢量在另一个坐标系中的分量。

对于方程(2-20)，方程两边同时点乘 e'_i 可得

$$u'_i = u'_ie'_i \cdot e'_i = u_je_j \cdot e'_i = u_je_j \cdot l_{ik}e_k = l_{ik}u_j\delta_{jk} = l_{ij}u_j$$

所以

$$u'_i = l_{ij}u_j \qquad (2\text{-}21)$$

其中，δ_{jk} 为 Kronecker 符号，将在 2.7.1 节中介绍。

同理，对于方程(2-20)，方程两边同时乘以 e_i 可得

$$u_i = u_ie_i \cdot e_i = u'_je'_j \cdot e_i = u'_je'_jl_{ri}e'_r = l_{ri}u'_j\delta_{jr} = l_{ji}u'_j$$

所以

$$u_i = l_{ji}u'_j \qquad (2\text{-}22)$$

注意到，当 $i=j$ 时，$e'_i \cdot e'_j = 1$；当 $i \neq j$ 时，$e'_i \cdot e'_j = 0$。所以有

$$e'_i \cdot e'_j = \delta_{ij} = l_{ir}e_r \cdot l_{jk}e_k = l_{ir}l_{jk}\delta_{rk} = l_{ir}l_{jr} \qquad (2\text{-}23)$$

可见，

$$l_{ir}l_{jr} = \delta_{ij} \qquad (2\text{-}24)$$

这样，根据式(2-24)可知：

$$\begin{cases} l_{i1}^2 + l_{i2}^2 + l_{i3}^2 = 1 \quad (i = 1,2,3) \\ l_{11}l_{21} + l_{12}l_{22} + l_{13}l_{23} = 0 \\ l_{11}l_{31} + l_{12}l_{32} + l_{13}l_{33} = 0 \\ l_{21}l_{31} + l_{22}l_{32} + l_{23}l_{33} = 0 \end{cases} \qquad (2\text{-}25)$$

同样，可得

$$e_i \cdot e_j = \delta_{ij} = l_{ri}e'_r \cdot l_{kj}e'_k = l_{ri}l_{kj}\delta_{rk} = l_{ri}l_{rj} \qquad (2\text{-}26)$$

或

$$l_{ri}l_{rj} = \delta_{ij} \tag{2-27}$$

例题 2.2　表 2.1 给出了坐标系 $Oxyz$ 和 $O'x'y'z'$ 的坐标变换矩阵。已知一点 $P(x_1', x_2', x_3')$ 在 $O'x'y'z'$ 坐标系中的坐标为 $(-29/25, 4/5, -3/25)$，求该点在 $Oxyz$ 坐标系中的坐标。

表 2.1　坐标变换矩阵

	x_1	x_2	x_3
x_1'	12/25	−9/25	4/5
x_2'	3/5	4/5	0
x_3'	−16/25	12/25	3/5

解：

$$u_i = l_{ji}u_j' = \begin{bmatrix} 12/25 & 3/5 & -16/25 \\ -9/25 & 4/5 & 12/25 \\ 4/5 & 0 & 3/5 \end{bmatrix} \begin{bmatrix} -29/25 \\ 4/5 \\ -3/25 \end{bmatrix} = \begin{bmatrix} 0 \\ 1 \\ -1 \end{bmatrix}$$

所以该点在 $Oxyz$ 坐标系中的坐标为 $(0,1,-1)$。

例题 2.3　坐标系 $Oxyz$ 沿 Oxy 平面翻转 $180°$ 后形成坐标系 $Ox'y'z'$。(1)试推导坐标变换矩阵 l_{ij}。(2)若沿 X 轴逆时针旋转 $90°$，求坐标变换矩阵 l_{ij}。

解：设 x_j 为 $Oxyz$ 坐标系坐标轴，x_i' 为 $Ox'y'z'$ 坐标系坐标轴，则 $x_i' = l_{ij}x_j$。

(1) 沿 Oxy 平面翻转，可得出：$x_i' = \begin{bmatrix} x_1 \\ x_2 \\ -x_3 \end{bmatrix}, x_j = \begin{bmatrix} x_1 \\ x_2 \\ x_3 \end{bmatrix}$，从而得出：$l_{ij} = \begin{bmatrix} 1 & 0 & 0 \\ 0 & 1 & 0 \\ 0 & 0 & -1 \end{bmatrix}$。

(2) 沿 x 轴逆时针旋转 $90°$，可得出：$x_i' = \begin{bmatrix} x_1 \\ x_3 \\ -x_2 \end{bmatrix}, x_j = \begin{bmatrix} x_1 \\ x_2 \\ x_3 \end{bmatrix}$，从而得出：$l_{ij} = \begin{bmatrix} 1 & 0 & 0 \\ 0 & 0 & 1 \\ 0 & -1 & 0 \end{bmatrix}$。

2.6　张　　量

在弹性力学中，随着描述问题复杂程度的增加，所需物理量的分量也会增多。例如，温度仅需要标量 T（1 个分量）来描述，位移需要矢量 $\boldsymbol{u}$（3 个分量）来描述，当需要描述更复杂物理量时，需要用含有 9 个分量，甚至是更多分量的变量来描述。

对于一些包含不同分量个数的变量，它们描述的物理问题并不会随着选取的坐标系而发生变化，如果能够满足类似式(2-21)所示的坐标变换方程，即[3]：

$$\begin{cases} a' = a, 0\ \text{阶（标量）} \\ a_i' = l_{ip}a_p, \text{一阶（矢量）} \\ a_{ij}' = l_{ip}l_{jq}a_{pq}, \text{二阶} \\ a_{ijk}' = l_{ip}l_{jq}l_{kr}a_{pqr}, \text{三阶} \\ a_{ijkl}' = l_{ip}l_{jq}l_{kr}l_{ls}a_{pqrs}, \text{四阶} \\ \quad\vdots \\ a_{ijk\cdots m}' = l_{ip}l_{jq}l_{kr}\cdots l_{mt}a_{pqr\cdots t}, \text{任意阶} \end{cases} \tag{2-28}$$

则此数学变量为张量。**张量**是在笛卡儿坐标系中满足式(2-28)所示坐标变换式的任意阶变量 $a'_{ijk\cdots m}$。根据式(2-28),标量为零阶张量,矢量为一阶张量,a'_{ij} 为二阶张量,等等。

根据张量的定义式(2-28),采用张量记法表示的方程,在某一坐标系中成立,则在容许变换的其他坐标系中也成立,即张量方程具有不变性。

2.7 常 用 张 量

2.7.1 Kronecker 符号

在笛卡儿坐标系下,Kronecker 符号定义为

$$\delta_{ij} = \begin{bmatrix} 1 & 0 & 0 \\ 0 & 1 & 0 \\ 0 & 0 & 1 \end{bmatrix} \tag{2-29}$$

即

$$\delta_{ij} = \begin{cases} 1, & i = j \\ 0, & i \neq j \end{cases} \tag{2-30}$$

其中 i, j 为自由指标。

可以看出 Kronecker 符号 δ_{ij} 是一个二阶张量。它具有以下特殊性质:

(1) 对称性:

$$\delta_{ij} = \delta_{ji} \tag{2-31}$$

(2) 可进行换标运算:

$$\delta_{ij} v_j = v_i \tag{2-32}$$

显而易见,δ_{ij} 的作用是将 v_j 中的 j 用 i 置换,因此 δ_{ij} 也称为置换算子。以下是置换算子一些典型的例子:

$$a_i \delta_{ij} = a_j \tag{2-33}$$

$$a_{ij} \delta_{ij} = a_{ii} \tag{2-34}$$

$$\delta_{ij} \delta_{kj} = \delta_{ik} \tag{2-35}$$

$$\delta_{lm} \delta_{mn} \delta_{np} = \delta_{lp} \tag{2-36}$$

$$\delta_{ij} \delta_{ij} = \delta_{ii} = \delta_{jj} = 3 \tag{2-37}$$

$$\delta_{i1} a_1 + \delta_{i2} a_2 + \delta_{i3} a_3 = \delta_{ij} a_j = a_i \tag{2-38}$$

$$\delta_{ij} \delta_{kj} = \delta_{ik} = \delta_{i1} \delta_{k1} + \delta_{i2} \delta_{k2} + \delta_{i3} \delta_{k3} = \begin{cases} 1, & i = k \\ 0, & i \neq k \end{cases} \tag{2-39}$$

由以上几个例子可以总结出 Kronecker 符号 δ_{ij} 的换标方法:如果 δ_{ij} 符号的两个指标中有一个指标和同项中其他因子的指标相重,则可以把该因子的那个重指标替换成 δ_{ij} 的另一个指标,而 δ_{ij} 自动消失。

（3）当 $i=j$ 时，点积 $e_i \cdot e_j = 1$；当 $i \neq j$ 时，点积 $e_i \cdot e_j = 0$，因此有

$$e_i \cdot e_j = \delta_{ij} \tag{2-40}$$

2.7.2 交错张量（ε_{ijk} 符号）

交错张量 ε_{ijk} 为三阶张量，共有 3^3 即 27 个元素[4]：

$$\varepsilon_{ijk} = \begin{cases} 1, & \text{当 } i,j,k \text{ 为顺循环} \\ -1, & \text{当 } i,j,k \text{ 为逆循环} \\ 0, & \text{当 } i,j,k \text{ 不循环} \end{cases}$$

循环方向

例如

$$\begin{cases} \varepsilon_{ijk} = \varepsilon_{jki} = \varepsilon_{kij} = 1 \\ \varepsilon_{kji} = \varepsilon_{jik} = \varepsilon_{ikj} = -1 \\ \varepsilon_{iii} = \varepsilon_{iji} = \varepsilon_{jkj} = \cdots = 0 \end{cases} \tag{2-41}$$

可以看出，其中 ε_{ijk} 分量中共有六项不为 0 的元素。

将交错张量用于矢量叉积和行列式的表述时，可以得到非常简洁的表达式。

1. 矢量叉积简化

根据交错张量 ε_{ijk} 的性质，则有

$$\varepsilon_{1jk} u_j v_k = \varepsilon_{123} u_2 v_3 + \varepsilon_{132} u_3 v_2 = u_2 v_3 - u_3 v_2 \tag{2-42}$$

同样地有

$$\begin{cases} \varepsilon_{2jk} u_j v_k = u_3 v_1 - u_1 v_3 \\ \varepsilon_{3jk} u_j v_k = u_1 v_2 - u_2 v_1 \end{cases} \tag{2-43}$$

根据求和约定，式（2-42）、式（2-43）可写成：

$$\begin{aligned} \varepsilon_{ijk} u_j v_k &= \varepsilon_{i1k} u_1 v_k + \varepsilon_{i2k} u_2 v_k + \varepsilon_{i3k} u_3 v_k \\ &= \varepsilon_{i11} u_1 v_1 + \varepsilon_{i12} u_1 v_2 + \varepsilon_{i13} u_1 v_3 \\ &\quad + \varepsilon_{i21} u_2 v_1 + \varepsilon_{i22} u_2 v_2 + \varepsilon_{i23} u_2 v_3 \\ &\quad + \varepsilon_{i31} u_3 v_1 + \varepsilon_{i32} u_3 v_2 + \varepsilon_{i33} u_3 v_3 \end{aligned} \tag{2-44}$$

e_i 为直角坐标系中的单位矢量，则

$$\varepsilon_{ijk} u_j v_k e_i = (u_2 v_3 - u_3 v_2) e_1 + (u_3 v_1 - u_1 v_3) e_2 + (u_1 v_2 - u_2 v_1) e_3 \tag{2-45}$$

另外，根据矢量叉积运算：

$$\boldsymbol{U} \times \boldsymbol{V} = \begin{vmatrix} e_1 & e_1 & e_3 \\ u_1 & u_2 & u_3 \\ v_1 & v_2 & v_3 \end{vmatrix}$$

$$= (u_2 v_3 - u_3 v_2) e_1 + (u_3 v_1 - u_1 v_3) e_2 + (u_1 v_2 - u_2 v_1) e_3 \tag{2-46}$$

可以得出

$$\boldsymbol{U} \times \boldsymbol{V} = \varepsilon_{ijk} u_j v_k e_i \tag{2-47}$$

可以看出利用交错张量可以大大简化公式书写。

由此也可以推出

$$
\boldsymbol{U} \cdot (\boldsymbol{V} \times \boldsymbol{W}) = \begin{vmatrix} u_1 & u_2 & u_3 \\ v_1 & v_2 & v_3 \\ w_1 & w_2 & w_3 \end{vmatrix} = \varepsilon_{ijk} u_i v_j w_k \tag{2-48}
$$

2. 行列式简化

根据行列式的定义：

$$
a = \begin{vmatrix} a_{11} & a_{12} & a_{13} \\ a_{21} & a_{22} & a_{23} \\ a_{31} & a_{32} & a_{33} \end{vmatrix}
$$

$$
= a_{11}a_{22}a_{33} + a_{21}a_{32}a_{13} + a_{31}a_{12}a_{23} - a_{31}a_{22}a_{13} - a_{21}a_{12}a_{33} - a_{11}a_{32}a_{23}
$$

$$
= \varepsilon_{ijk} a_{i1} a_{j2} a_{k3} = \varepsilon_{ijk} a_{1i} a_{2j} a_{3k} \tag{2-49}
$$

扩展为一般形式：

$$
a\varepsilon_{stp} = \varepsilon_{ijk} a_{si} a_{tj} a_{pk} \tag{2-50}
$$

当 s、t、p 分别为 1、2、3 时，式(2-49)就变成方程(2-50)的一个特例。

2.8　张量相关运算及法则

2.8.1　张量的性质

1. 相等

当两个张量的对应分量相等，则它们相等。例如张量 a_{ij} 与 b_{ij} 相等的条件是：

$$
a_{ij} = b_{ij} \tag{2-51}
$$

2. 加减

两个同阶张量的和（或差）仍是一个张量，且同阶。类似于矢量加法的定义，两个张量的和（或差）的分量等于这两个张量的对应分量的和（或差）。例如，二阶张量 a_{ij}、b_{ij} 的和仍是一个二阶张量，定义为

$$
c_{ij} = a_{ij} + b_{ij} \tag{2-52}
$$

3. 张量的乘法

一个张量 a_{ij} 与一个标量 a 的乘积为一个同阶张量 b_{ij}，定义为

$$
b_{ij} = a a_{ij} \tag{2-53}
$$

通常，两个张量相乘构成一个新的张量，且新的张量阶数等于这两个张量的阶数之和。如 a_i 为一阶，b_{jk} 为二阶，则

$$a_i \cdot b_{jk} = c_{ijk} \tag{2-54}$$

是三阶张量。

4. 张量缩并

考虑张量 a_{ijk}（有 27 个分量），如果将两个指标赋给相同的字母，即用 k 取代 j，得到 a_{ikk}，它是一阶张量，即只存在三个量，每个量都是三个原分量之和。根据，

$$a'_{ijk} = l_{ip} l_{jp} l_{kr} q_{pqr} \tag{2-55}$$

所以

$$a'_{ikk} = l_{ip} l_{kq} l_{kr} a_{pqr} = l_{ip} \delta_{qr} a_{pqr} = l_{ip} a_{prr} \tag{2-56}$$

显然满足一阶张量的变换规则。

5. 对称与斜对称

对于张量 a_{ij}，如果 $a_{ij} = a_{ji}$，则称之为对称张量。如果 $a_{ij} = -a_{ji}$，则称之为斜对称张量。值得一提的是，对于斜对称张量，$a_{11} = a_{22} = a_{33} = 0$。

如果一个张量只对某一对特定的指标对称（或斜对称），则称之为指标对称（或指标斜对称）张量。如果在某一坐标系中，一个张量对某一指标对称（或斜对称），那么在所有坐标系中，它对该指标都对称（或斜对称）。例如，在 x_i 坐标系中 $a_{ijk} = a_{ikj}$，那么在 x'_i 坐标系中 $a'_{ijk} = a'_{ikj}$。

注意到，任何一个二阶张量 a_{ij} 都可以唯一地分解成一个对称张量和一个斜对称张量之和，即

$$a_{ij} = \frac{1}{2}(a_{ij} + a_{ji}) + \frac{1}{2}(a_{ij} - a_{ji}) = b_{ij} + c_{ij} \tag{2-57}$$

2.8.2 二阶张量特征值及不变量

对于二阶对称张量 a_{ij}，如果存在一个常数 λ，使得

$$a_{ij} \boldsymbol{n}_j = \lambda \boldsymbol{n}_i \tag{2-58}$$

则单位矢量 $\boldsymbol{n}$ 所在的方向称为二阶对称张量的主方向或特征方向。λ 则称为张量的主值或特征值。式（2-58）可分解为

$$\begin{cases} a_{11} \boldsymbol{n}_1 + a_{12} \boldsymbol{n}_2 + a_{13} \boldsymbol{n}_3 = \lambda \boldsymbol{n}_1 \\ a_{21} \boldsymbol{n}_1 + a_{22} \boldsymbol{n}_2 + a_{23} \boldsymbol{n}_3 = \lambda \boldsymbol{n}_2 \\ a_{31} \boldsymbol{n}_1 + a_{32} \boldsymbol{n}_2 + a_{33} \boldsymbol{n}_3 = \lambda \boldsymbol{n}_3 \end{cases} \tag{2-59}$$

等价为

$$\begin{cases} (a_{11} - \lambda) \boldsymbol{n}_1 + a_{12} \boldsymbol{n}_2 + a_{13} \boldsymbol{n}_3 = \boldsymbol{0} \\ a_{21} \boldsymbol{n}_1 + (a_{22} - \lambda) \boldsymbol{n}_2 + a_{23} \boldsymbol{n}_3 = \boldsymbol{0} \\ a_{31} \boldsymbol{n}_1 + a_{32} \boldsymbol{n}_2 + (a_{33} - \lambda) \boldsymbol{n}_3 = \boldsymbol{0} \end{cases} \tag{2-60}$$

上述三个线性联立方程组对 $\boldsymbol{n}_1$、$\boldsymbol{n}_2$、$\boldsymbol{n}_3$ 是齐次的，为了得到非零解，则其系数行列式值必须为零，即

$$\det[a_{ij} - \lambda\delta_{ij}] = \begin{vmatrix} a_{11} - \lambda & a_{12} & a_{13} \\ a_{21} & a_{22} - \lambda & a_{23} \\ a_{31} & a_{32} & a_{33} - \lambda \end{vmatrix} = 0 \tag{2-61}$$

这样求解方程就可以确定 λ 值。对方程展开可以导出特征方程：

$$\det[a_{ij} - \lambda\delta_{ij}] = -\lambda^3 + I_a\lambda^2 - II_a\lambda + III_a = 0 \tag{2-62}$$

其中，

$$\begin{cases} I_a = a_{ii} = a_{11} + a_{22} + a_{33} \\ II_a = \dfrac{1}{2}(a_{ii}a_{jj} - a_{ij}a_{ij}) = \begin{vmatrix} a_{11} & a_{12} \\ a_{21} & a_{22} \end{vmatrix} + \begin{vmatrix} a_{22} & a_{23} \\ a_{32} & a_{33} \end{vmatrix} + \begin{vmatrix} a_{11} & a_{13} \\ a_{31} & a_{33} \end{vmatrix} \\ III_a = \begin{vmatrix} a_{11} & a_{12} & a_{13} \\ a_{21} & a_{22} & a_{23} \\ a_{31} & a_{32} & a_{33} \end{vmatrix} \end{cases} \tag{2-63}$$

式(2-63)中 I_a，II_a，III_a 分别称为张量 a_{ij} 的不变量，在坐标变换时，其值保持不变。特征方程的根决定了特征值 λ 的大小，将这些得到的特征值代入式(2-58)就可获得张量 a_{ij} 的主方向。

当张量 a_{ij} 的分量为实数时，三次方程的三个根 λ_1、λ_2 和 λ_3 均为实数。更进一步，如果这些根互不相同，则每个特征值对应的主方向正交。用 $n^{(1)}$，$n^{(2)}$，$n^{(3)}$ 分别表示与特征值 λ_1、λ_2 和 λ_3 相对应的主方向，其性质为：

（1）若三个特征值 λ_1、λ_2 和 λ_3 互不相同，则对应的三个主方向是唯一的。

（2）两个特征值相等($\lambda_1 \neq \lambda_2 = \lambda_3$)，则主方向 $n^{(1)}$ 是唯一的，与 $n^{(1)}$ 正交的所有方向为 λ_2 和 λ_3 对应的主方向。

（3）三个特征值均相等($\lambda_1 = \lambda_2 = \lambda_3$)，则该张量为各向同性张量(见 2.8.3 节)。

如前面所讲，我们可以确定一个右手笛卡儿坐标系使得每个坐标轴沿着所给定的对称二阶张量 a_{ij} 的主方向，则这些坐标轴称为张量的主轴。这样，在主轴坐标系下的 a_{ij} 表示为

$$a'_{ij} = \begin{bmatrix} \lambda_1 & 0 & 0 \\ 0 & \lambda_2 & 0 \\ 0 & 0 & \lambda_3 \end{bmatrix} \tag{2-64}$$

相应地，方程(2-64)的基本不变量变为

$$\begin{cases} I_a = \lambda_1 + \lambda_2 + \lambda_3 \\ II_a = \lambda_1\lambda_2 + \lambda_2\lambda_3 + \lambda_3\lambda_1 \\ III_a = \lambda_1\lambda_2\lambda_3 \end{cases} \tag{2-65}$$

2.8.3　各向同性张量

如果一个张量的分量在所有坐标系中都具有相同的值，则它是各向同性的。标量(零阶张量)就是一个简单的例子。

Kronecker 符号 δ_{ij} 和交错张量 ε_{ijk} 都是各向同性的。例如 δ_{ij}，可以证明：

$$\delta'_{ij} = l_{ir}l_{js}\delta_{rs} = l_{ir}l_{jr} = \delta_{ij} \tag{2-66}$$

同理，根据

$$\varepsilon'_{ijk} = l_{ir}l_{js}l_{kt}\varepsilon_{rst} = l\varepsilon_{ijk} \tag{2-67}$$

其中，$l = l_{ir}l_{js}l_{kt}$。得

$$l = \begin{vmatrix} l_{11} & l_{12} & l_{13} \\ l_{21} & l_{22} & l_{23} \\ l_{31} & l_{32} & l_{33} \end{vmatrix} \tag{2-68}$$

由于将行与列互换不影响 l 的值，所以

$$l^2 = \begin{vmatrix} l_{11} & l_{12} & l_{13} \\ l_{21} & l_{22} & l_{23} \\ l_{31} & l_{32} & l_{33} \end{vmatrix} \cdot \begin{vmatrix} l_{11} & l_{21} & l_{31} \\ l_{12} & l_{22} & l_{32} \\ l_{13} & l_{23} & l_{33} \end{vmatrix} = \begin{vmatrix} 1 & 0 & 0 \\ 0 & 1 & 0 \\ 0 & 0 & 1 \end{vmatrix} \tag{2-69}$$

可见 $l = \pm 1$，但考虑坐标轴与原坐标轴重合时，可得 $l = 1$。所以

$$\varepsilon'_{ijk} = \varepsilon_{ijk} \tag{2-70}$$

标量是一个各向同性张量。容易发现，任何二、三阶各向同性张量分别是 δ_{ij} 和 ε_{ijk} 张量的常数倍形式。

四阶各向同性张量的最一般形式是[1]：

$$a_{ijkl} = \alpha\delta_{ij}\delta_{kl} + \beta\delta_{ik}\delta_{jl} + \gamma\delta_{il}\delta_{jk} \tag{2-71}$$

一般地，任何偶数阶各向同性张量都具有类似于上面四阶张量的形式，即出现 δ_{ij} 的全部可能组合。4.4 节将会证明，四阶张量、各向同性材料的弹性常数矩阵 C_{ijkl} 可以表达为式(2-71)，为各向同性张量。

思　考　题

2.1　研究同一问题，建立的坐标系不同，如何交流计算结果？

2.2　弹性力学中为何要引入张量的概念？

2.3　什么是各向同性张量？请举例说明。

2.4　在某坐标系下，物体满足 $\sigma_{ij,j} = F_i$，当坐标系发生改变时，有没有必要在其他坐标系中重新考虑上式是否成立？如何证明？

2.5　任意 3×3 矩阵都是二阶张量吗？请说明原因。

2.6　请举出一个三阶张量的例子。

习　　题

2.1　计算：(1)$\delta_{pi}\delta_{iq}\delta_{qj}\delta_{jk}\delta_{kl}$；(2)$\varepsilon_{pqi}\varepsilon_{ijk}A_{jk}$；(3)$\varepsilon_{ijp}\varepsilon_{klp}B_{kl}B_{ij}$。

2.2　用指标法证明：$(\boldsymbol{a} \times \boldsymbol{b}) \cdot (\boldsymbol{c} \times \boldsymbol{d}) = (\boldsymbol{a} \cdot \boldsymbol{c})(\boldsymbol{b} \cdot \boldsymbol{d}) - (\boldsymbol{a} \cdot \boldsymbol{d})(\boldsymbol{b} \cdot \boldsymbol{c})$。

2.3　设 $\boldsymbol{a}$、$\boldsymbol{b}$ 和 $\boldsymbol{c}$ 是三个矢量，试证明：

$$\begin{vmatrix} \boldsymbol{a} \cdot \boldsymbol{a} & \boldsymbol{a} \cdot \boldsymbol{b} & \boldsymbol{a} \cdot \boldsymbol{c} \\ \boldsymbol{b} \cdot \boldsymbol{a} & \boldsymbol{b} \cdot \boldsymbol{b} & \boldsymbol{b} \cdot \boldsymbol{c} \\ \boldsymbol{c} \cdot \boldsymbol{a} & \boldsymbol{c} \cdot \boldsymbol{b} & \boldsymbol{c} \cdot \boldsymbol{c} \end{vmatrix} = |\boldsymbol{a}, \boldsymbol{b}, \boldsymbol{c}|^2$$

2.4　设有矢量 $\boldsymbol{U}=u_i\boldsymbol{e}_i$。原坐标系绕 z 轴转动 θ 角度,得到新坐标系,如图 2.6 所示。试求矢量 $\boldsymbol{U}$ 在新坐标系中的分量。

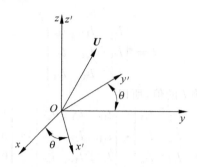

图 2.6　坐标转换示意图

2.5　已知 $\boldsymbol{A}$、$\boldsymbol{B}$、$\boldsymbol{C}$、$\boldsymbol{D}$ 为矢量,利用指标法证明:

(1) $\nabla\cdot(\nabla\times\boldsymbol{A})=0$;

(2) $\nabla\cdot(\lambda\boldsymbol{A})=(\nabla\lambda)\cdot\boldsymbol{A}+(\nabla\cdot\boldsymbol{A})\lambda$,其中 λ 为标量;

(3) $\nabla\cdot(\boldsymbol{A}\times\boldsymbol{B})=\boldsymbol{B}\cdot(\nabla\times\boldsymbol{A})-\boldsymbol{A}\cdot(\nabla\times\boldsymbol{B})$;

(4) $(\boldsymbol{A}\times\boldsymbol{B})\cdot(\boldsymbol{C}\times\boldsymbol{D})+(\boldsymbol{B}\times\boldsymbol{C})\cdot(\boldsymbol{A}\times\boldsymbol{D})+(\boldsymbol{C}\times\boldsymbol{A})\cdot(\boldsymbol{B}\times\boldsymbol{D})=0$。

2.6　已知关系:

$$\sigma_{ij}=s_{ij}+\frac{1}{3}\sigma_{kk}\delta_{ij}$$

$$J_2=\frac{1}{2}s_{ij}s_{ji}$$

$$J_3=\frac{1}{3}s_{ij}s_{jk}s_{kl}$$

其中 σ_{ij} 和 s_{ij} 是二阶张量。证明:

(1) $s_{ii}=0$;

(2) $\dfrac{\partial J_2}{\partial\sigma_{ij}}=s_{ij}$;

(3) $\dfrac{\partial J_3}{\partial\sigma_{ij}}=s_{ik}s_{kj}-\dfrac{2}{3}J_2\delta_{ij}$。

2.7　证明:每个二阶张量 a_{ij} 可以用唯一的方法分解成一个对称张量 $b_{ij}=b_{ji}$ 和一个斜对称张量 $c_{ij}=-c_{ji}$ 之和。

2.8　已知关系:

$$\boldsymbol{A}=\varepsilon_{ijk}\varepsilon_{ijm}\sigma_{km}$$

$$\boldsymbol{B}=\varepsilon_{ijk}\varepsilon_{imn}\sigma_{jm}\sigma_{kn}$$

$$\boldsymbol{C}=\sigma_{ii}$$

$$\boldsymbol{D}=\sigma_{ij}\sigma_{ji}$$

利用指标记法,证明:

(1) $\boldsymbol{A}=2\boldsymbol{C}$;

(2) $\boldsymbol{B}=\boldsymbol{C}^2-\boldsymbol{D}$。

其中,σ_{ij} 为对称的二阶张量。

2.9 在笛卡儿坐标系中,各向同性材料的弹性关系为

$$\begin{cases} \varepsilon_{11} = \dfrac{1}{E}\big[\sigma_{11} - \nu(\sigma_{22} + \sigma_{33})\big], & \varepsilon_{12} = \dfrac{1+\nu}{E}\sigma_{12} \\[2mm] \varepsilon_{22} = \dfrac{1}{E}\big[\sigma_{22} - \nu(\sigma_{33} + \sigma_{11})\big], & \varepsilon_{23} = \dfrac{1+\nu}{E}\sigma_{23} \\[2mm] \varepsilon_{33} = \dfrac{1}{E}\big[\sigma_{33} - \nu(\sigma_{11} + \sigma_{22})\big], & \varepsilon_{13} = \dfrac{1+\nu}{E}\sigma_{31} \end{cases}$$

将上式表示为可运用于任意坐标系的张量分量形式。

2.10 证明:$\boldsymbol{a} \times \boldsymbol{b} = \boldsymbol{0} \Leftrightarrow \boldsymbol{a}, \boldsymbol{b}$ 线性相关。

参 考 文 献

[1] Chandrasekharaiah D, Debnath L. Continuum Mechanics[M]. New York, Academic press, 1994.

[2] Goodbody A M. Cartesian Tensors: with Applications to Mechanics, Fluid Mechanics and Elasticity [M]. NEW YORK: JOHN WILEY & SONS, INC. ,1982.

[3] Sadd M H. Elasticity: Theory, Applications, and Numerics, Burlington [M]. MA: Elsevier Butterworth-Heinemann, 2005.

[4] 陈惠发,萨利普.弹性与塑性力学[M].北京:中国建筑工业出版社,2004.

第 3 章

应力与应变

3.1 概　　述

　　固体在受到外力作用之后,为了定量描述其内部的受力和变形情况,首先需要定义合适的物理量。本章重点对应力张量(9 个分量)、位移矢量(3 个分量)和应变张量(9 个分量)等三个物理量进行定义和解释,在此基础上,给出了各个物理量之间的关系(其中描述应力-应变关系的本构方程见第 4 章)。

　　固体在受到外力作用后,其内部相邻各部分之间的相互作用力称为内力。为了描述一点的内力状态,柯西引入了应力张量的概念(1828 年),它是经过一点的三个相互正交面上的应力矢量的组合[1]。

　　在外力作用下,固体内部各个点的位置变化,即为位移。如果各点发生位移后,改变了各点初始状态的相对位置,则固体就发生了形状的变化,即"变形"。一点的变形程度可以通过该点的所有线段的长度变化和相互之间夹角的改变来衡量,为此引入了应变张量。图 3.1 表示

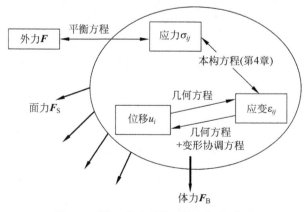

图 3.1　第 3 章重要物理量之间的联系

出了本章介绍的物理量之间的关系。

3.2 外　　力

对所研究的固体而言,力可以划分为外力、内力两种。外力是作用在固体上的力,而内力则是在外力作用下,固体内部各部分之间因相互位置变化而产生的力。外力按照作用区域的不同,可分为面力和体力两种。

体力是指作用在固体内部各微小单元上的外力。重力、惯性力、电磁力等是较常见的体力。

体力可以用体力集度来表征。如图 3.2 所示,在 P 点的邻域内取一包含 P 点在内的微元体 ΔV,设作用在微元体上的体力为 ΔQ,则定义体力集度的表达式为

$$F_{\mathrm{B}} = \lim_{\Delta V \to 0} \frac{\Delta Q}{\Delta V} \tag{3-1}$$

体力集度是矢量,将体力集度向坐标轴方向进行投影可得

$$F_{\mathrm{B}} = \frac{\Delta Q_x}{\Delta V} i + \frac{\Delta Q_y}{\Delta V} j + \frac{\Delta Q_z}{\Delta V} k \tag{3-2}$$

面力是指作用在固体表面上的外力。风力、液体压力、两物体间的接触力等是比较常见的面力。

面力可以用面力的集度来表征。如图 3.3 所示,取固体表面上任一点 P,在 P 点的邻域内取一包含 P 点在内的微面元 ΔS,若作用在微面元上的面力为 ΔQ,则定义面力集度的表达式为

$$F_{\mathrm{S}} = \lim_{\Delta S \to 0} \frac{\Delta Q}{\Delta S} \tag{3-3}$$

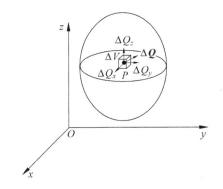

图 3.2　固体内部一点体力的分解

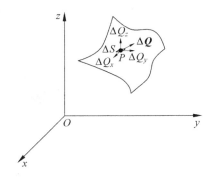

图 3.3　固体表面一点面力的分解

面力集度是一个矢量,将面力集度向各坐标轴方向进行投影可得

$$F_{\mathrm{S}} = \frac{\Delta Q_x}{\Delta S} i + \frac{\Delta Q_y}{\Delta S} j + \frac{\Delta Q_z}{\Delta S} k \tag{3-4}$$

例题 3.1　如图 3.4 所示,试分析飞机起飞时所受的外力及其类型。

解：飞机在起飞时受重力、空气阻力、空气升力、发动机推力等外力的作用。其中重力

属于体力；空气阻力和升力实际上都是气动力的表现效果，属于面力；发动机推力以气动力的形式作用在发动机各个部件上，通过发动机安装节传递到飞机，也属于面力。

图 3.4　飞机起飞受力示意图

3.3 应　　力

应力是为了描述固体内部在受到外力作用后一点的内力集中程度。最早提出应力概念的是雅各布·伯努利，他在 1705 年的一篇论文中提出了应力的概念。伯努利提出的是应力矢量的概念。应力矢量描述的是通过一点的一个确定截面的内力集中程度。由于通过一点有无数个截面，所以应力矢量不能反映一点的内力状态。柯西在 1828 年提出了应力张量的概念，它是经过一点的三个相互正交面上的应力矢量的组合，能够反映一点的内力集中程度，并以此为基础，推导出了用应力表达的平衡方程。

3.3.1　应力矢量

为了研究固体内部某一点 P 处的内力，考虑处于图 3.5 所示的平衡状态的固体，取一截面 C 将其分成 A、B 两部分。以 A 为研究对象，考察 B 通过截面 C 对 A 所作用的内力。截面 C 的外法向用 n 表示，取截面 C 上包含 P 点的面积 ΔS，设作用在 ΔS 上的内力为 $\Delta\boldsymbol{p}$。

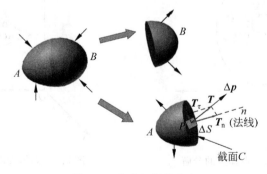

图 3.5　应力矢量的定义

定义内力的平均集度为[2]

$$\boldsymbol{T} = \lim_{\Delta S \to 0} \frac{\Delta \boldsymbol{p}}{\Delta S} \tag{3-5}$$

这个矢量 $\boldsymbol{T}$ 就是通过 P 点的截面 C 上的应力矢量。将应力矢量向各个坐标轴投影

可得

$$\boldsymbol{T} = T_x\boldsymbol{i} + T_y\boldsymbol{j} + T_z\boldsymbol{k} \tag{3-6}$$

一般工程上常将应力矢量 $\boldsymbol{T}$ 沿着截面 C 的法向、切向方向分解为 $\boldsymbol{T}_\mathrm{n}$ 和 $\boldsymbol{T}_\tau$ 两个分量,如图 3.5。其中 $\boldsymbol{T}_\mathrm{n}$ 称为正应力,$\boldsymbol{T}_\tau$ 称为剪应力或切应力。

图 3.5 中关于应力矢量的定义是依赖于截面 C 的。当通过 P 点的截面发生变化时,应力矢量也会发生变化;为了完整表征 P 点的内力状态,需要引入应力张量的概念,以便反映过 P 点所有截面的内力状态。

3.3.2　应力张量

在固体内 P 点的邻域中取一微元体(四面体),如图 3.6 所示,在任意一点 P 附近取出一微小四面体单元 $PABC$,斜面 ABC 的外法线为 $\boldsymbol{n}$,其他三个截面 PAB、PBC、PCA 相互正交。该微元体在力的作用下平衡,面 ABC 上的应力矢量沿 x、y、z 方向的分量分别为 T_x、T_y、T_z;面 PAB 上的应力矢量沿 x、y、z 方向的分量分别为 τ_{zx}、τ_{zy}、σ_{zz};面 PBC 上的应力矢量沿 x、y、z 方向的分量分别为 σ_{xx}、τ_{xy}、τ_{xz};面 PCA 上的应力矢量沿 x、y、z 方向的分量分别为 τ_{yx}、σ_{yy}、τ_{yz}。

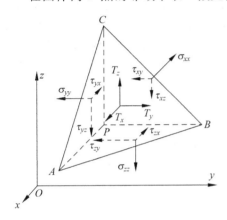

图 3.6　三维斜截面力的平衡示意图

对此微元体列出力的平衡方程,可得

$$\begin{cases} T_x = n_1\sigma_{xx} + n_2\tau_{yx} + n_3\tau_{zx} \\ T_y = n_1\tau_{xy} + n_2\sigma_{yy} + n_3\tau_{zy} \\ T_z = n_1\tau_{xz} + n_2\tau_{yz} + n_3\sigma_{zz} \end{cases} \tag{3-7}$$

式中 n_i 表示 $\boldsymbol{n}$ 与 $\boldsymbol{i}$ 轴间夹角的余弦值。式(3-7)用指标标记法写为

$$T_i = \sigma_{ji}n_j; \quad i,j = 1,2,3 \tag{3-8}$$

式(3-8)表明,通过固体一点的任一斜截面的应力矢量可以用通过此点的相互垂直的三个面上的应力分量来表示,即:如果知道了通过一点的三个相互正交平面上的应力矢量,该点的应力状态就确定了。

在三维笛卡儿坐标系中,用六个平行于坐标平面的截面在 P 点的邻域中取出一个正六面微元体,如图 3.7 所示。取图中所示的三个相互正交的面 A、B、C,将各个面上的应力矢量分解成如图所示的 3 个分量(1 个正应力,2 个切应力)。面 A 上的应力矢量沿 x、y、z 方向的分量分别为 σ_{xx}、τ_{xy}、τ_{xz};面 B 上的应力矢量沿 x、y、z 方向的分量分别为 τ_{yx}、σ_{yy}、τ_{yz};面 C 上的应力矢量沿 x、y、z 方向的分量分别

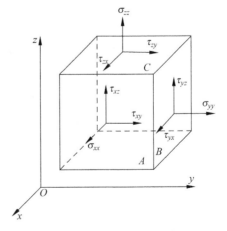

图 3.7　通过一点的相互正交平面上的各应力分量

为 τ_{zx}、τ_{zy}、σ_{zz}。当微元体趋于无穷小时，微元体上的应力就代表 P 点的应力。由图可知，P 点的应力分量共有 9 个：3 个正应力分量，6 个切应力分量，即垂直于 x 轴平面的 3 个分量 σ_{xx}、τ_{xy}、τ_{xz}；垂直于 y 轴平面的 3 个分量 τ_{yx}、σ_{yy}、τ_{yz}；垂直于 z 轴平面的 3 个分量 τ_{zx}、τ_{zy}、σ_{zz}。

这 9 个应力分量描述了 P 点的应力状态，定义应力张量如下：

$$\sigma_{ij} = \begin{bmatrix} \sigma_{xx} & \tau_{xy} & \tau_{xz} \\ \tau_{yx} & \sigma_{yy} & \tau_{yz} \\ \tau_{zx} & \tau_{zy} & \sigma_{zz} \end{bmatrix} \tag{3-9}$$

当坐标变换时，上述定义的应力张量满足式(2-28)坐标变换公式，故 σ_{ij} 满足二阶张量的定义(具体证明见 3.5.4 节)。本书后续提到的应力在没有特殊说明时均指应力张量。

应力张量的各个分量的表达：正应力分量用一个下标来表示，一般直接将 σ_{xx}、σ_{yy}、σ_{zz} 分别记为 σ_x、σ_y、σ_z。切应力分量一般用两个字母下标来表示，其中第一个字母表示应力分量所在面垂直的坐标轴，第二个字母表示应力分量的方向与某一坐标轴方向平行。如 τ_{xy} 表示在垂直于 x 轴的面上，与 y 轴方向平行的应力分量。外法向与坐标轴正方向相同的面称为正面；外法向与坐标轴正方向相反的面称为负面。各应力分量的正负号规定为：正面上与坐标轴同向为正，负面上与坐标轴反向为正。图 3.7 所示的各应力分量均为正。

由式(2-28)可知，应力张量的坐标变换公式为

$$\sigma'_{ij} = l_{ip} l_{jq} \sigma_{pq} \tag{3-10}$$

将式(3-10)两边直接展开可得到坐标变换公式的常用形式：

$$\begin{cases} \sigma'_x = \sigma_x l_{11}^2 + \sigma_y l_{12}^2 + \sigma_z l_{13}^2 + 2(\tau_{xy} l_{11} l_{12} + \tau_{yz} l_{12} l_{13} + \tau_{zx} l_{13} l_{11}) \\ \sigma'_y = \sigma_x l_{21}^2 + \sigma_y l_{22}^2 + \sigma_z l_{23}^2 + 2(\tau_{xy} l_{21} l_{22} + \tau_{yz} l_{22} l_{23} + \tau_{zx} l_{23} l_{21}) \\ \sigma'_z = \sigma_x l_{31}^2 + \sigma_y l_{32}^2 + \sigma_z l_{33}^2 + 2(\tau_{xy} l_{31} l_{32} + \tau_{yz} l_{32} l_{33} + \tau_{zx} l_{33} l_{31}) \\ \tau'_{xy} = \sigma_x l_{11} l_{21} + \sigma_y l_{12} l_{22} + \sigma_z l_{13} l_{23} + \tau_{xy}(l_{11} l_{22} + l_{12} l_{21}) \\ \qquad + \tau_{yz}(l_{12} l_{23} + l_{13} l_{22}) + \tau_{zx}(l_{13} l_{21} + l_{11} l_{23}) \\ \tau'_{yz} = \sigma_x l_{21} l_{31} + \sigma_y l_{22} l_{32} + \sigma_z l_{23} l_{33} + \tau_{xy}(l_{21} l_{32} + l_{22} l_{31}) \\ \qquad + \tau_{yz}(l_{22} l_{33} + l_{23} l_{32}) + \tau_{zx}(l_{23} l_{31} + l_{21} l_{33}) \\ \tau'_{zx} = \sigma_x l_{31} l_{11} + \sigma_y l_{32} l_{12} + \sigma_z l_{33} l_{13} + \tau_{xy}(l_{31} l_{12} + l_{32} l_{11}) \\ \qquad + \tau_{yz}(l_{32} l_{13} + l_{33} l_{12}) + \tau_{zx}(l_{33} l_{11} + l_{31} l_{13}) \end{cases} \tag{3-11}$$

图 3.6 中，任一斜截面 ABC 上的正应力和切应力可表示为

$$\begin{cases} T_n = n_1 T_x + n_2 T_y + n_3 T_z \\ T_\tau = \sqrt{T_x^2 + T_y^2 + T_z^2 - T_n^2} \end{cases} \tag{3-12}$$

采用应力张量的定义，将式(3-7)代入式(3-12)可得斜截面 ABC 上的正应力、切应力为

$$\begin{cases} T_n = \sigma_x n_1^2 + \sigma_y n_2^2 + \sigma_z n_3^2 + 2\tau_{xy} n_1 n_2 + 2\tau_{yz} n_2 n_3 + 2\tau_{zx} n_3 n_1 \\ \quad = \begin{bmatrix} n_1 & n_2 & n_3 \end{bmatrix} \begin{bmatrix} \sigma_x & \tau_{xy} & \tau_{xz} \\ \tau_{yx} & \sigma_y & \tau_{yz} \\ \tau_{zx} & \tau_{zy} & \sigma_z \end{bmatrix} \begin{bmatrix} n_1 \\ n_2 \\ n_3 \end{bmatrix} \\ T_\tau^2 = T_x^2 + T_y^2 + T_z^2 - T_n^2 = (\sigma_x n_1 + \tau_{xy} n_2 + \tau_{xz} n_3)^2 + (\tau_{yx} n_1 + \sigma_y n_2 + \tau_{yz} n_3)^2 \\ \qquad + (\tau_{zx} n_1 + \tau_{zy} n_2 + \sigma_z n_3)^2 - (\sigma_x n_1^2 + \sigma_y n_2^2 + \sigma_z n_3^2 \\ \qquad + 2\tau_{xy} n_1 n_2 + 2\tau_{yz} n_2 n_3 + 2\tau_{zx} n_3 n_1)^2 \end{cases} \tag{3-13}$$

例题 3.2 已知一点在坐标系 $Oxyz$ 下的应力状态为 $\sigma_{ij} = \begin{bmatrix} 1 & 0 & 3 \\ 0 & 2 & 2 \\ 3 & 2 & 4 \end{bmatrix}$，将此坐标系沿 z 轴旋转 $60°$，如图 3.8 所示，求该点在新坐标系 $O'x'y'z'$ 下的应力状态 σ'_{ij}。

解：

$$l_{ij} = \begin{bmatrix} \cos60° & \cos30° & \cos90° \\ \cos150° & \cos60° & \cos90° \\ \cos90° & \cos90° & \cos0° \end{bmatrix} = \begin{bmatrix} 1/2 & \sqrt{3}/2 & 0 \\ -\sqrt{3}/2 & 1/2 & 0 \\ 0 & 0 & 1 \end{bmatrix}$$

$$\sigma'_{ij} = l_{ip}l_{jq}\sigma_{pq} = \begin{bmatrix} 1/2 & \sqrt{3}/2 & 0 \\ -\sqrt{3}/2 & 1/2 & 0 \\ 0 & 0 & 1 \end{bmatrix} \begin{bmatrix} 1 & 0 & 3 \\ 0 & 2 & 2 \\ 3 & 2 & 4 \end{bmatrix} \begin{bmatrix} 1/2 & \sqrt{3}/2 & 0 \\ -\sqrt{3}/2 & 1/2 & 0 \\ 0 & 0 & 1 \end{bmatrix}$$

$$= \begin{bmatrix} 7/4 & \sqrt{3}/4 & 3/2+\sqrt{3} \\ \sqrt{3}/4 & 5/4 & 1-3\sqrt{3}/2 \\ 3/2+\sqrt{3} & 1-3\sqrt{3}/2 & 4 \end{bmatrix}$$

例题 3.3 如图 3.9 所示包含点 P 的微元体 $PABC$，已知点 P 在坐标系 $Oxyz$ 下的应力状态为 $\sigma_{ij} = \begin{bmatrix} 1 & 0 & 3 \\ 0 & 2 & 2 \\ 3 & 2 & 4 \end{bmatrix}$。已知截面 ABC 的外法线向量为 $(1,1,1)$，试求截面 PAB、ABC 上的应力矢量。

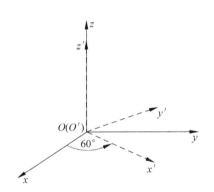

图 3.8 新旧坐标系变换示意图

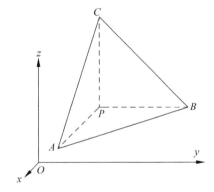

图 3.9 点 P 的应力状态

解： 截面 PAB 的法向与坐标轴的夹角余弦分别为 $(0,0,1)$，根据式（3-7）得

$$\begin{cases} T_x = 0 \times 1 + 0 \times 0 + 1 \times 3 = 3 \\ T_y = 0 \times 0 + 0 \times 2 + 1 \times 2 = 2 \\ T_z = 0 \times 3 + 0 \times 2 + 1 \times 4 = 4 \end{cases}$$

所以，截面 PAB 的应力矢量为 $(3,2,4)$。

根据截面 ABC 的外法线向量，可知截面 ABC 的外法线与坐标轴的夹角余弦分别为 $\left(\dfrac{\sqrt{3}}{3}, \dfrac{\sqrt{3}}{3}, \dfrac{\sqrt{3}}{3}\right)$，根据式（3-7）得

$$\begin{cases} T_x = \dfrac{\sqrt{3}}{3} \times 1 + \dfrac{\sqrt{3}}{3} \times 0 + \dfrac{\sqrt{3}}{3} \times 3 = \dfrac{4\sqrt{3}}{3} \\[3mm] T_y = \dfrac{\sqrt{3}}{3} \times 0 + \dfrac{\sqrt{3}}{3} \times 2 + \dfrac{\sqrt{3}}{3} \times 2 = \dfrac{4\sqrt{3}}{3} \\[3mm] T_z = \dfrac{\sqrt{3}}{3} \times 3 + \dfrac{\sqrt{3}}{3} \times 2 + \dfrac{\sqrt{3}}{3} \times 4 = 3\sqrt{3} \end{cases}$$

所以,截面 ABC 的应力矢量为 $\left(\dfrac{4\sqrt{3}}{3}, \dfrac{4\sqrt{3}}{3}, 3\sqrt{3} \right)$。

3.3.3 主应力

如式(3-9),应力张量包含 9 个分量。根据剪应力互等定理(具体推导见 3.3.6 节),可以缩减为 6 个分量,是一个二阶对称张量。当坐标系发生变换时(如式(3-10)),根据二阶对称张量的性质,总能找到一个坐标系(主坐标系),在这个坐标系下,剪应力分量都为 0,这时应力张量只有 3 个正应力分量,如图 3.10 所示。这 3 个相互垂直的方向就称为主方向,对应的坐标系称为主坐标系,而此时对应的正应力就称为主应力[3]。

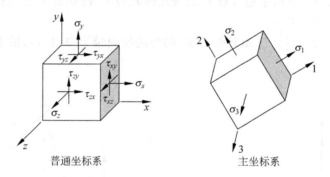

图 3.10 主应力方向示意图

下面推导主应力的求解过程。

假设图 3.6 中的 ABC 平面上只有正应力 $\boldsymbol{T}_n$,将 $\boldsymbol{T}_n$ 沿着三个坐标轴方向进行分解可得

$$\begin{cases} T_x = T_n n_1 \\ T_y = T_n n_2 \\ T_z = T_n n_3 \end{cases} \tag{3-14}$$

用指标标记法可写为

$$T_i = T_n n_i \tag{3-15}$$

将式(3-14)代入式(3-7)后整理得

$$\begin{cases} T_n n_1 = n_1 \sigma_x + n_2 \tau_{yx} + n_3 \tau_{zx} \\ T_n n_2 = n_1 \tau_{xy} + n_2 \sigma_y + n_3 \tau_{zy} \\ T_n n_3 = n_1 \tau_{xz} + n_2 \tau_{yz} + n_3 \sigma_z \end{cases} \tag{3-16}$$

用指标标记法可写为

$$T_n n_i = \sigma_{ji} n_j \tag{3-17}$$

将上式写为矩阵形式可得

$$
\begin{bmatrix}
\sigma_x - T_n & \tau_{xy} & \tau_{xz} \\
\tau_{yx} & \sigma_y - T_n & \tau_{yz} \\
\tau_{zx} & \tau_{zy} & \sigma_z - T_n
\end{bmatrix}
\begin{bmatrix}
n_1 \\
n_2 \\
n_3
\end{bmatrix}
=
\begin{bmatrix}
0 \\
0 \\
0
\end{bmatrix}
\tag{3-18}
$$

式中 n_1、n_2 和 n_3 为方向余弦,满足 $n_1^2 + n_2^2 + n_3^2 = 1$,这样就得到了一组包含四个未知参数 n_1、n_2、n_3 和 T_n 的四个方程,解此方程组就可以得到主应力和主方向。式(3-18)可看成由 n_1、n_2 和 n_3 为未知参数组成的方程组,此方程组若有非零解,则其系数矩阵的行列式为 0,即

$$
\begin{vmatrix}
\sigma_x - T_n & \tau_{xy} & \tau_{xz} \\
\tau_{yx} & \sigma_y - T_n & \tau_{yz} \\
\tau_{zx} & \tau_{zy} & \sigma_z - T_n
\end{vmatrix}
= 0
\tag{3-19}
$$

展开得

$$
T_n^3 - (\sigma_x + \sigma_y + \sigma_z) T_n^2 + (\sigma_x \sigma_y + \sigma_y \sigma_z + \sigma_z \sigma_x - \tau_{xy}^2 - \tau_{yz}^2 - \tau_{zx}^2) T_n
$$
$$
- (\sigma_x \sigma_y \sigma_z + 2\tau_{xy} \tau_{yz} \tau_{zx} - \sigma_x \tau_{yz}^2 - \sigma_y \tau_{zx}^2 - \sigma_z \tau_{xy}^2) = 0
\tag{3-20}
$$

或写为

$$
\det[\sigma_{ij} - T_n \delta_{ij}] = - T_n^3 + I_1 T_n^2 - I_2 T_n + I_3 = 0
\tag{3-21}
$$

方程(3-21)称为**特征方程**,是确定固体中任意一点主应力的方程。对比式(3-20)与式(3-21)可将式中的 I_1、I_2、I_3 表示为

$$
I_1 = \sigma_x + \sigma_y + \sigma_z
\tag{3-22a}
$$

$$
I_2 =
\begin{vmatrix}
\sigma_x & \tau_{xy} \\
\tau_{xy} & \sigma_y
\end{vmatrix}
+
\begin{vmatrix}
\sigma_y & \tau_{yz} \\
\tau_{yz} & \sigma_z
\end{vmatrix}
+
\begin{vmatrix}
\sigma_z & \tau_{zx} \\
\tau_{zx} & \sigma_x
\end{vmatrix}
\tag{3-22b}
$$

$$
= \sigma_x \sigma_y + \sigma_x \sigma_z + \sigma_z \sigma_y - \tau_{xy}^2 - \tau_{yz}^2 - \tau_{xz}^2
$$

$$
I_3 =
\begin{vmatrix}
\sigma_x & \tau_{xy} & \tau_{xz} \\
\tau_{xy} & \sigma_y & \tau_{yz} \\
\tau_{zx} & \tau_{yz} & \sigma_z
\end{vmatrix}
= \sigma_x \sigma_y \sigma_z + 2\tau_{xy} \tau_{yz} \tau_{zx} - \sigma_x \tau_{yz}^2 - \sigma_y \tau_{zx}^2 - \sigma_z \tau_{xy}^2
\tag{3-22c}
$$

用指标标记法可写为

$$
I_1 = \sigma_{ii}
\tag{3-23a}
$$

$$
I_2 = \sigma_i \sigma_j + \sigma_i \sigma_k + \sigma_k \sigma_j - \tau_{ij}^2 - \tau_{jk}^2 - \tau_{ik}^2
\tag{3-23b}
$$

$$
I_3 = \sigma_i \sigma_j \sigma_k + 2\tau_{ij} \tau_{jk} \tau_{ki} - \sigma_i \tau_{jk}^2 - \sigma_j \tau_{ki}^2 - \sigma_k \tau_{ij}^2
\tag{3-23c}
$$

I_1、I_2 和 I_3 分别称为应力张量的第一、第二、第三不变量。

因式(3-18)的系数矩阵为实对称矩阵,由线性代数相关知识易知方程组必有三个实根,这三个实根即为三个主应力,用 σ_1、σ_2 和 σ_3 来表示。由三次方程根的特性可以证明:

$$
\begin{cases}
I_1 = \sigma_1 + \sigma_2 + \sigma_3 \\
I_2 = \sigma_1 \sigma_2 + \sigma_2 \sigma_3 + \sigma_3 \sigma_1 \\
I_3 = \sigma_1 \sigma_2 \sigma_3
\end{cases}
\tag{3-24}
$$

应力张量的不变量具有如下性质:

(1) 不变性:由于一点的主应力和应力主轴方向取决于固体所受的外力和约束条件,而与坐标系的选取无关,因此对于任意一个确定点,特征方程的三个根是确定的,因此 I_1、

I_2、I_3 的值均与坐标轴的选取无关。坐标系的改变导致应力张量的各个分量变化,但该点的应力状态不变。应力不变量正是对应力状态性质的描述。

(2) 实数性:特征方程的三个根,就是一点的三个主应力,根据三次方程根的性质,容易证明三个根均为实根,所以一点的三个主应力均为实数。

(3) 正交性:任一点的应力主方向,即三个应力主轴是正交的。

3.3.4　八面体应力

以主应力 σ_1、σ_2、σ_3 对应的应力主轴作为坐标轴建立坐标系。选取与三个应力主轴等倾斜的八个微分面构成一个单元体,如图 3.11 所示。

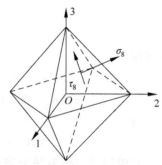

由于单元体的每一个微分面均为等倾面,即其法线与三个坐标轴的夹角相同,设微分面的法线方向余弦分别为 l、m、n,则 $l=m=n$,而 $l^2+m^2+n^2=1$,故

$$l = m = n = \pm \frac{1}{\sqrt{3}}$$

作用在八面体的每个等倾面上的应力矢量就称为八面体应力。八面体应力包含八面体正应力 σ_8 和八面体切应力 τ_8。

图 3.11　八面体应力示意图

由式(3-12)可得

$$\begin{cases} \sigma_8 = \sigma_i n_i^2 = \dfrac{1}{3}(\sigma_1 + \sigma_2 + \sigma_3) = \dfrac{1}{3} I_1 \\[2mm] \tau_8 = \dfrac{1}{3}\sqrt{(\sigma_1 - \sigma_2)^2 + (\sigma_2 - \sigma_3)^2 + (\sigma_3 - \sigma_1)^2} \\[2mm] \qquad = \dfrac{1}{3}\sqrt{2(\sigma_1 + \sigma_2 + \sigma_3)^2 - 6(\sigma_1\sigma_2 + \sigma_2\sigma_3 + \sigma_3\sigma_1)} \\[2mm] \qquad = \dfrac{1}{3}\sqrt{2I_1^2 - 6I_2} \end{cases} \tag{3-25}$$

而对于一般情况,

$$\begin{cases} \sigma_8 = \dfrac{1}{3}(\sigma_x + \sigma_y + \sigma_z) \\[2mm] \tau_8 = \dfrac{1}{3}\sqrt{(\sigma_x - \sigma_y)^2 + (\sigma_y - \sigma_z)^2 + (\sigma_z - \sigma_x)^2 + 6(\tau_{xy}^2 + \tau_{yz}^2 + \tau_{zx}^2)} \end{cases} \tag{3-26}$$

八面体应力对于八面体的每一个面而言都具有相同的值。对于各向同性材料,其八面体正应力不受单元形状改变的影响,仅与体积改变有关,而八面体切应力仅与单元的形状改变有关。另外,从公式(3-25)也可以看出,八面体应力也是一种应力张量的不变量,当物体的受力状态确定后,八面体应力不随坐标系变化而变化。

3.3.5　应力球张量和应力偏张量

在固体力学研究中,为了研究方便,一般将固体变形分解为两部分:体积改变和形状改变,如图 3.12 所示。

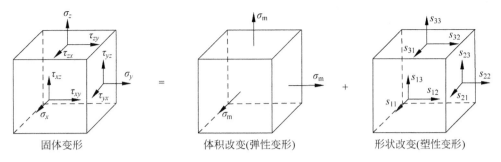

图 3.12　固体变形的分解示意

在一般情况下,某一点处的应力状态也可以分解为两部分,一部分是各向相等的拉(压)应力 $\sigma_m\delta_{ij}$,另一部分记为 s_{ij}。即

$$\sigma_{ij} = \sigma_m\delta_{ij} + s_{ij} \tag{3-27}$$

其中

$$s_{ij} = \begin{bmatrix} \sigma_x - \sigma_m & \tau_{xy} & \tau_{xz} \\ \tau_{yx} & \sigma_y - \sigma_m & \tau_{yz} \\ \tau_{zx} & \tau_{zy} & \sigma_z - \sigma_m \end{bmatrix} \tag{3-28}$$

$$\sigma_m = \frac{1}{3}(\sigma_x + \sigma_y + \sigma_z) = \frac{1}{3}(\sigma_1 + \sigma_2 + \sigma_3) = \sigma_8 \tag{3-29}$$

其中 $\sigma_m\delta_{ij}$ 为应力球张量,s_{ij} 为应力偏张量,σ_m 为平均正应力(又称静水压力)。应力球张量表征了一种三向等拉或等压的应力状态,主要引起单元体的体积改变。应力偏张量表征了实际应力状态对其平均应力状态的偏离程度,它主要引起单元体的形状改变,即畸变变形,如图 3.12 所示。实验证明,对于大多数金属材料而言,体积变形主要是纯弹性变形,而畸变变形基本上是塑性变形,所以应力偏张量在塑性力学中有着非常重要的应用。

应力球张量的主方向具有任意性。应力偏张量与原应力张量具有相同的主方向,主值相差 σ_m。用主应力来表示应力偏张量,可以写为

$$s_{ij} = \begin{bmatrix} \sigma_1 - \sigma_m & 0 & 0 \\ 0 & \sigma_2 - \sigma_m & 0 \\ 0 & 0 & \sigma_3 - \sigma_m \end{bmatrix} \tag{3-30}$$

或

$$s_{ij} = \begin{bmatrix} \dfrac{2\sigma_1 - \sigma_2 - \sigma_3}{3} & 0 & 0 \\ 0 & \dfrac{2\sigma_2 - \sigma_1 - \sigma_3}{3} & 0 \\ 0 & 0 & \dfrac{2\sigma_3 - \sigma_2 - \sigma_1}{3} \end{bmatrix} \tag{3-31}$$

为了获得应力偏张量的主值和不变量,可进行类似式(3-21)的推导。进而可以得到

$$\det[s_{ij} - s\delta_{ij}] = -s^3 + J_1 s^2 - J_2 s + J_3 = 0 \tag{3-32}$$

式中 J_1、J_2 和 J_3 为应力偏张量的第一、第二和第三不变量,易知方程必有三个实根,即为应力偏张量的主值。其中,J_1、J_2 和 J_3 可表示为

$$\begin{cases} J_1 = s_{11} + s_{22} + s_{33} = s_1 + s_2 + s_3 = 0 \\ J_2 = \dfrac{1}{2} s_{ij} s_{ji} = - s_{11} s_{22} - s_{11} s_{33} - s_{33} s_{22} + s_{12}^2 + s_{23}^2 + s_{31}^2 \\ \quad = \dfrac{1}{2}(s_1^2 + s_2^2 + s_3^2) = - s_1 s_2 - s_2 s_3 - s_3 s_1 \\ \quad = \dfrac{1}{6} \big[(\sigma_1 - \sigma_2)^2 + (\sigma_2 - \sigma_3)^2 + (\sigma_3 - \sigma_1)^2 \big] \\ J_3 = s_{11} s_{22} s_{33} + 2 s_{12} s_{23} s_{31} - s_{11} s_{23}^2 - s_{22} s_{31}^2 - s_{33} s_{12}^2 \\ \quad = s_1 s_2 s_3 \end{cases} \tag{3-33}$$

式中 s_1、s_2 和 s_3 为应力偏张量的主值,且 $\begin{cases} s_1 = \sigma_1 - \sigma_m \\ s_2 = \sigma_2 - \sigma_m \\ s_3 = \sigma_3 - \sigma_m \end{cases}$。

对比式(3-33)和式(3-25),易得八面体切应力与应力偏张量的第二不变量具有如下
关系:

$$\tau_8 = \sqrt{\frac{2}{3} J_2} \tag{3-34}$$

3.3.6　平衡方程

在外力作用下,当固体处于平衡状态时,其内部的每一点都应处于平衡状态,因此,可以
根据力的平衡原理,推导出外力与表征内力集中程度的应力之间的关系。

如图 3.13 所示,在固体内任一点 P 处取一微元体,各边长取为 $\mathrm{d}x$、$\mathrm{d}y$、$\mathrm{d}z$。在微元体
$x = x_0$ 的微元面上,各应力分量为 σ_x、τ_{xy}、τ_{xz}。

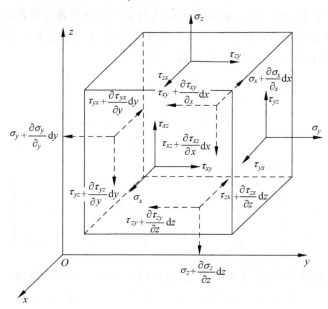

图 3.13　平衡状态下微元体各面上的应力

在 $x=x_0+\mathrm{d}x$ 处,按 Taylor 级数展开,并略去高阶项,可得微元体在 $x=x_0+\mathrm{d}x$ 微元面上的应力分量为

$$\sigma_x+\frac{\partial\sigma_x}{\partial x}\mathrm{d}x,\quad \tau_{xy}+\frac{\partial\tau_{xy}}{\partial x}\mathrm{d}x,\quad \tau_{xz}+\frac{\partial\tau_{xz}}{\partial x}\mathrm{d}x \tag{3-35}$$

同理,可以表示出 $y=y_0$、$y=y_0+\mathrm{d}y$ 和 $z=z_0$、$z=z_0+\mathrm{d}z$ 上的应力分量,如图 3.13 所示。

当固体处于平衡状态时,P 点处的微元体也处在平衡状态,对微元体建立 6 个平衡方程:

$$\begin{cases}\sum F_x=0;\quad \sum F_y=0;\quad \sum F_z=0 \\ \sum M_x=0;\quad \sum M_y=0;\quad \sum M_z=0\end{cases} \tag{3-36}$$

根据 $\sum F_x=0$,可得

$$\left(\sigma_x+\frac{\partial\sigma_x}{\partial x}\mathrm{d}x\right)\mathrm{d}y\mathrm{d}z-\sigma_x\mathrm{d}y\mathrm{d}z+\left(\tau_{yx}+\frac{\partial\tau_{yx}}{\partial y}\mathrm{d}y\right)\mathrm{d}x\mathrm{d}z-\tau_{yx}\mathrm{d}x\mathrm{d}z$$

$$+\left(\tau_{zx}+\frac{\partial\tau_{zx}}{\partial z}\mathrm{d}z\right)\mathrm{d}x\mathrm{d}y-\tau_{zx}\mathrm{d}x\mathrm{d}y+F_x\mathrm{d}x\mathrm{d}y\mathrm{d}z=0$$

简化整理得

$$\frac{\partial\sigma_x}{\partial x}+\frac{\partial\tau_{yx}}{\partial y}+\frac{\partial\tau_{zx}}{\partial z}+F_x=0 \tag{3-37}$$

同理,在 y 方向和 z 方向根据力的平衡可得

$$\begin{cases}\dfrac{\partial\tau_{xy}}{\partial x}+\dfrac{\partial\sigma_y}{\partial y}+\dfrac{\partial\tau_{zy}}{\partial z}+F_y=0 \\[2mm] \dfrac{\partial\tau_{xz}}{\partial x}+\dfrac{\partial\tau_{yz}}{\partial y}+\dfrac{\partial\sigma_z}{\partial z}+F_z=0\end{cases} \tag{3-38}$$

式(3-37)、式(3-38)的三个等式按指标标记法可写为

$$\sigma_{ji,j}+F_i=0 \tag{3-39}$$

式(3-39)即为固体的**平衡微分方程**,简称为平衡方程。

根据 $\sum M_x=0$,即所有应力及体力分量对与 x 轴平行的中心轴合力矩为 0,得

$$\left(\tau_{yz}+\frac{\partial\tau_{yz}}{\partial y}\mathrm{d}y\right)\mathrm{d}x\mathrm{d}z\frac{\mathrm{d}y}{2}+\tau_{yz}\mathrm{d}x\mathrm{d}z\frac{\mathrm{d}y}{2}-\left(\tau_{zy}+\frac{\partial\tau_{zy}}{\partial z}\mathrm{d}z\right)\mathrm{d}x\mathrm{d}y\frac{\mathrm{d}z}{2}-\tau_{zy}\mathrm{d}x\mathrm{d}y\frac{\mathrm{d}z}{2}=0 \tag{3-40}$$

化简略去高阶项后可得

$$\tau_{yz}\mathrm{d}x\mathrm{d}y\mathrm{d}z-\tau_{zy}\mathrm{d}x\mathrm{d}y\mathrm{d}z=0 \tag{3-41}$$

即

$$\tau_{yz}=\tau_{zy} \tag{3-42}$$

同理,根据另外两个力矩平衡可得

$$\tau_{xz}=\tau_{zx};\quad \tau_{xy}=\tau_{yx} \tag{3-43}$$

式(3-42)、式(3-43)为**切应力互等定理**:在两相互垂直的平面上,切应力必成对存在且大小相等,方向同时垂直指向或背离两平面的交线方向[3]。

3.3.7 应力小结

通过固体内部一点的一个确定截面,可以定义一个应力矢量,它反映了这个截面的内力集中程度,有 3 个分量;通过一点的三个相互正交截面的 3 个应力矢量的 9 个分量,组成了应力张量,它准确描述了一点的内力集中程度;当坐标变换时,不同坐标系下,应力张量的 9 个分量会不同;在主坐标系下,应力张量只有 3 个应力分量;应力张量不随坐标变化的量,称为不变量;不同的不变量反映了应力张量的不同特性,例如八面体正应力,反映的是正应力的平均值(又称静水压力),由体积变形引起。而八面体剪应力,则会引起形状的变化。在固体力学研究中,常常把应力张量分解为应力球张量(和体积改变相关)和应力偏张量(和形状改变相关)。平衡方程反映的是外力和内力(应力)的关系。表 3.1 给出了上述应力相关概念的示意图及相互关系。

表 3.1　各种应力概念之间的联系

	应力矢量	应力张量	主应力	八面体应力	应力球张量	应力偏张量
图形						
矩阵	$T=\begin{Bmatrix} T_x \\ T_y \\ T_z \end{Bmatrix}$	$\begin{bmatrix} \sigma_{xx} & \tau_{xy} & \tau_{xz} \\ \tau_{yx} & \sigma_{yy} & \tau_{yz} \\ \tau_{zx} & \tau_{zy} & \sigma_{zz} \end{bmatrix}$	$\begin{bmatrix} \sigma_1 & 0 & 0 \\ 0 & \sigma_2 & 0 \\ 0 & 0 & \sigma_3 \end{bmatrix}$	σ_8 τ_8	$\begin{bmatrix} \sigma_m & 0 & 0 \\ 0 & \sigma_m & 0 \\ 0 & 0 & \sigma_m \end{bmatrix}$	$\begin{bmatrix} s_{11} & s_{12} & s_{13} \\ s_{21} & s_{22} & s_{23} \\ s_{31} & s_{32} & s_{33} \end{bmatrix}$
分量数目	3	9→6	3	1	3	9→6
相互关系	$T_i=\sigma_{ij}n_j$	$(\sigma_{ij}-\sigma_n\delta_{ij})n_j=0$	$\begin{cases} \sigma_8=\dfrac{1}{3}(\sigma_1+\sigma_2+\sigma_3) \\ \tau_8=\dfrac{1}{3}\sqrt{(\sigma_1-\sigma_2)^2+(\sigma_2-\sigma_3)^2+(\sigma_3-\sigma_1)^2} \end{cases}$		$\sigma_{ij}=\sigma_m\delta_{ij}+s_{ij}$	

3.4 应　　变

3.4.1 位移

在外力作用下,固体内部各个点的位置变化,即为位移。如果固体各点在发生位移后,仍保持其初始状态的相对位置,则称为刚体位移(包括平移和转动);如果各点发生位移后,改变了各点初始状态的相对位置,则固体就发生了形状的变化,即"变形"[5]。弹性力学关注的是变形位移。

如图 3.14 所示,A 为固体中任意一点,在直角坐标系 $Oxyz$ 中,点 $A(x,y,z)$ 变形后移

动至点 $A'(x', y', z')$。根据弹性力学的连续性假设,固体在变形前后仍保持为连续体,所以从 A 点变化至 A' 点的过程是连续的。这样矢量 AA' 就表示此变形过程 A 点的位移矢量 $\boldsymbol{u}$,将此矢量分别向 x、y、z 轴进行投影,记为 u、v、w,其为坐标的连续函数,见式(3-44)。

$$\begin{cases} u = u(x, y, z) \\ v = v(x, y, z) \\ w = w(x, y, z) \end{cases} \qquad (3\text{-}44)$$

用指标标记法可写为

$$u_i = u_i(x, y, z) \qquad (3\text{-}45)$$

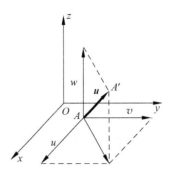

图 3.14 一点位移的分解

3.4.2 应变张量

固体内部一点的变形程度可以通过该点的所有线段的长度变化以及线段相互之间夹角的改变来衡量。同应力的定义相同,通过一点的所有线段的长度和相互夹角的变化,可以用通过该点的相互垂直的三个线段的长度、相互夹角的变化来表征。

从 P 点沿坐标轴 x、y、z 的方向取三个微小的线段 PA、PB、PC,构成微六面体单元如图 3.15 所示,六面体的六个面分别与三个坐标轴相垂直。在固体发生变形的过程中,微六面体的各棱边的长度、夹角都会发生相应变化。

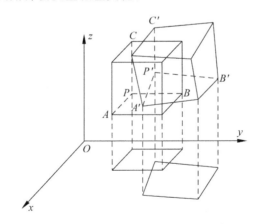

图 3.15 应变定义示意图

图 3.15 中,PA、PB、PC 分别与坐标轴 x、y、z 平行,变形后三条棱边分别移动至 $P'A'$、$P'B'$、$P'C'$。用 ε_x、ε_y、ε_z 来表示 x、y、z 轴方向棱边的相对伸长量,即正应变;用 γ_{xy}、γ_{yz}、γ_{zx} 来表示 x 和 y、y 和 z、z 和 x 轴之间的夹角改变量,即切应变。则

$$\begin{cases} \varepsilon_x = \dfrac{P'A' - PA}{PA}; \qquad \varepsilon_y = \dfrac{P'B' - PB}{PB}; \qquad \varepsilon_z = \dfrac{P'C' - PC}{PC} \\ \gamma_{xy} = \dfrac{\pi}{2} - \angle A'P'B'; \quad \gamma_{yz} = \dfrac{\pi}{2} - \angle B'P'C'; \quad \gamma_{zx} = \dfrac{\pi}{2} - \angle C'P'A' \end{cases} \qquad (3\text{-}46)$$

γ_{yx}、γ_{zy}、γ_{xz},这三个切应变分别与 γ_{xy}、γ_{yz}、γ_{zx} 相等,将这 9 个变量写成矩阵的形式

如下:

$$\varepsilon_{ij} = \begin{bmatrix} \varepsilon_x & \dfrac{1}{2}\gamma_{xy} & \dfrac{1}{2}\gamma_{xz} \\[2mm] \dfrac{1}{2}\gamma_{yx} & \varepsilon_y & \dfrac{1}{2}\gamma_{yz} \\[2mm] \dfrac{1}{2}\gamma_{zx} & \dfrac{1}{2}\gamma_{zy} & \varepsilon_z \end{bmatrix} \tag{3-47}$$

上式就是应变张量的表达式,也可记为

$$\varepsilon_{ij} = \begin{bmatrix} \varepsilon_x & \varepsilon_{xy} & \varepsilon_{xz} \\ \varepsilon_{yx} & \varepsilon_y & \varepsilon_{yz} \\ \varepsilon_{zx} & \varepsilon_{zy} & \varepsilon_z \end{bmatrix} \tag{3-48}$$

式(3-48)中的 ε_{xy}、ε_{yz} 和 ε_{zx} 也称为切应变,但是为了区别 γ_{xy}、γ_{yz}、γ_{zx},一般将 γ_{xy}、γ_{yz}、γ_{zx} 称为工程切应变。这里的工程切应变表征的是两正交线段在变形后夹角的改变量;而应变张量的切应变分量表征的是两正交线段在变形后夹角的改变量的一半。正应变对于式(3-47)和式(3-48)而言是一样的,都表征的是线段长度的相对改变量。

在定义了应变张量后,可以证明其为二阶张量,则由第 2 章张量坐标变换公式(2-28)可知,应变张量的坐标变换公式为

$$\varepsilon'_{ij} = l_{ip} l_{jq} \varepsilon_{pq} \tag{3-49}$$

将式(3-49)展开,得到应变张量坐标变换的一般表达式为

$$\begin{cases} \varepsilon'_x = \varepsilon_x l_{11}^2 + \varepsilon_y l_{12}^2 + \varepsilon_z l_{13}^2 + 2(\varepsilon_{xy} l_{11} l_{12} + \varepsilon_{yz} l_{12} l_{13} + \varepsilon_{zx} l_{13} l_{11}) \\ \varepsilon'_y = \varepsilon_x l_{21}^2 + \varepsilon_y l_{22}^2 + \varepsilon_z l_{23}^2 + 2(\varepsilon_{xy} l_{21} l_{22} + \varepsilon_{yz} l_{22} l_{23} + \varepsilon_{zx} l_{23} l_{21}) \\ \varepsilon'_z = \varepsilon_x l_{31}^2 + \varepsilon_y l_{32}^2 + \varepsilon_z l_{33}^2 + 2(\varepsilon_{xy} l_{31} l_{32} + \varepsilon_{yz} l_{32} l_{33} + \varepsilon_{zx} l_{33} l_{31}) \\ \varepsilon'_{xy} = \varepsilon_x l_{11} l_{21} + \varepsilon_y l_{12} l_{22} + \varepsilon_z l_{13} l_{23} + 2\varepsilon_{xy}(l_{11} l_{22} + l_{12} l_{21}) \\ \qquad + 2\varepsilon_{yz}(l_{12} l_{23} + l_{13} l_{22}) + 2\varepsilon_{zx}(l_{13} l_{21} + l_{11} l_{23}) \\ \varepsilon'_{yz} = \varepsilon_x l_{21} l_{31} + \varepsilon_y l_{22} l_{32} + \varepsilon_z l_{23} l_{33} + 2\varepsilon_{xy}(l_{21} l_{32} + l_{22} l_{31}) \\ \qquad + 2\varepsilon_{yz}(l_{22} l_{33} + l_{23} l_{32}) + 2\varepsilon_{zx}(l_{23} l_{31} + l_{21} l_{33}) \\ \varepsilon'_{zx} = \varepsilon_x l_{31} l_{11} + \varepsilon_y l_{32} l_{12} + \varepsilon_z l_{33} l_{13} + 2\varepsilon_{xy}(l_{31} l_{12} + l_{32} l_{11}) \\ \qquad + 2\varepsilon_{yz}(l_{32} l_{13} + l_{33} l_{12}) + 2\varepsilon_{zx}(l_{33} l_{11} + l_{31} l_{13}) \end{cases} \tag{3-50}$$

3.4.3 位移与应变关系

有了上述位移和应变的定义后,下面推导位移和应变之间的关系,即几何方程。为了推导方便,采用平面情况下的变形示意图,如图 3.16 所示,在变形固体中 P 点的微小邻域内取一微小面元 $PACB$。

变形后 P 点移动至 P' 点,位移分量为 u、v;A 点、B 点移至 A' 点、B' 点。将位移分量进行 Taylor 级数展开,并根据弹性力学的小变形假设,略去二阶以上的高阶项后可得

$$\begin{cases} u_A = u + \dfrac{\partial u}{\partial x}\mathrm{d}x \\[3mm] v_A = v + \dfrac{\partial v}{\partial x}\mathrm{d}x \end{cases} \tag{3-51}$$

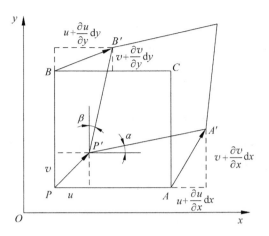

图 3.16 二维应变示意图

$$\begin{cases} u_B = u + \dfrac{\partial u}{\partial y}\mathrm{d}y \\[2mm] v_B = v + \dfrac{\partial v}{\partial y}\mathrm{d}y \end{cases} \tag{3-52}$$

故

$$P'A' \approx \mathrm{d}x + u + \frac{\partial u}{\partial x}\mathrm{d}x - u = \mathrm{d}x + \frac{\partial u}{\partial x}\mathrm{d}x \tag{3-53}$$

将式(3-53)代入式(3-46)可得

$$\varepsilon_x = \frac{P'A' - PA}{PA} \approx \frac{\mathrm{d}x + \dfrac{\partial u}{\partial x}\mathrm{d}x - \mathrm{d}x}{\mathrm{d}x} = \frac{\partial u}{\partial x} \tag{3-54}$$

同理,

$$\varepsilon_y = \frac{\partial v}{\partial y}, \quad \varepsilon_z = \frac{\partial w}{\partial z} \tag{3-55}$$

上面讨论了正应变与位移分量的关系,接下来讨论切应变与位移分量间的关系。在小变形假设下,参考式(3-46)可知:

$$\varepsilon_{xy} = \frac{1}{2}\left(\frac{\pi}{2} - \angle A'P'B'\right) = \frac{1}{2}(\alpha + \beta) \tag{3-56}$$

由小变形假设得

$$\alpha \approx \tan\alpha = \frac{v + \dfrac{\partial v}{\partial x}\mathrm{d}x - v}{\mathrm{d}x + \dfrac{\partial u}{\partial x}\mathrm{d}x} = \frac{\dfrac{\partial v}{\partial x}}{1 + \dfrac{\partial u}{\partial x}} \approx \frac{\partial v}{\partial x} \tag{3-57}$$

同理

$$\beta = \frac{\partial u}{\partial y} \tag{3-58}$$

将式(3-57)、式(3-58)代入式(3-56)可得

$$\varepsilon_{xy} = \frac{1}{2}\left(\frac{\partial u}{\partial y} + \frac{\partial v}{\partial x}\right) \tag{3-59}$$

同理可得

$$\varepsilon_{yz} = \frac{1}{2}\left(\frac{\partial v}{\partial z} + \frac{\partial w}{\partial y}\right), \quad \varepsilon_{zx} = \frac{1}{2}\left(\frac{\partial w}{\partial x} + \frac{\partial u}{\partial z}\right) \tag{3-60}$$

综上所述,应变分量与位移分量之间的关系为

$$\begin{cases} \varepsilon_x = \dfrac{\partial u}{\partial x}, \quad \varepsilon_y = \dfrac{\partial v}{\partial y}, \quad \varepsilon_z = \dfrac{\partial w}{\partial z} \\[2mm] \varepsilon_{xy} = \dfrac{1}{2}\left(\dfrac{\partial u}{\partial y} + \dfrac{\partial v}{\partial x}\right), \quad \varepsilon_{yz} = \dfrac{1}{2}\left(\dfrac{\partial v}{\partial z} + \dfrac{\partial w}{\partial y}\right), \quad \varepsilon_{zx} = \dfrac{1}{2}\left(\dfrac{\partial w}{\partial x} + \dfrac{\partial u}{\partial z}\right) \end{cases} \tag{3-61}$$

式(3-61)就是**几何方程**,又称为柯西方程[3]。几何方程给出了应变分量与位移分量之间的关系。式(3-61)的指标标记形式为

$$\varepsilon_{ij} = \frac{1}{2}(u_{i,j} + u_{j,i}) \tag{3-62}$$

在**极坐标系**中,应变分量与位移分量之间的关系为

$$\begin{cases} \varepsilon_\rho = \dfrac{\partial u_\rho}{\partial \rho} \\[3mm] \varepsilon_\varphi = \dfrac{u_\rho}{\rho} + \dfrac{1}{\rho}\dfrac{\partial u_\varphi}{\partial \varphi} \\[3mm] \gamma_{\rho\varphi} = \dfrac{1}{\rho}\dfrac{\partial u_\rho}{\partial \varphi} + \dfrac{1}{\rho}\dfrac{\partial u_\varphi}{\partial \rho} - \dfrac{u_\varphi}{\rho} \end{cases} \tag{3-63}$$

例题 3.4　已知某点 $(1,3,4)$ 的位移分量为: $u = (6x^2 + 15) \times 10^{-2}$, $v = (8zy) \times 10^{-2}$, $w = (3z^2 - 2xy) \times 10^{-2}$,试求该点的应变状态。

解:根据式(3-61)得

$$\varepsilon_x = \frac{\partial u}{\partial x} = 12x \times 10^{-2} = 0.12$$

$$\varepsilon_y = \frac{\partial v}{\partial y} = 8z \times 10^{-2} = 0.32$$

$$\varepsilon_z = \frac{\partial w}{\partial z} = 6z \times 10^{-2} = 0.24$$

$$\varepsilon_{xy} = \frac{1}{2}\left(\frac{\partial u}{\partial y} + \frac{\partial v}{\partial x}\right) = 0$$

$$\varepsilon_{yz} = \frac{1}{2}\left(\frac{\partial v}{\partial z} + \frac{\partial w}{\partial y}\right) = (4y - x) \times 10^{-2} = 0.11$$

$$\varepsilon_{zx} = \frac{1}{2}\left(\frac{\partial w}{\partial x} + \frac{\partial u}{\partial z}\right) = -y \times 10^{-2} = -0.03$$

因此,该点的应变状态为 $\varepsilon_{ij} = \begin{bmatrix} 0.12 & 0 & -0.03 \\ 0 & 0.32 & 0.11 \\ -0.03 & 0.11 & 0.24 \end{bmatrix}$。

3.4.4　主应变

与主应力的定义类似,对于固体内任意一点,至少存在一组三个相互正交的方向,在该组合中,仅有正应变而切应变为零。这样的三个方向即称为应变主轴或应变主方向,该方向的正应变就称为主应变[4]。

与 3.3.3 节中推导式(3-21)类似,可得

$$\det[\varepsilon_{ij} - \varepsilon\delta_{ij}] = -\varepsilon^3 + I'_1\varepsilon^2 - I'_2\varepsilon + I'_3 = 0 \qquad (3-64)$$

式(3-64)即为应变状态的特征方程,是用于确定固体中任意一点主应变的方程。式中的 I'_1、I'_2、I'_3 可表示为

$$\begin{cases} I'_1 = \varepsilon_x + \varepsilon_y + \varepsilon_z \\ I'_2 = \varepsilon_x\varepsilon_y + \varepsilon_y\varepsilon_z + \varepsilon_z\varepsilon_x - (\varepsilon_{xy}^2 + \varepsilon_{yz}^2 + \varepsilon_{zx}^2) \\ I'_3 = \begin{vmatrix} \varepsilon_x & \varepsilon_{xy} & \varepsilon_{xz} \\ \varepsilon_{yx} & \varepsilon_y & \varepsilon_{yz} \\ \varepsilon_{zx} & \varepsilon_{zy} & \varepsilon_z \end{vmatrix} = \varepsilon_x\varepsilon_y\varepsilon_z + 2\varepsilon_{xy}\varepsilon_{yz}\varepsilon_{zx} - (\varepsilon_x\varepsilon_{yz}^2 + \varepsilon_y\varepsilon_{xz}^2 + \varepsilon_z\varepsilon_{xy}^2) \end{cases} \qquad (3-65)$$

用主应变来表示为

$$\begin{cases} I'_1 = \varepsilon_1 + \varepsilon_2 + \varepsilon_3 \\ I'_2 = \varepsilon_1\varepsilon_2 + \varepsilon_2\varepsilon_3 + \varepsilon_3\varepsilon_1 \\ I'_3 = \varepsilon_1\varepsilon_2\varepsilon_3 \end{cases} \qquad (3-66)$$

I'_1、I'_2、I'_3 与应力不变量相似,分别称为第一、第二和第三应变不变量。通过求解式(3-64)可得到三个解,这三个解就对应三个主应变。应变不变量同样具有应力不变量所具有的三个性质:不变性、实数性和正交性。

3.4.5　八面体应变

变形前与三个应变主轴成相同角度的线段称为八面体线段[4]。在固体变形过程中,八面体纤维所产生的应变就称为八面体应变。同样八面体应变也分为八面体正应变 ε_8 和八面体切应变 γ_8,则

$$\begin{cases} \varepsilon_8 = \dfrac{1}{3}(\varepsilon_1 + \varepsilon_2 + \varepsilon_3) \\ \gamma_8 = \dfrac{2}{3}[(\varepsilon_1 - \varepsilon_2)^2 + (\varepsilon_2 - \varepsilon_3)^2 + (\varepsilon_3 - \varepsilon_1)^2]^{1/2} \end{cases} \qquad (3-67)$$

一般情况下,用应变张量的各分量表示为

$$\begin{cases} \varepsilon_8 = \dfrac{1}{3}(\varepsilon_x + \varepsilon_y + \varepsilon_z) \\ \gamma_8 = \dfrac{2}{3}\sqrt{(\varepsilon_x - \varepsilon_y)^2 + (\varepsilon_y - \varepsilon_z)^2 + (\varepsilon_z - \varepsilon_x)^2 + 6(\varepsilon_{xy}^2 + \varepsilon_{yz}^2 + \varepsilon_{xz}^2)} \end{cases} \qquad (3-68)$$

对于体积的变化,可令变形固体中的微小六面体单元的初始体积为 V_0,则

$$V_0 = \mathrm{d}x\mathrm{d}y\mathrm{d}z$$

变形后的体积为

$$V = (1 + \varepsilon_x)\mathrm{d}x \cdot (1 + \varepsilon_y)\mathrm{d}y \cdot (1 + \varepsilon_z)\mathrm{d}z = \mathrm{d}x\mathrm{d}y\mathrm{d}z[1 + \varepsilon_x + \varepsilon_y + \varepsilon_z + O(\varepsilon)]$$

略去高阶项微量 $O(\varepsilon)$,得

$$V = V_0 + V_0\theta$$

此处 $\theta = \varepsilon_x + \varepsilon_y + \varepsilon_z$,或

$$\theta = \frac{\Delta V}{V_0}$$

为变形前后单位体积的相对体积变化,称为**体应变**。

3.4.6　应变球张量和应变偏张量

与应力张量一样,应变张量也可以分解为两部分:一部分为只与固体体积改变有关的应变球张量;另一部分为只与固体形状改变有关的应变偏张量,即

$$\varepsilon_{ij} = \begin{bmatrix} \varepsilon_x & \varepsilon_{xy} & \varepsilon_{xz} \\ \varepsilon_{yx} & \varepsilon_y & \varepsilon_{yz} \\ \varepsilon_{zx} & \varepsilon_{zy} & \varepsilon_z \end{bmatrix} = \begin{bmatrix} \varepsilon_m & 0 & 0 \\ 0 & \varepsilon_m & 0 \\ 0 & 0 & \varepsilon_m \end{bmatrix} + \begin{bmatrix} \varepsilon_x - \varepsilon_m & \varepsilon_{xy} & \varepsilon_{xz} \\ \varepsilon_{yx} & \varepsilon_y - \varepsilon_m & \varepsilon_{yz} \\ \varepsilon_{zx} & \varepsilon_{zy} & \varepsilon_z - \varepsilon_m \end{bmatrix} \tag{3-69}$$

式中 $\varepsilon_m = \dfrac{1}{3}(\varepsilon_x + \varepsilon_y + \varepsilon_z)$。将式(3-69)前部分记为 $\varepsilon_m \delta_{ij}$,后部分记为 e_{ij},则式(3-69)可写为

$$\varepsilon_{ij} = \varepsilon_m \delta_{ij} + e_{ij} \tag{3-70}$$

其中 e_{ij} 为应变偏张量。将 e_{ij} 写为用主应变表示的矩阵形式为

$$e_{ij} = \begin{bmatrix} e_x & e_{xy} & e_{xz} \\ e_{yx} & e_y & e_{yz} \\ e_{zx} & e_{zy} & e_z \end{bmatrix} = \begin{bmatrix} \varepsilon_1 - \varepsilon_m & 0 & 0 \\ 0 & \varepsilon_2 - \varepsilon_m & 0 \\ 0 & 0 & \varepsilon_3 - \varepsilon_m \end{bmatrix} \tag{3-71}$$

或

$$e_{ij} = \begin{bmatrix} \dfrac{2\varepsilon_1 - \varepsilon_2 - \varepsilon_3}{3} & 0 & 0 \\ 0 & \dfrac{2\varepsilon_2 - \varepsilon_1 - \varepsilon_3}{3} & 0 \\ 0 & 0 & \dfrac{2\varepsilon_3 - \varepsilon_2 - \varepsilon_1}{3} \end{bmatrix} \tag{3-72}$$

为了获得应变偏张量的主值和不变量,同样可进行类似式(3-64)的推导,进而得到

$$\det[e_{ij} - e\delta_{ij}] = -e^3 + J_1' e^2 - J_2' e + J_3' = 0 \tag{3-73}$$

式中 J_1'、J_2' 和 J_3' 就是应变偏张量的第一、第二和第三不变量,方程必有三个实根,即为应变偏张量的主值 e_1、e_2、e_3。J_1'、J_2' 和 J_3' 可表示为

$$\begin{cases} J_1' = e_{11} + e_{22} + e_{33} = e_1 + e_2 + e_3 = 0 \\[2mm] J_2' = \dfrac{1}{2} e_{ij} e_{ji} = -e_{11}e_{22} - e_{22}e_{33} - e_{11}e_{33} + e_{12}^2 + e_{23}^2 + e_{31}^2 \\[2mm] \quad = \dfrac{1}{2}(e_1^2 + e_2^2 + e_3^2) = -e_1 e_2 - e_2 e_3 - e_3 e_1 \\[2mm] \quad = \dfrac{1}{6}\big[(e_1 - e_2)^2 + (e_2 - e_3)^2 + (e_3 - e_1)^2\big] \\[2mm] J_3' = e_{11}e_{22}e_{33} + 2e_{12}e_{23}e_{31} - e_{11}e_{23}^2 - e_{22}e_{31}^2 - e_{33}e_{12}^2 \\[2mm] \quad = e_1 e_2 e_3 \end{cases} \tag{3-74}$$

应变偏张量的第二不变量与八面体切应变具有如下关系:

$$\gamma_8 = 2\sqrt{\dfrac{2}{3} J_2'} \tag{3-75}$$

3.4.7　变形协调方程

根据式(3-61),在已知位移分量的情况下,对于连续固体,可以得到各应变分量,且求

得的应变分量是单值连续的。反过来,通过已知的应变分量来反求位移分量,由于此过程为积分过程,就不能保证所得的位移分量的单值连续性。为保证所求的位移分量的单值连续性,各应变分量间必须要满足一定的条件,即各应变分量间具有协调性。

在图 3.17(a)中固体内分析连续相邻的 4 个单元(图 3.17(b))。由应变场推导位移场时,若不加协调条件,求得的位移场可能会出现重叠(图 3.17(c))、撕裂(图 3.17(d))和分离(图 3.17(e))的现象[3]。

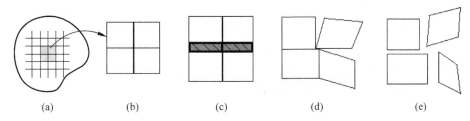

(a) (b) (c) (d) (e)

图 3.17 位移场的重叠、撕裂和分离现象

对于单值连续的位移场,位移分量对坐标的偏导数应该与求导顺序无关,由此就可以导出应变分量的协调方程。对二维问题而言,以在 Oxy 坐标平面内为例,将几何方程中 $\varepsilon_x = \dfrac{\partial u}{\partial x}$、$\varepsilon_y = \dfrac{\partial v}{\partial y}$ 两项中的 ε_x 对 y 求两次偏导,ε_y 对 x 取两次偏导后,可得

$$\frac{\partial^2 \varepsilon_x}{\partial y^2} = \frac{\partial^3 u}{\partial x \partial y^2}, \quad \frac{\partial^2 \varepsilon_y}{\partial x^2} = \frac{\partial^3 v}{\partial y \partial x^2} \tag{3-76}$$

将两式相加,联立 $\gamma_{xy} = \dfrac{\partial u}{\partial y} + \dfrac{\partial v}{\partial x}$ 可得

$$\frac{\partial^2 \varepsilon_x}{\partial y^2} + \frac{\partial^2 \varepsilon_y}{\partial x^2} = \frac{\partial^2 \gamma_{xy}}{\partial x \partial y} \tag{3-77}$$

式(3-77)就称为**应变协调方程**或者**变形协调方程**,又称圣维南方程[3]。当应变分量满足了变形协调方程之后,通过几何方程来求解位移时就能保证求得的位移具有单值连续性。式(3-77)是二维情况下用应变分量表示的变形协调方程。类似地,可以推导出三维情况下的变形协调方程:

$$\begin{cases} \dfrac{\partial^2 \varepsilon_x}{\partial y^2} + \dfrac{\partial^2 \varepsilon_y}{\partial x^2} = \dfrac{\partial^2 \gamma_{xy}}{\partial x \partial y} \\[2mm] \dfrac{\partial^2 \varepsilon_y}{\partial z^2} + \dfrac{\partial^2 \varepsilon_z}{\partial y^2} = \dfrac{\partial^2 \gamma_{yz}}{\partial y \partial z} \\[2mm] \dfrac{\partial^2 \varepsilon_z}{\partial x^2} + \dfrac{\partial^2 \varepsilon_x}{\partial z^2} = \dfrac{\partial^2 \gamma_{zx}}{\partial z \partial x} \\[2mm] \dfrac{\partial^2 \varepsilon_x}{\partial y \partial z} = \dfrac{\partial}{\partial x}\left(-\dfrac{\partial \varepsilon_{yz}}{\partial x} + \dfrac{\partial \varepsilon_{zx}}{\partial y} + \dfrac{\partial \varepsilon_{xy}}{\partial z}\right) \\[2mm] \dfrac{\partial^2 \varepsilon_y}{\partial z \partial x} = \dfrac{\partial}{\partial y}\left(-\dfrac{\partial \varepsilon_{zx}}{\partial y} + \dfrac{\partial \varepsilon_{xy}}{\partial z} + \dfrac{\partial \varepsilon_{yz}}{\partial x}\right) \\[2mm] \dfrac{\partial^2 \varepsilon_z}{\partial x \partial y} = \dfrac{\partial}{\partial z}\left(-\dfrac{\partial \varepsilon_{xy}}{\partial z} + \dfrac{\partial \varepsilon_{yz}}{\partial x} + \dfrac{\partial \varepsilon_{zx}}{\partial y}\right) \end{cases} \tag{3-78}$$

用指标标记法可写为

$$\varepsilon_{ij,kl} + \varepsilon_{kl,ij} - \varepsilon_{ik,jl} - \varepsilon_{jl,ik} = 0 \tag{3-79}$$

3.4.8 应变小结

在固体力学中，一点的变形程度是通过该点三个相互正交线段的长度变化、两两之间的夹角改变的 9 个分量来描述，在此基础上定义了应变张量；和应力张量相同，当坐标变换时，不同坐标系下，应变张量的 9 个分量会不同，在主坐标系下，应变张量只有 3 个应变分量；应变张量也存在不变量；八面体应变也是应变张量的一个不变量，同时也可以将应变张量分解为应变球张量（和体积改变相关）和应变偏张量（和形状改变相关）。变形协调方程描述的是位移和应变之间的关系。当应变分量满足了变形协调方程之后，通过几何方程来求解位移时就能保证求得的位移具有单值连续性。

3.5 重点概念阐释及知识延伸

3.5.1 体力与面力的尺寸效应

根据外力的作用特点，一般来说，体力 $F_V \propto L^3$，面力 $F_S \propto L^2$。面力与体力对固体的作用效应会随着研究尺度的变化而发生变化。当尺寸减小时，体力随尺寸变化的速率更快。相对来说，面力的作用就会变得十分明显[6]。因此，当处于微纳米级时，面力相比于体力显得更重要。

例如，静电力在微机电系统（Micro-Electro-Mechanical System，MEMS）领域起到非常重要的作用，经常被用在微型驱动器中。图 3.18 给出的是在 MEMS 中最常用的梳齿驱动器示意图。其工作原理为：在固定梳齿与可动梳齿上加上电压，通过静电力来驱动可动的梳齿[7]。另外，在 MEMS 领域，很多微系统和结构的设计，基本不考虑重力，这和宏观结构的设计存在一定差异。

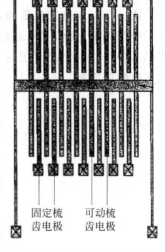

固定端

固定梳齿电极   可动梳齿电极

图 3.18 梳齿驱动器示意图

3.5.2 大变形下的几何方程

式（3-62）是在小变形的前提下，忽略了高阶量 $u_{r,i}u_{r,j}$ 后得到的几何方程。当固体不满足小变形假设时，高阶量不能被忽略，保留高阶量的应变张量为

$$\varepsilon_{ij} = \frac{1}{2}(u_{i,j} + u_{j,i} + u_{r,i}u_{r,j}) \tag{3-80}$$

上式展开即可得到大变形条件下的几何方程：

$$\begin{cases} \varepsilon_x = \dfrac{\partial u}{\partial x} + \dfrac{1}{2}\left[\left(\dfrac{\partial u}{\partial x}\right)^2 + \left(\dfrac{\partial v}{\partial x}\right)^2 + \left(\dfrac{\partial w}{\partial x}\right)^2\right] \\[2mm] \varepsilon_y = \dfrac{\partial u}{\partial y} + \dfrac{1}{2}\left[\left(\dfrac{\partial u}{\partial y}\right)^2 + \left(\dfrac{\partial v}{\partial y}\right)^2 + \left(\dfrac{\partial w}{\partial y}\right)^2\right] \\[2mm] \varepsilon_z = \dfrac{\partial u}{\partial z} + \dfrac{1}{2}\left[\left(\dfrac{\partial u}{\partial z}\right)^2 + \left(\dfrac{\partial v}{\partial z}\right)^2 + \left(\dfrac{\partial w}{\partial z}\right)^2\right] \\[2mm] \varepsilon_{xy} = \dfrac{1}{2}\left[\dfrac{\partial u}{\partial y} + \dfrac{\partial v}{\partial x} + \left(\dfrac{\partial u}{\partial x}\dfrac{\partial u}{\partial y} + \dfrac{\partial v}{\partial x}\dfrac{\partial v}{\partial y} + \dfrac{\partial w}{\partial x}\dfrac{\partial w}{\partial y}\right)\right] \\[2mm] \varepsilon_{yz} = \dfrac{1}{2}\left[\dfrac{\partial v}{\partial z} + \dfrac{\partial w}{\partial y} + \left(\dfrac{\partial u}{\partial y}\dfrac{\partial u}{\partial z} + \dfrac{\partial v}{\partial y}\dfrac{\partial v}{\partial z} + \dfrac{\partial w}{\partial y}\dfrac{\partial w}{\partial z}\right)\right] \\[2mm] \varepsilon_{zx} = \dfrac{1}{2}\left[\dfrac{\partial w}{\partial x} + \dfrac{\partial u}{\partial z} + \left(\dfrac{\partial u}{\partial z}\dfrac{\partial u}{\partial x} + \dfrac{\partial v}{\partial z}\dfrac{\partial v}{\partial x} + \dfrac{\partial w}{\partial z}\dfrac{\partial w}{\partial x}\right)\right] \end{cases} \tag{3-81}$$

和小变形下的几何方程相比,大变形下的每个应变分量都考虑了非线性项(高阶项)[4]。

3.5.3 用位移表达的平衡方程

式(3-39)是用应力表达的平衡方程,1821 年,纳维推导出了用位移表达的平衡方程:

$$C(\nabla^2 u_i + 2u_{k,ki}) + f_i = 0 \tag{3-82}$$

由于当时本构方程的建立还不完善,所以在纳维推导的平衡方程中,弹性常数只有一个。

实际上,位移分量用 u、v、w 来表示,通过几何方程可以建立应变与位移的关系,从而建立位移与应力的关系。将用位移表示的应力代入到平衡方程式(3-39)就可以得到用位移表达的平衡方程:

$$\begin{cases} \mu\,\nabla^2 u + (\lambda+\mu)\dfrac{\partial}{\partial x}\left(\dfrac{\partial u}{\partial x} + \dfrac{\partial v}{\partial y} + \dfrac{\partial w}{\partial z}\right) + F_x = 0 \\[2mm] \mu\,\nabla^2 v + (\lambda+\mu)\dfrac{\partial}{\partial y}\left(\dfrac{\partial u}{\partial x} + \dfrac{\partial v}{\partial y} + \dfrac{\partial w}{\partial z}\right) + F_y = 0 \\[2mm] \mu\,\nabla^2 w + (\lambda+\mu)\dfrac{\partial}{\partial z}\left(\dfrac{\partial u}{\partial x} + \dfrac{\partial v}{\partial y} + \dfrac{\partial w}{\partial z}\right) + F_z = 0 \end{cases} \tag{3-83}$$

其中 ∇^2 称为拉普拉斯(Laplace)算子,

$$\nabla^2 = \frac{\partial^2}{\partial x^2} + \frac{\partial^2}{\partial y^2} + \frac{\partial^2}{\partial z^2}$$

用位移表达的平衡方程(式(3-83))按照指标标记法可写为

$$\mu u_{i,jj} + (\lambda+\mu)u_{j,ji} + F_i = 0$$

3.5.4 应力张量的证明

如图 3.19 所示,以 $\boldsymbol{i},\boldsymbol{j},\boldsymbol{k}$ 代表三个坐标轴方向的单位矢量,固体内 P 点在坐标系 $Oxyz$ 中的应力分量为

$$\sigma_{ij} = \begin{bmatrix} \sigma_{xx} & \tau_{xy} & \tau_{xz} \\ \tau_{yx} & \sigma_{yy} & \tau_{yz} \\ \tau_{zx} & \tau_{zy} & \sigma_{zz} \end{bmatrix}$$

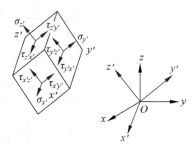

现让坐标系转过一个角度,得到一个新的坐标系 $Ox'y'z'$。以 $\boldsymbol{i}', \boldsymbol{j}', \boldsymbol{k}'$ 代表新坐标系三个坐标轴方向的单位矢量。P 点在坐标系 $Ox'y'z'$ 中的应力分量为

$$\sigma_{i'j'} = \begin{bmatrix} \sigma_{x'x'} & \tau_{x'y'} & \tau_{x'z'} \\ \tau_{y'x'} & \sigma_{y'y'} & \tau_{y'z'} \\ \tau_{z'x'} & \tau_{z'y'} & \sigma_{z'z'} \end{bmatrix}$$

图 3.19　新旧坐标系变换示意图

新坐标系与原坐标系之间的关系如表 3.2 所示,其中 l_{ij} 表示新坐标轴 $Ox'y'z'$ 与原坐标轴 $Oxyz$ 之间的夹角方向余弦。

表 3.2　坐标变换系数

	x	y	z
x'	l_{11}	l_{12}	l_{13}
y'	l_{21}	l_{22}	l_{23}
z'	l_{31}	l_{32}	l_{33}

在固体内作通过 P 点的截面"$P\text{-}x'$"与 x' 轴垂直,令其应力矢量为 $\boldsymbol{T}$,由式(3-7)可推出:

$$\begin{cases} T_x = l_{11}\sigma_{xx} + l_{12}\tau_{yx} + l_{13}\tau_{zx} \\ T_y = l_{11}\tau_{xy} + l_{12}\sigma_{yy} + l_{13}\tau_{zy} \\ T_z = l_{11}\tau_{xz} + l_{12}\tau_{yz} + l_{13}\sigma_{zz} \end{cases} \tag{3-84}$$

因为截面"$P\text{-}x'$"与 x' 轴垂直,所以 $\boldsymbol{T}$ 向 x' 轴投影就得到 $\sigma_{x'x'}$,向 y' 轴投影就得到 $\tau_{x'y'}$,向 z' 轴投影就得到 $\tau_{x'z'}$(类似于图 3.6 中的面 PBC)。

$$\begin{cases} \sigma_{x'x'} = \boldsymbol{T} \cdot \boldsymbol{i}' = (T_x, T_y, T_z) \cdot (l_{11}, l_{12}, l_{13}) = l_{11}T_x + l_{12}T_y + l_{13}T_z \\ \tau_{x'y'} = \boldsymbol{T} \cdot \boldsymbol{j}' = (T_x, T_y, T_z) \cdot (l_{21}, l_{22}, l_{23}) = l_{21}T_x + l_{22}T_y + l_{23}T_z \\ \tau_{x'z'} = \boldsymbol{T} \cdot \boldsymbol{k}' = (T_x, T_y, T_z) \cdot (l_{31}, l_{32}, l_{33}) = l_{31}T_x + l_{32}T_y + l_{33}T_z \end{cases} \tag{3-85}$$

将式(3-84)代入式(3-85)得

$$\begin{cases} \sigma_{x'x'} = \sigma_{xx}l_{11}^2 + \sigma_{yy}l_{12}^2 + \sigma_{zz}l_{13}^2 + 2l_{11}l_{12}\tau_{xy} + 2l_{12}l_{13}\tau_{yz} + l_{13}l_{11}\tau_{zx} \\ \tau_{x'y'} = \sigma_{xx}l_{21}l_{11} + \sigma_{yy}l_{22}l_{12} + \sigma_{zz}l_{23}l_{13} \\ \qquad\quad + \tau_{xy}(l_{11}l_{22} + l_{21}l_{12}) + \tau_{yz}(l_{12}l_{23} + l_{22}l_{13}) + \tau_{zx}(l_{13}l_{21} + l_{23}l_{11}) \\ \tau_{x'z'} = \sigma_{xx}l_{31}l_{11} + \sigma_{yy}l_{32}l_{12} + \sigma_{zz}l_{33}l_{13} \\ \qquad\quad + \tau_{xy}(l_{11}l_{32} + l_{31}l_{12}) + \tau_{yz}(l_{12}l_{33} + l_{32}l_{13}) + \tau_{zx}(l_{13}l_{31} + l_{33}l_{11}) \end{cases} \tag{3-86a}$$

同理,作通过 P 点的截面"$P\text{-}y'$"与 y' 轴垂直可推出式(3-86b);作通过 P 点的截面"$P\text{-}z'$"与 z' 轴垂直可推出式(3-86c)。

$$
\begin{cases}
\begin{aligned}
\tau_{y'x'} &= \sigma_{xx}l_{21}l_{11} + \sigma_{yy}l_{22}l_{12} + \sigma_{zz}l_{23}l_{13} \\
&\quad + \tau_{xy}(l_{21}l_{12} + l_{11}l_{22}) + \tau_{yz}(l_{22}l_{13} + l_{12}l_{23}) + \tau_{zx}(l_{21}l_{13} + l_{11}l_{23}) \\
\sigma_{y'y'} &= \sigma_{xx}l_{21}^2 + \sigma_{yy}l_{22}^2 + \sigma_{zz}l_{23}^2 + 2l_{21}l_{22}\tau_{xy} + 2l_{22}l_{23}\tau_{yz} + l_{23}l_{21}\,\tau_{zx} \\
\tau_{y'z'} &= \sigma_{xx}l_{31}l_{21} + \sigma_{yy}l_{32}l_{22} + \sigma_{zz}l_{33}l_{23} \\
&\quad + \tau_{xy}(l_{21}l_{32} + l_{31}l_{22}) + \tau_{yz}(l_{22}l_{33} + l_{32}l_{23}) + \tau_{zx}(l_{23}l_{31} + l_{33}l_{21})
\end{aligned}
\end{cases}
\tag{3-86b}
$$

$$
\begin{cases}
\begin{aligned}
\tau_{z'x'} &= \sigma_{xx}l_{31}l_{11} + \sigma_{yy}l_{32}l_{12} + \sigma_{zz}l_{33}l_{13} \\
&\quad + \tau_{xy}(l_{31}l_{12} + l_{11}l_{32}) + \tau_{yz}(l_{32}l_{13} + l_{12}l_{33}) + \tau_{zx}(l_{33}l_{11} + l_{13}l_{31}) \\
\tau_{z'y'} &= \sigma_{xx}l_{21}l_{31} + \sigma_{yy}l_{22}l_{32} + \sigma_{zz}l_{23}l_{33} \\
&\quad + \tau_{xy}(l_{31}l_{22} + l_{21}l_{32}) + \tau_{yz}(l_{32}l_{23} + l_{22}l_{33}) + \tau_{zx}(l_{31}l_{23} + l_{21}l_{33}) \\
\sigma_{z'z'} &= \sigma_{xx}l_{31}^2 + \sigma_{yy}l_{32}^2 + \sigma_{zz}l_{33}^2 + 2l_{31}l_{32}\tau_{xy} + 2l_{32}l_{33}\tau_{yz} + l_{33}l_{31}\,\tau_{zx}
\end{aligned}
\end{cases}
\tag{3-86c}
$$

综合式(3-86a)、式(3-86b)、式(3-86c)可表示为

$$
\begin{cases}
\begin{aligned}
\sigma_{x'x'} &= \sigma_{xx}l_{11}^2 + \sigma_{yy}l_{12}^2 + \sigma_{zz}l_{13}^2 + 2(\tau_{xy}l_{11}l_{12} + \tau_{yz}l_{12}l_{13} + \tau_{zx}l_{13}l_{11}) \\
\sigma_{y'y'} &= \sigma_{xx}l_{21}^2 + \sigma_{yy}l_{22}^2 + \sigma_{zz}l_{23}^2 + 2(\tau_{xy}l_{21}l_{22} + \tau_{yz}l_{22}l_{23} + \tau_{zx}l_{23}l_{21}) \\
\sigma_{z'z'} &= \sigma_{xx}l_{31}^2 + \sigma_{yy}l_{32}^2 + \sigma_{zz}l_{33}^2 + 2(\tau_{xy}l_{31}l_{32} + \tau_{yz}l_{32}l_{33} + \tau_{zx}l_{33}l_{31}) \\
\tau_{x'y'} = \tau_{y'x'} &= \sigma_{xx}l_{11}l_{21} + \sigma_{yy}l_{12}l_{22} + \sigma_{zz}l_{13}l_{23} + \tau_{xy}(l_{11}l_{22} + l_{12}l_{21}) \\
&\quad + \tau_{yz}(l_{12}l_{23} + l_{13}l_{22}) + \tau_{zx}(l_{13}l_{21} + l_{11}l_{23}) \\
\tau_{y'z'} = \tau_{z'y'} &= \sigma_{xx}l_{21}l_{31} + \sigma_{yy}l_{22}l_{32} + \sigma_{zz}l_{23}l_{33} + \tau_{xy}(l_{21}l_{32} + l_{22}l_{31}) \\
&\quad + \tau_{yz}(l_{22}l_{33} + l_{23}l_{32}) + \tau_{zx}(l_{23}l_{31} + l_{21}l_{33}) \\
\tau_{z'x'} = \tau_{x'z'} &= \sigma_{xx}l_{31}l_{11} + \sigma_{yy}l_{32}l_{12} + \sigma_{zz}l_{33}l_{13} + \tau_{xy}(l_{31}l_{12} + l_{32}l_{11}) \\
&\quad + \tau_{yz}(l_{32}l_{13} + l_{33}l_{12}) + \tau_{zx}(l_{33}l_{11} + l_{31}l_{13})
\end{aligned}
\end{cases}
\tag{3-87}
$$

式(3-87)用指标标记法可写为

$$
\sigma'_{rs} = l_{rk}l_{sl}\sigma_{kl}
\tag{3-88}
$$

因此可以证明"应力张量 σ"具有张量的性质,是一个二阶张量。

3.5.5　静止流体的应力状态

在静止流体中没有切应力($\tau_{xy} = \tau_{yz} = \tau_{zx} = 0$),只有正应力,所以静止流体中的应力始终与作用面垂直,如图 3.20 所示。

并且可以证明,在静止流体中一点的正应力在各个方向均相等。

如图 3.21 所示,截面 ABC 的方向可以是任意的,分别以 n_1、n_2、n_3 表示截面 ABC 法向 $\mathbf{n}$ 与 x、y、z 方向夹角的余弦值。

图 3.20　静止流体内部的应力状态

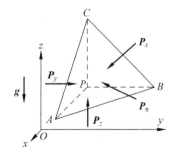

图 3.21　静止流体内部处于平衡状态的微元体

对 x 方向列平衡方程：

$$p_x \mathrm{d}y\mathrm{d}z = p_\mathrm{n}(\mathrm{d}y\mathrm{d}z/n_1) \times n_1 \tag{3-89}$$

所以

$$p_x = p_\mathrm{n} \tag{3-90}$$

对 y 方向列平衡方程：

$$p_y \mathrm{d}x\mathrm{d}z = p_\mathrm{n}(\mathrm{d}x\mathrm{d}z/n_2) \times n_2 \tag{3-91}$$

所以

$$p_y = p_\mathrm{n} \tag{3-92}$$

对 z 方向列平衡方程：

$$p_z \mathrm{d}x\mathrm{d}y = p_\mathrm{n}(\mathrm{d}x\mathrm{d}y/n_3) \times n_3 + \frac{1}{6}\rho g\,\mathrm{d}x\mathrm{d}y\mathrm{d}z \tag{3-93}$$

所以

$$p_z = p_\mathrm{n} + \frac{1}{6}\rho g\,\mathrm{d}z \tag{3-94}$$

当 $\mathrm{d}z \to 0$ 时

$$p_z = p_\mathrm{n} \tag{3-95}$$

由以上可知，$p_x = p_y = p_z = p_\mathrm{n}$。

思　考　题

3.1　分析任一斜截面的应力矢量与应力张量的关系。

3.2　应力不变量为什么不变？应力不变量是否只有 3 个？

3.3　切应力互等定理有没有前提条件？为什么？

3.4　平衡方程是力的平衡方程还是应力的平衡方程？

3.5　为什么要把应力张量或者应变张量分解为球张量和偏张量？

3.6　应力、应变张量的矩阵对应的特征值是主应力和主应变。请举例说明用矩阵表达的一个物理量，及其矩阵特征值对应的物理量。

习　　题

3.1　已知一点处的应力状态为

$$\sigma_{ij} = \begin{bmatrix} 0 & 1 & 2 \\ 1 & 2 & 0 \\ 2 & 0 & 1 \end{bmatrix}$$

试求该点的最大主应力及主方向。

3.2　试证在坐标变换时，I_1 为一不变量。

3.3 已知一点应力状态为

$$\sigma_{ij} = \begin{bmatrix} 0 & 5 & 2 \\ 5 & 2 & 0 \\ 2 & 0 & 11 \end{bmatrix}$$

试求八面体正应力与八面体剪应力。

3.4 如图 3.22 所示,平板厚 5mm,上下两端受集中力。试求:

(1) 利用对称性求解平板的应力分布;

(2) 不用对称性求解平板的应力分布。

提示:本题说明外力与内力是相对来说的,不是绝对的。研究整体时,该物体在对称平面上的力是内力;研究半平面时,该物体在对称平面上的力变成了边界条件(外力)。

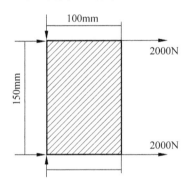

图 3.22 平板受力示意图

3.5 已知应力分量 $\sigma_x = 0.9\sigma_s$,$\sigma_y = 0.2\sigma_s$,$\sigma_z = 0.1\sigma_s$,$\tau_{xy} = 0.1\sigma_s$,$\tau_{yz} = 0.2\sigma_s$,$\tau_{zx} = 0.1\sigma_s$。其中 σ_s 是材料的屈服极限,试求 J_2'、J_3' 及主应力 σ_1、σ_2、σ_3。

3.6 试根据材料力学求出均布载荷作用的简支梁(矩形截面)的应力状态,并校核所得结果是否满足平衡方程。

3.7 已知一点 $(1,2,5)$ 的位移分量 $u = (3x^2 + 15) \times 10^{-2}$,$v = (3xz) \times 10^{-2}$,$w = (4z^2 - 5xy) \times 10^{-2}$,求出该点的应变状态。

3.8 试证在平面问题中下式成立:

$$\varepsilon_x + \varepsilon_y = \varepsilon_x' + \varepsilon_y'$$

3.9 已知一点的应变张量 ε_{ij} 为

$$\varepsilon_{ij} = \begin{bmatrix} 0.023 & -0.015 & 0.001 \\ -0.015 & 0.009 & 0.008 \\ 0.001 & 0.008 & 0.013 \end{bmatrix}$$

试求:(1)主应变和主方向;(2)八面体应变;(3)应变不变量 I_1'、I_2' 和 I_3'。

3.10 试说明下列应变状态是否可能:

$$(1)\ \varepsilon_{ij} = \begin{bmatrix} A(x^2+y^2) & Axy & 0 \\ Axy & Ay^2 & 0 \\ 0 & 0 & 0 \end{bmatrix};\quad (2)\ \varepsilon_{ij} = \begin{bmatrix} A(x^2+y^2)z & Axyz & 0 \\ Axyz & Ay^2z & 0 \\ 0 & 0 & 0 \end{bmatrix}$$

参 考 文 献

[1]   Timoshenko S P. Theory of Elastic Stability[M]. Dover Publications Inc. , 1951.

[2]   杨桂通. 弹性力学[M]. 北京：高等教育出版社,2007.

[3]   Sadd M H. Elasticity Theory Applications and Numerics[M]. Academic Press，2009.

[4]   陈惠发. 弹性与塑性力学[M]. 北京：中国建筑工业出版社,2004.

[5]   顿志林,高家美. 弹性力学及其在岩土工程中的应用[M]. 北京：煤炭工业出版社,2003.

[6]   高世桥,刘海鹏. 微机电系统力学[M]. 北京：国防工业出版社,2008.

[7]   Liu C. 微机电系统基础[M]. 北京：机械工业出版社,2007.

第4章
弹性本构方程

4.1 概　　述

描述一个物质特性的方程,称为本构方程。例如,理想气体的状态方程就是其本构方程,它给出了气体压力、温度、密度之间的关系。在第 3 章中,平衡方程式(3-39)给出了外力和应力(内力的集中程度)的关系,几何方程式(3-62)给出了位移与应变的关系,但仅从平衡方程和几何方程不足以确定固体的应力和应变,其主要原因是没有考虑固体本身的特性。例如,几何尺寸相同的两个物体,一种材料是钢,另一种材料是铝,即使在相同外力的作用下,其变形程度也会不同;同样,若两者变形程度相同,则需要施加不同的外力。因此,除平衡方程和几何方程之外,还必须建立另外一组方程,用以描述应力与应变的关系,这就是本章讨论的本构方程(图 4.1)。

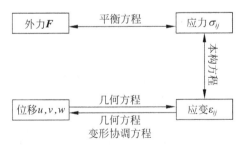

图 4.1　常见物理量关系图

固体材料的线弹性本构关系可用弹性常数张量或弹性矩阵来表达,即广义胡克定律。弹性常数张量为完全对称的四阶张量,包含 3^4 个分量,即 81 个弹性常数,其中 21 个相互独立。材料的对称性越好,弹性常数张量中独立的弹性常数越少,工程上一般采用实验方法确定材料的弹性常数。

4.2　广义胡克定律

4.2.1　应力应变关系

工程上通常采用单轴拉伸试验来获取材料的应力应变关系。图 1.16(a)给出了金属材料典型的单轴拉伸应力-应变曲线,根据变形后是否有残余应变,可将其分为弹性阶段和塑性阶段。在弹性阶段,应力和应变基本呈线性关系,在此阶段卸载,变形可以完全恢复;在塑性阶段,应力变化不大,应变的改变量却很大,在此阶段卸载,材料有残余应变出现。

在理论研究方面,从不同的角度出发,对应力应变关系的描述可以分为 Cauchy 方法和 Green 方法。

Cauchy 方法从应力应变的对应关系出发,认为材料当前的应力状态只与当前的变形状况有关,即应力作为应变的函数,在数学上可以直接表示为[1]

$$\sigma_{ij} = F(\varepsilon_{kl}) \tag{4-1}$$

其中 F 为弹性响应函数。如果 F 选用线性应力-应变关系,则式(4-1)可以表示为

$$\sigma_{ij} = D_{ij} + (\beta_{ijkl} + \beta_{klij})\varepsilon_{kl} \quad (i,j,k,l=1,2,3) \tag{4-2}$$

其中 D_{ij} 表征初始应力状态,$\beta_{ijkl} + \beta_{klij}$ 表征线性项系数,假设初始无应变状态对应无应力状态,即上式中初始应力张量 $D_{ij} = 0$,令 $C_{ijkl} = \beta_{ijkl} + \beta_{klij}$,上式可继续化简为

$$\sigma_{ij} = C_{ijkl}\varepsilon_{kl} \quad (i,j,k,l=1,2,3) \tag{4-3}$$

Green 方法从能量角度出发,认为加载时外界对材料做功,功转化为材料应变能;卸载时变形消失,应变能释放。以 W 表示材料应变能密度,在绝热和等温过程中,存在如下关系:

$$\sigma_{ij} = \frac{\partial W}{\partial \varepsilon_{ij}} \tag{4-4}$$

将上式按 Taylor 级数展开,根据小变形的基本假设,忽略 ε_{ij} 二次以上的项,同样可以得到式(4-2),进而可以得到式(4-3)给出的应力应变关系,该关系通常称为**广义胡克定律或弹性本构关系**,C_{ijkl} 称为弹性常数张量。

对比两种方法,Green 方法从能量的角度出发,总能满足热力学定律;Cauchy 方法直接从数学上给出应力应变关系,在一些情况下给出的应力应变关系,例如非线性应力应变关系,可能不满足热力学定律。

在单轴拉伸下,图 1.16(a)所示的弹性阶段属于比例弹性阶段,此时,式(4-3)中的应力和应变完全呈线性关系,可将应力与应变关系写为

$$\sigma = E\varepsilon \tag{4-5}$$

其中,E 为比例常数,由英国物理学家托马斯·杨(图 4.2)提出,也称为杨氏弹性模量。对于不同的材料,弹性模量一般不同。式(4-5)也称**胡克定律**(Hooke's Law)。

一般弹性体在单轴拉伸变形的过程中,还会产生横向应变 ε':

$$\varepsilon' = -\nu\varepsilon = -\nu\frac{\sigma}{E} \tag{4-6}$$

其中,ν 为泊松比,由法国物理学家西莫恩·德尼·泊松(图 4.3)提出,定义为横向应变与纵向应变的比值。

图 4.2 托马斯·杨

图 4.3 西莫恩·德尼·泊松

4.2.2 弹性常数张量

4.2.1 节中给出的广义胡克定律,即式(4-3),将弹性常数张量用矩阵形式表达,可以得到:

$$
\begin{bmatrix} \sigma_{11} \\ \sigma_{22} \\ \sigma_{33} \\ \sigma_{12} \\ \sigma_{23} \\ \sigma_{31} \\ \sigma_{13} \\ \sigma_{32} \\ \sigma_{21} \end{bmatrix} =
\begin{bmatrix}
C_{1111} & C_{1122} & C_{1133} & C_{1112} & C_{1123} & C_{1131} & C_{1113} & C_{1132} & C_{1121} \\
C_{2211} & C_{2222} & C_{2233} & C_{2212} & C_{2223} & C_{2231} & C_{2213} & C_{2232} & C_{2221} \\
C_{3311} & C_{3322} & C_{3333} & C_{3312} & C_{3323} & C_{3331} & C_{3313} & C_{3332} & C_{3321} \\
C_{1211} & C_{1222} & C_{1233} & C_{1212} & C_{1223} & C_{1231} & C_{1213} & C_{1232} & C_{1221} \\
C_{2311} & C_{2322} & C_{2333} & C_{2312} & C_{2323} & C_{2331} & C_{2313} & C_{2332} & C_{2321} \\
C_{3111} & C_{3122} & C_{3133} & C_{3112} & C_{3123} & C_{3131} & C_{3113} & C_{3132} & C_{3121} \\
C_{1311} & C_{1322} & C_{1333} & C_{1312} & C_{1323} & C_{1331} & C_{1313} & C_{1332} & C_{1321} \\
C_{3211} & C_{3222} & C_{3233} & C_{3212} & C_{3223} & C_{3231} & C_{3213} & C_{3232} & C_{3221} \\
C_{2111} & C_{2122} & C_{2133} & C_{2112} & C_{2123} & C_{2131} & C_{2113} & C_{2132} & C_{2121}
\end{bmatrix}
\begin{bmatrix} \varepsilon_{11} \\ \varepsilon_{22} \\ \varepsilon_{33} \\ \varepsilon_{12} \\ \varepsilon_{23} \\ \varepsilon_{31} \\ \varepsilon_{13} \\ \varepsilon_{32} \\ \varepsilon_{21} \end{bmatrix} \tag{4-7}
$$

一般而言,四阶张量应有 81 个独立分量,具有完全对称性的四阶张量,其独立的分量缩减为 21 个。可以证明,弹性常数张量 C_{ijkl} 具有完全对称性,即 C_{ijkl} 满足:

$$C_{ijkl} = C_{jikl} = C_{ijlk} = C_{jilk} = C_{klij} \tag{4-8}$$

式(4-8)的证明过程如下:

由于 σ_{ij} 与 ε_{ij} 都是对称张量,切应力互等,因而式(4-8)中前三个等号成立,此时弹性常数缩减为 36 个。若用工程剪应变代替应变张量中的剪应变分量,式(4-7)可以简化为

$$
\begin{bmatrix} \sigma_{11} \\ \sigma_{22} \\ \sigma_{33} \\ \sigma_{12} \\ \sigma_{23} \\ \sigma_{31} \end{bmatrix} = \begin{bmatrix} C_{1111} & C_{1122} & C_{1133} & C_{1112} & C_{1123} & C_{1131} \\ C_{2211} & C_{2222} & C_{2233} & C_{2212} & C_{2223} & C_{2231} \\ C_{3311} & C_{3322} & C_{3333} & C_{3312} & C_{3323} & C_{3331} \\ C_{1211} & C_{1222} & C_{1233} & C_{1212} & C_{1223} & C_{1231} \\ C_{2311} & C_{2322} & C_{2333} & C_{2312} & C_{2323} & C_{2331} \\ C_{3111} & C_{3122} & C_{3133} & C_{3112} & C_{3123} & C_{3131} \end{bmatrix} \begin{bmatrix} \varepsilon_{11} \\ \varepsilon_{22} \\ \varepsilon_{33} \\ \gamma_{12} \\ \gamma_{23} \\ \gamma_{31} \end{bmatrix} \tag{4-9}
$$

同时由式(4-2)可知：

$$
C_{ijkl} = \frac{\partial^2 W}{\partial \varepsilon_{ij}\,\partial \varepsilon_{kl}} = \frac{\partial^2 W}{\partial \varepsilon_{kl}\,\partial \varepsilon_{ij}} = C_{klij} \tag{4-10}
$$

易证式(4-8)中第四个等号成立,从而证明了 C_{ijkl} 为完全对称的四阶张量,所以式(4-9)中的系数矩阵是一个对称矩阵,即任意材料最多只有 21 个独立的弹性常数,材料的对称性越好,独立的弹性常数越少(如表 4.1)。

表 4.1　弹性常数化简过程

材料特点	材料对称性	独立弹性常数个数
一般各向异性	无对称性	21
具有一个对称面各向异性	一个对称面	13
正交各向异性	两个对称面	9
横向各向同性	一根对称轴	5
各向同性	两根对称轴	2

4.3　各向异性弹性体

不同工程材料具有不同的对称特性,其所对应的弹性常数的个数也不尽相同。若材料的任意单元在不同方向上的弹性性质不完全相同,则称该材料为各向异性。下面介绍几种典型各向异性弹性体及其弹性常数的特点。

4.3.1　一般各向异性弹性体

若弹性体任意单元在不同方向的弹性性质都不同,则称此弹性体为一般各向异性。对于一般各向异性弹性体,当作用正应力时不仅会像各向同性材料那样引起正应变,而且还会引起剪应变;反之,作用剪力时也可能引起作用对象的伸长或缩短。如果用这种材料来做成一根拉杆,其受到沿杆长方向的单向拉力后,杆不但会被拉长,还会被拉歪。

在 4.2 节中已经证明,弹性常数张量具有完全对称性,为了表述方便,弹性常数张量 C_{ijkl} 也可以用弹性矩阵 c_{mn} 代替,可将本构方程写为

$$
\begin{Bmatrix} \sigma_x \\ \sigma_y \\ \sigma_z \\ \tau_{xy} \\ \tau_{yz} \\ \tau_{zx} \end{Bmatrix} = \begin{bmatrix} c_{11} & c_{12} & c_{13} & c_{14} & c_{15} & c_{16} \\ c_{21} & c_{22} & c_{23} & c_{24} & c_{25} & c_{26} \\ c_{31} & c_{32} & c_{33} & c_{34} & c_{35} & c_{36} \\ c_{41} & c_{42} & c_{43} & c_{44} & c_{45} & c_{46} \\ c_{51} & c_{52} & c_{53} & c_{54} & c_{55} & c_{56} \\ c_{61} & c_{62} & c_{63} & c_{64} & c_{65} & c_{66} \end{bmatrix} \begin{Bmatrix} \varepsilon_x \\ \varepsilon_y \\ \varepsilon_z \\ \gamma_{xy} \\ \gamma_{yz} \\ \gamma_{zx} \end{Bmatrix} \tag{4-11}
$$

其中，$c_{mn} = c_{nm}$，需要指出，C_{ijkl} 与 c_{mn} 存在对应关系，c 下标中的 $1,2,3,4,5,6$ 分别对应 C_{ijkl} 中的 $11,22,33,12,23,31$，如 $C_{1111} = c_{11}$，$C_{1212} = c_{44}$。这样，式（4-3）的弹性矩阵形式可写为

$$
\begin{Bmatrix} \sigma_x \\ \sigma_y \\ \sigma_z \\ \tau_{xy} \\ \tau_{yz} \\ \tau_{zx} \end{Bmatrix} = \begin{bmatrix} c_{11} & c_{12} & c_{13} & c_{14} & c_{15} & c_{16} \\ c_{12} & c_{22} & c_{23} & c_{24} & c_{25} & c_{26} \\ c_{13} & c_{23} & c_{33} & c_{34} & c_{35} & c_{36} \\ c_{14} & c_{24} & c_{34} & c_{44} & c_{45} & c_{46} \\ c_{15} & c_{25} & c_{35} & c_{45} & c_{55} & c_{56} \\ c_{16} & c_{26} & c_{36} & c_{46} & c_{56} & c_{66} \end{bmatrix} \begin{Bmatrix} \varepsilon_x \\ \varepsilon_y \\ \varepsilon_z \\ \gamma_{xy} \\ \gamma_{yz} \\ \gamma_{zx} \end{Bmatrix} \tag{4-12}
$$

一般各向异性弹性体具有 21 个独立的弹性常数。

4.3.2　具有一个对称面的弹性体

如果弹性体的每一点都存在这样一个平面，关于该平面对称的两个方向具有相同的弹性性质，则该平面称为弹性体的弹性对称平面，而垂直于弹性对称面的方向，称为弹性体的弹性主方向。单斜晶系的晶体（例如云母、蓝铜矿等）属于这种材料，如图 4.4 所示的单斜晶系晶体，垂直于 y 轴的平面即为弹性面。

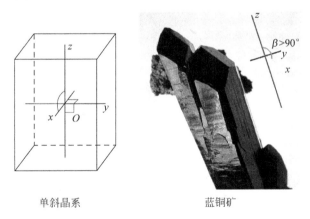

单斜晶系   蓝铜矿

图 4.4　具有一个弹性对称平面的各向异性弹性体

由张量的知识可知，在坐标变换时，任意分量满足：

$$
C'_{mnpq} = l_{mi} l_{nj} l_{pk} l_{ql} C_{ijkl} \tag{4-13}
$$

设 Oxy 平面为弹性对称面，z 轴为弹性主方向，由于材料在 Oxy 平面两侧具有相同的弹性性质，即弹性常数张量沿 Oxy 平面翻转 $180°$ 后各分量保持不变。对应的坐标系变换矩

阵为(详细推导见 2.5 节):

$$l_{ij} = \begin{bmatrix} 1 & 0 & 0 \\ 0 & 1 & 0 \\ 0 & 0 & -1 \end{bmatrix}$$

由式(4-13)可知,弹性常数 C_{2223} 应满足:

$$C'_{2223} = C_{2223} = l_{22}l_{22}l_{22}l_{33}C_{2223} = -C_{2223}$$

易知 $C_{2223} = 0$,同理可以得到 $\begin{cases} C_{1113} = C_{1123} = C_{1223} = C_{1213} = 0 \\ C_{2213} = C_{2223} = C_{3313} = C_{3323} = 0 \end{cases}$,即 $c_{m5} = c_{m6} = 0, m = 1, 2, 3,$

4。这样,式(4-3)的弹性矩阵形式可简化为

$$\begin{Bmatrix} \sigma_x \\ \sigma_y \\ \sigma_z \\ \tau_{xy} \\ \tau_{yz} \\ \tau_{zx} \end{Bmatrix} = \begin{bmatrix} c_{11} & c_{12} & c_{13} & c_{14} & 0 & 0 \\ c_{12} & c_{22} & c_{23} & c_{24} & 0 & 0 \\ c_{13} & c_{23} & c_{33} & c_{34} & 0 & 0 \\ c_{14} & c_{24} & c_{34} & c_{44} & 0 & 0 \\ 0 & 0 & 0 & 0 & c_{55} & c_{56} \\ 0 & 0 & 0 & 0 & c_{56} & c_{66} \end{bmatrix} \begin{Bmatrix} \varepsilon_x \\ \varepsilon_y \\ \varepsilon_z \\ \gamma_{xy} \\ \gamma_{yz} \\ \gamma_{xz} \end{Bmatrix} \qquad (4\text{-}14)$$

具有一个对称面的各向异性弹性体具有 13 个独立的弹性常数。

4.3.3 具有两个对称面的弹性体

如果对于弹性体内任一点,存在两个正交弹性平面,关于弹性平面对称的两个方向弹性性质相同,这样的材料也称为正交各向异性弹性体(如图 4.5)。增强纤维复合材料、木材都属于这类材料。

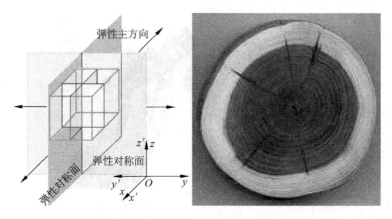

图 4.5 正交各向异性弹性体

假设 Oxz 平面和 Oxy 平面分别为材料的两个对称平面,那么绕这些平面翻转 $180°$ 之后材料的弹性矩阵不变。4.3.2 节已经讨论了具有一个弹性对称平面的材料,在此基础上,将坐标系沿平面 Oxz 翻转 $180°$,在此,变换矩阵为(类似推导见 2.5 节)

$$l_{ij} = \begin{bmatrix} 1 & 0 & 0 \\ 0 & -1 & 0 \\ 0 & 0 & 1 \end{bmatrix}$$

由式(4-13)可知,弹性常数 C_{1211} 满足:

$$C'_{1211} = C_{1211} = l_{11} l_{22} l_{11} l_{11} C_{1211} = -C_{1211}$$

易知 $C_{1211} = 0$,同理,可以得到 $C_{1222} = C_{1233} = C_{1332} = 0$,即 $c_{14} = c_{24} = c_{34} = c_{56} = 0$。

此时,弹性常数进一步减至 $13 - 4 = 9$ 个。如果再增加一个弹性对称平面,按照上述方法分析,弹性常数数目不会进一步减少,这表明如果材料内部存在两个正交的弹性对称平面,那么和这两个平面垂直的第三个平面也是弹性对称面。因此,式(4-3)的弹性矩阵形式可简化为

$$\begin{Bmatrix} \sigma_x \\ \sigma_y \\ \sigma_z \\ \tau_{xy} \\ \tau_{yz} \\ \tau_{zx} \end{Bmatrix} = \begin{bmatrix} c_{11} & c_{12} & c_{13} & 0 & 0 & 0 \\ c_{12} & c_{22} & c_{23} & 0 & 0 & 0 \\ c_{13} & c_{23} & c_{33} & 0 & 0 & 0 \\ 0 & 0 & 0 & c_{44} & 0 & 0 \\ 0 & 0 & 0 & 0 & c_{55} & 0 \\ 0 & 0 & 0 & 0 & 0 & c_{66} \end{bmatrix} \begin{Bmatrix} \varepsilon_x \\ \varepsilon_y \\ \varepsilon_z \\ \gamma_{xy} \\ \gamma_{yz} \\ \gamma_{zx} \end{Bmatrix} \tag{4-15}$$

具有两个对称面的各向异性弹性体具有 9 个独立的弹性常数。

若采用弹性模量和泊松比的工程定义,式(4-15)也可写为

$$\begin{Bmatrix} \varepsilon_x \\ \varepsilon_y \\ \varepsilon_z \\ \gamma_{xy} \\ \gamma_{yz} \\ \gamma_{zx} \end{Bmatrix} = \begin{bmatrix} \dfrac{1}{E_x} & -\dfrac{\nu_{yx}}{E_y} & -\dfrac{\nu_{zx}}{E_z} & 0 & 0 & 0 \\ -\dfrac{\nu_{xy}}{E_x} & \dfrac{1}{E_y} & -\dfrac{\nu_{zy}}{E_z} & 0 & 0 & 0 \\ -\dfrac{\nu_{xz}}{E_x} & -\dfrac{\nu_{yz}}{E_y} & \dfrac{1}{E_z} & 0 & 0 & 0 \\ 0 & 0 & 0 & \dfrac{1}{G_{xy}} & 0 & 0 \\ 0 & 0 & 0 & 0 & \dfrac{1}{G_{yz}} & 0 \\ 0 & 0 & 0 & 0 & 0 & \dfrac{1}{G_{zx}} \end{bmatrix} \begin{Bmatrix} \sigma_x \\ \sigma_y \\ \sigma_z \\ \tau_{xy} \\ \tau_{yz} \\ \tau_{zx} \end{Bmatrix} \tag{4-16}$$

其中,$E_i (i = x, y, z)$ 为 i 方向的弹性模量; $G_{ij} (i, j = x, y, z)$ 为平行于 i-j 平面的剪切模量; $\nu_{ij} (i, j = x, y, z)$ 为泊松比,表征 i 方向的拉应力在 j 方向上产生的压缩应变。由对称性要求,容易得到:

$$\begin{cases} E_x \nu_{yx} = E_y \nu_{xy} \\ E_y \nu_{zy} = E_z \nu_{yz} \\ E_z \nu_{xz} = E_x \nu_{zx} \end{cases} \tag{4-17}$$

因此式(4-16)虽然包含 12 个弹性常数,但只有 9 个是相互独立的。

4.3.4 横向各向同性弹性体

在正交各向异性的基础上,如果材料存在一个弹性对称轴,在与该轴垂直的平面内,材

料各个方向的弹性性质相同,这种材料称为横向
各向同性。横向各向同性材料表现出关于某一
坐标轴的旋转对称性,例如定向凝固合金、轧制
板等(如图 4.6)。

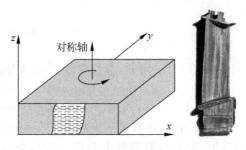

图 4.6　横向各向同性弹性体

假设 Z 轴为弹性对称轴,将 Oxy 平面绕 z
轴逆时针旋转角度 $90°$,对应的变换矩阵为(类似
推导见 2.5 节):

$$l_{ij} = \begin{bmatrix} 0 & 1 & 0 \\ -1 & 0 & 0 \\ 0 & 0 & 1 \end{bmatrix}$$

此时,对于分量 C_{1111},有以下等式:

$$C'_{1111} = C_{1111} = l_{12}l_{12}l_{12}l_{12}C_{2222} = C_{2222}$$

采用相同的方法,可以得到 $C_{2323} = C_{1313}$,$C_{1133} = C_{2233}$,$2C_{1212} = C_{1111} - C_{1122}$,即

$$c_{11} = c_{22}, \quad c_{55} = c_{66}, \quad c_{13} = c_{23}, \quad 2c_{44} = c_{11} - c_{12}$$

这样弹性常数由 9 个减至 5 个,式(4-3)的弹性矩阵形式可简化为

$$\begin{Bmatrix} \sigma_x \\ \sigma_y \\ \sigma_z \\ \tau_{xy} \\ \tau_{yz} \\ \tau_{zx} \end{Bmatrix} = \begin{bmatrix} c_{11} & c_{12} & c_{13} & 0 & 0 & 0 \\ c_{12} & c_{11} & c_{13} & 0 & 0 & 0 \\ c_{13} & c_{13} & c_{33} & 0 & 0 & 0 \\ 0 & 0 & 0 & \dfrac{c_{11} - c_{12}}{2} & 0 & 0 \\ 0 & 0 & 0 & 0 & c_{55} & 0 \\ 0 & 0 & 0 & 0 & 0 & c_{55} \end{bmatrix} \begin{Bmatrix} \varepsilon_x \\ \varepsilon_y \\ \varepsilon_z \\ \gamma_{xy} \\ \gamma_{yz} \\ \gamma_{zx} \end{Bmatrix} \tag{4-18}$$

横向各向同性弹性体具有 5 个独立的弹性常数。同样,若使用弹性模量与泊松比,
式(4-18)也可写为

$$\begin{Bmatrix} \varepsilon_x \\ \varepsilon_y \\ \varepsilon_z \\ \gamma_{xy} \\ \gamma_{yz} \\ \gamma_{zx} \end{Bmatrix} = \begin{bmatrix} \dfrac{1}{E} & -\dfrac{\nu}{E} & -\dfrac{\nu'}{E'} & 0 & 0 & 0 \\ -\dfrac{\nu}{E} & \dfrac{1}{E} & -\dfrac{\nu'}{E'} & 0 & 0 & 0 \\ -\dfrac{\nu'}{E'} & -\dfrac{\nu'}{E'} & \dfrac{1}{E'} & 0 & 0 & 0 \\ 0 & 0 & 0 & \dfrac{1}{G} & 0 & 0 \\ 0 & 0 & 0 & 0 & \dfrac{1}{G'} & 0 \\ 0 & 0 & 0 & 0 & 0 & \dfrac{1}{G'} \end{bmatrix} \begin{Bmatrix} \sigma_x \\ \sigma_y \\ \sigma_z \\ \tau_{xy} \\ \tau_{yz} \\ \tau_{zx} \end{Bmatrix} \tag{4-19}$$

其中 E、E' 分别是同性平面及垂直于该平面的弹性模量;G、G' 分别是同性平面及垂直于该
平面的剪切模量;ν 为泊松比,表征由同性平面内拉应力引起同性平面上的横向应变减小
量;ν' 为泊松比,表征由垂直于同性平面方向的拉应力引起同性平面上的横向应变减小量,
5 个独立的弹性常数是 E、E'、G、G' 和 ν'。

4.4　各向同性弹性体

如果弹性体各方向的弹性性质都相同,称这样的材料为各向同性材料,对于各向同性材料,无论坐标系作何变换,弹性常数张量都保持不变,此时,独立弹性常数缩减为 2 个。本节介绍各向同性材料弹性常数的简化过程和工程上测定弹性常数的方法。

4.4.1　弹性常数的简化

在横向各向同性材料的基础上,将坐标系绕 x 轴顺时针旋转 $90°$,对应的变换矩阵为(类似推导见 2.5 节):

$$l_{ij} = \begin{bmatrix} 1 & 0 & 0 \\ 0 & 0 & -1 \\ 0 & 1 & 0 \end{bmatrix}$$

在坐标变换下,根据各向同性假设有

$$C'_{3333} = C_{3333} = l_{32}l_{32}l_{32}l_{32}C_{2222} = C_{2222}$$

同理,可以得到:

$$C_{1111} = C_{2222} = C_{3333}, \quad c_{11} = c_{22} = c_{33}$$
$$C_{1122} = C_{2233} = C_{1133}, \quad c_{12} = c_{23} = c_{13}$$
$$C_{1212} = C_{2323} = C_{1313}, \quad c_{44} = c_{55} = c_{66}$$

将上式后两行所对应的弹性常数分别记为 λ,μ,若将坐标系绕 z 轴逆时针旋转 $45°$,对应的变换矩阵为

$$l_{ij} = \begin{bmatrix} \sqrt{2}/2 & \sqrt{2}/2 & 0 \\ -\sqrt{2}/2 & \sqrt{2}/2 & 0 \\ 0 & 0 & 1 \end{bmatrix}$$

在上述变换矩阵作用下,弹性常数 C_{1111} 满足:

$$\begin{aligned} C_{1111} = C'_{1111} &= l_{11}l_{11}l_{11}l_{11}C_{1111} + l_{11}l_{11}l_{12}l_{12}C_{1122} \\ &+ l_{12}l_{12}l_{11}l_{11}C_{2211} + l_{11}l_{12}l_{11}l_{12}C_{1212} \\ &+ l_{12}l_{11}l_{12}l_{11}C_{2121} + l_{11}l_{12}l_{12}l_{11}C_{1221} \\ &+ l_{12}l_{11}l_{11}l_{12}C_{2112} + l_{12}l_{12}l_{12}l_{12}C_{2222} \\ &= \frac{1}{4}C_{1111} + \frac{1}{2}(\lambda + 2\mu) + \frac{1}{4}C_{2222} \end{aligned}$$

结合 $C_{1111} = C_{2222}$,可以得到 $C_{1111} = \lambda + 2\mu$,即 $c_{11} = c_{12} + 2c_{55}$,此时弹性矩阵全部分量都可由 c_{11},c_{12} 表示。

结合上述坐标变换,弹性常数张量可以表示为

$$C_{ijkl} = \lambda\delta_{ij}\delta_{kl} + \mu(\delta_{ik}\delta_{jl} + \delta_{il}\delta_{jk}) \tag{4-20}$$

代入广义胡克定律,可以得到:

$$\sigma_{ij} = \lambda\varepsilon_{kk}\delta_{ij} + 2\mu\varepsilon_{ij} \tag{4-21}$$

基于上述分析,各向同性材料弹性常数缩减为 2 个,它们也被称为拉梅常数(Lamé Constants),工程上 μ 一般也称剪切模量 G。

将式(4-21)展开,可以得到任意坐标系下的弹性本构关系:

$$\begin{cases} \sigma_x = \lambda\theta + 2G\varepsilon_x \\ \sigma_y = \lambda\theta + 2G\varepsilon_y \\ \sigma_z = \lambda\theta + 2G\varepsilon_z \\ \tau_{xy} = G\gamma_{xy} \\ \tau_{yz} = G\gamma_{yz} \\ \tau_{xz} = G\gamma_{xz} \end{cases} \quad (4\text{-}22)$$

其中,$\theta = \varepsilon_{kk} = \varepsilon_x + \varepsilon_y + \varepsilon_z$。相反地,应变 ε_{ij} 也可以用应力 σ_{ij} 表示。由式(4-22)可知:$\sigma_{kk} = (3\lambda + 2G)\varepsilon_{kk}$,$\sigma_{kk} = \sigma_x + \sigma_y + \sigma_z$,代入式(4-21)并解得 ε_{ij},可得

$$\varepsilon_{ij} = \frac{-\lambda\delta_{ij}}{2G(3\lambda + 2G)}\sigma_{kk} + \frac{1}{2G}\sigma_{ij} \quad (4\text{-}23)$$

特殊地,当主应变的方向与三维坐标轴的方向一致时,应变主轴与应力主轴重合[2],可以建立:

$$\begin{cases} \sigma_1 = \lambda\theta + 2G\varepsilon_1 \\ \sigma_2 = \lambda\theta + 2G\varepsilon_2 \\ \sigma_3 = \lambda\theta + 2G\varepsilon_3 \end{cases} \quad (4\text{-}24)$$

此时 $\theta = \varepsilon_{kk} = \varepsilon_1 + \varepsilon_2 + \varepsilon_3$。

若存在一各向同性弹性体,其沿 x 方向两侧受均匀拉应力 σ_x 作用,y、z 方向处于自由状态,由材料力学知识可得到:

$$\begin{cases} \varepsilon_x = \dfrac{\sigma_x}{E} \\ \varepsilon_y = -\nu\varepsilon_x = -\nu\dfrac{\sigma_x}{E} \\ \varepsilon_z = -\nu\varepsilon_x = -\nu\dfrac{\sigma_x}{E} \end{cases} \quad (4\text{-}25)$$

对比式(4-23)和式(4-25),可以得到拉梅常数与杨氏弹性模量及泊松比的关系:

$$\begin{cases} G = \dfrac{E}{2(1+\nu)} \\ \lambda = \dfrac{E\nu}{(1+\nu)(1-2\nu)} \end{cases} \quad (4\text{-}26)$$

采用工程弹性模量进行表示,各向同性材料的本构关系可以表示为

$$\begin{cases} \sigma_x = 2G\left(\varepsilon_x + \dfrac{\nu}{1-2\nu}\theta\right) \\ \sigma_y = 2G\left(\varepsilon_y + \dfrac{\nu}{1-2\nu}\theta\right) \\ \sigma_z = 2G\left(\varepsilon_z + \dfrac{\nu}{1-2\nu}\theta\right) \\ \tau_{xy} = G\gamma_{xy} \\ \tau_{yz} = G\gamma_{yz} \\ \tau_{zx} = G\gamma_{zx} \end{cases} \quad (4\text{-}27)$$

由式(4-27)可知：

$$\theta = \varepsilon_x + \varepsilon_y + \varepsilon_z = \frac{1-2\nu}{E}(\sigma_x + \sigma_y + \sigma_z) \tag{4-28}$$

其中，θ 为体应变。根据第 3 章应力球张量 $\sigma_x + \sigma_y + \sigma_z = 3\sigma_m$ 有

$$\theta = \frac{3(1-2\nu)\sigma_m}{E} \tag{4-29}$$

或

$$K = \frac{\sigma_m}{\theta} = \frac{E}{3(1-2\nu)} \tag{4-30}$$

其中 K 为弹性体积膨胀系数，称为体积模量，物理意义为产生单位体积应变所需要的平均正应力(或静水压力)。

4.4.2 各向同性弹性常数的测定

对于各向同性材料，建立其对应的本构方程只需要两个弹性常数即可，由式(4-22)以及式(4-27)可知，可以选用 G、E、ν、λ 等弹性常数进行描述。工程上这些常数一般通过实验测得，下面就介绍常用的测量方法。

1. 单轴拉伸实验

单轴拉伸实验如图 4.7 所示，试件只受到轴向方向的应力，即 $\sigma_{11} = \sigma$。此时的应力状态可描述为：$\sigma_{ij} = \begin{bmatrix} \sigma & 0 & 0 \\ 0 & 0 & 0 \\ 0 & 0 & 0 \end{bmatrix}$。将其带入式(4-27)中得到：

$$\varepsilon_{ij} = \begin{bmatrix} \dfrac{\sigma}{E} & 0 & 0 \\ 0 & -\dfrac{\nu}{E}\sigma & 0 \\ 0 & 0 & -\dfrac{\nu}{E}\sigma \end{bmatrix}$$

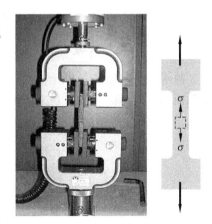

图 4.7 单轴拉伸实验

将 E 和 ν 表示为：$E = \dfrac{\sigma}{\varepsilon_{11}}$，$\nu = -\dfrac{\varepsilon_{22}}{\varepsilon_{11}} = -\dfrac{\varepsilon_{33}}{\varepsilon_{11}}$。这样，通过测量 ε_{11}、ε_{22}、ε_{33} 就可求出 E 和 ν。

2. 纯剪切实验

纯剪切实验是用来测量材料剪切模量的实验。图 4.8 给出了一种实验方法，当薄板(xy 向尺寸约为 z 向尺寸的 10 倍)在 z 向受到均匀拉力作用时，在 x-y 面内就会产生压缩趋势的内力。这样就会在与拉力成 45°方向的单元体上产生纯剪切状态，如图 4.8 所示。

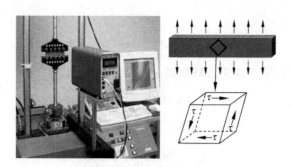

图 4.8　纯剪切实验[3]

当单元体处于纯剪切时，其对应的应力状态为：$\sigma_{ij} = \begin{bmatrix} 0 & \tau & 0 \\ \tau & 0 & 0 \\ 0 & 0 & 0 \end{bmatrix}$。将其代入到式(4-27)

得到：

$$\varepsilon_{ij} = \begin{bmatrix} 0 & \dfrac{\tau}{2G} & 0 \\ \dfrac{\tau}{2G} & 0 & 0 \\ 0 & 0 & 0 \end{bmatrix}$$

这样剪切模量可以表述为：$G = \dfrac{\tau}{2\varepsilon_{12}}$。其中，$\varepsilon_{12}$ 通过应变片测出，τ 可以通过几何关系由施加的应力 σ 表示出来，进而就可以测出材料的剪切模量 G。

3. 静水压力实验

静水压力状态就是单元体的三个主平面上受到大小相等的正应力作用。实验室中常采用如图 4.9 所示的实验装备来测量体积模量 K。体积模量定义为静水压力 p 与相应体积改变量的比值。

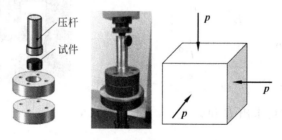

图 4.9　静水压力实验[4]

测定压杆压下的高度后通过几何关系计算出体积改变量，通过压杆施加的力来计算静水压力。体积的改变量可用 ε_{kk} 表示，静水压力 $p = \dfrac{\sigma_{kk}}{3}$。这样，体积模量表示为

$$K = \frac{\sigma_{kk}}{3\varepsilon_{kk}} \tag{4-31}$$

将式(4-24)与式(4-31)对比可得：$K = \lambda + \dfrac{2}{3}G$。因此，可通过纯剪切实验和静水压力实验求得拉梅常数 λ。

在上述所提到的 5 个材料参数 G、E、ν、λ 和 K 中，只有两个是相互独立的。实验表明，常数 E、G、K 都是正值，即：$E > 0$、$G > 0$、$K > 0$。对于一般材料而言，泊松比 ν 的取值范围为 $-1 \leqslant \nu \leqslant \dfrac{1}{2}$。表 4.2 给出了一些常用典型材料的弹性常数取值。

表 4.2　典型材料的弹性常数取值

	$E(\text{GPa})$	ν	G/GPa	λ/GPa	K/GPa
铝	68.9	0.34	25.7	54.6	71.8
混凝土	27.6	0.20	11.5	7.7	15.3
铜	89.6	0.34	33.4	71	93.3
玻璃	68.9	0.25	27.6	27.6	45.9
尼龙	28.3	0.40	10.1	4.04	47.2
橡胶	0.0019	0.4999	0.654×10^{-3}	0.326	0.326
钢	207	0.29	80.2	111	164

表 4.3 所示为各种弹性常数之间的关系。

表 4.3　常用弹性常数间的关系

	剪切模量 G	弹性模量 E	体积模量 K	拉梅常数 λ	泊松比 ν
G、E	G	E	$\dfrac{GE}{9G-3E}$	$\dfrac{G(E-2G)}{3G-E}$	$\dfrac{E-2G}{2G}$
G、K	G	$\dfrac{9GK}{3K+G}$	K	$K-\dfrac{2}{3}G$	$\dfrac{3K-2G}{2(3K+G)}$
G、λ	G	$\dfrac{G(3\lambda+2G)}{\lambda+G}$	$\lambda+\dfrac{2}{3}G$	λ	$\dfrac{\lambda}{2(\lambda+G)}$
G、ν	G	$2G(1+\nu)$	$\dfrac{2G(1+\nu)}{3(1-2\nu)}$	$\dfrac{2G\nu}{1-2\nu}$	ν
E、K	$\dfrac{3KE}{9K-E}$	E	K	$\dfrac{K(9K-3E)}{9K-E}$	$\dfrac{3K-E}{6K}$
E、ν	$\dfrac{E}{2(1+\nu)}$	E	$\dfrac{E}{3(1-2\nu)}$	$\dfrac{E\nu}{(1+\nu)(1-2\nu)}$	ν
K、λ	$\dfrac{3(K-\lambda)}{2}$	$\dfrac{9K(K-\lambda)}{3K-\lambda}$	K	λ	$\dfrac{\lambda}{3K-\lambda}$
K、ν	$\dfrac{3K(1-2\nu)}{2(1+\nu)}$	$3K(1-2\nu)$	K	$\dfrac{3K\nu}{1+\nu}$	ν

4.5　重点概念阐释及知识延伸

4.5.1　脆性材料与韧性材料

根据材料对塑性变形的敏感程度,可将材料分为脆性和韧性材料。脆性材料在外力作用下,当外力达到一定值后,会发生突然破坏,且破坏时无明显的塑性变形。典型的脆性材料有岩石、陶瓷、铸铁等。与脆性材料相反,韧性材料在屈服后能产生显著的塑性变形,容易观察到,因此能够采取预防措施。例如大多数钢材就是韧性材料。

典型的韧性和脆性材料的应力应变曲线如图 4.10(a)。当加载达到一定值时,韧性材料发生屈服并进入塑性区,断裂时在断口处产生明显的颈缩特征;脆性材料则不产生明显的塑性变形而是直接破坏,断口无颈缩现象。从扭转断口来看,韧性材料断面与轴线垂直,而脆性材料断面大体与轴线呈 45°,如图 4.10(b)。

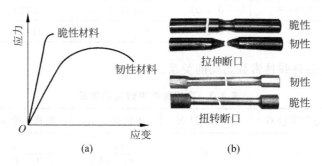

图 4.10　脆性和韧性材料拉伸曲线及断口

材料在制造过程中不可避免要产生缺陷或夹杂,在使用过程中,由于缺陷或夹杂的存在,会引起附近应力水平显著提高。对于韧性材料来说,应力水平达到屈服后,还能继续产生显著的塑性变形,使得缺陷周围的应力水平能够平均化,不至于很快断裂失效;对于脆性材料而言,应力水平达到屈服后,局部就会出现断裂,缺陷周围的应力水平因为承载面积的减小而急剧上升,造成裂纹迅速扩展,结构失效。因此,相对于韧性材料,脆性材料对制造缺陷的敏感程度更高。

4.5.2　温度对本构方程的影响

4.2 节中介绍了表示材料本构关系的弹性常数张量,对于任意一种材料,弹性常数并不是完全不变的,温度就是影响弹性常数的一个重要因素。弹性常数如果发生变化,材料的本构关系也会随着变化。

图 4.11 给出了 GH4169 高温合金不同温度下的拉伸性能曲线,随着温度的升高,材料拉伸性能下降,弹性比例阶段缩短,屈服点提前出现,同时弹性模量降低,这说明该材料在高温下被软化,更易发生屈服,承载能力下降。航空发动机涡轮叶片一般会采用高温合金材

料,因此在设计涡轮叶片时要综合考虑温度的影响。

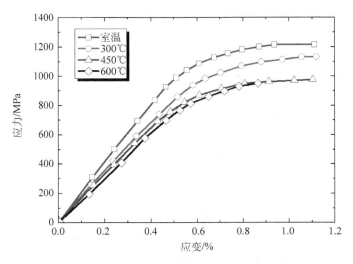

图 4.11 GH4169 高温合金不同温度下拉伸曲线

4.5.3 脆性材料的单轴性能测试

通过拉伸力学试验,可以得到韧性材料的应力应变曲线。对于脆性材料而言,很难直接采用单轴拉伸来测试其抗拉强度,主要原因是容易在试件两端夹持部位出现应力集中现象,导致夹持段断裂,不易测得有效数据。

硬-α 缺陷是钛合金中的一种主要缺陷,由于这种缺陷的存在,严重影响了钛合金的材料性能,从而影响到钛合金构件的寿命,如影响到航空发动机压气机轮盘的寿命。因此,研究这种缺陷的力学性能,从而预估缺陷对寿命的影响是一项极为重要的工作。对于硬-α 缺陷这类脆性材料的抗拉强度测试可采用间接法,即所谓的巴西圆盘试验法或劈裂法:该方法采用圆盘状试样,试验时沿着圆盘的直径方向施加一对等值的线荷载,使试件沿着受力方向的直径裂开成两个半圆盘(如图 4.12)。在这种受力条件下,试件受到纵向压缩载荷的作用,而试件的横向截面处于拉伸状态,这样,通过压缩试验,也能测得材料的抗拉强度。通过巴西圆盘试验法,可得到材料的抗拉强度如下:

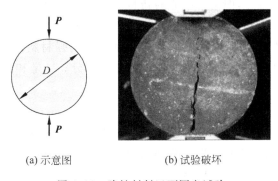

(a) 示意图   (b) 试验破坏

图 4.12 脆性材料巴西圆盘试验

$$\sigma_{\mathrm{T}} = \frac{2P}{\pi Dt} \tag{4-32}$$

其中,圆盘试样的直径为 D,厚度为 t,破坏荷载为 P。

4.5.4　牛顿流体的本构方程

牛顿流体指流体中任一点上的剪应力都与剪切变形速率呈线性关系。最简单的牛顿流体流动为(图 4.13):两无限大平板以相对速度 v 相互平行运动时,两板间粘性流体的低速定常剪切运动(或库埃特流动)[5]。牛顿流体的本构方程就是反映流体应力与变形速率之间的关系,可表示为

$$\sigma_{ij} = -p\delta_{ij} + 2v(S_{ij} - S_{kk}\delta_{ij}) \tag{4-33}$$

其中,v 为牛顿流体的粘度,S_{ij} 为流体的变形速率张量或应变率张量,p 为流体的压强。在牛顿流体的本构方程中,流体正应力与三个速度偏导数有关(即线变形率),这点与固体力学中的胡克定律类似。从流体流动的角度来看,线变形率的正负反映了流体的流动是加速还是减速,由于粘性正应力的存在,流动流体的正应力数值上一般不等于流体的压力;流体的切应力与角变形率有关,切应力互等定理依然成立,这与固体力学中是相似的。

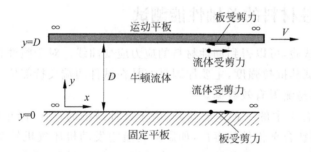

图 4.13　两板间粘性流体的低速定常剪切运动

4.5.5　复合材料及其本构方程

复合材料是指由两种或两种以上不同材料通过某种方式结合而成的新材料,其中各组分材料仍然保持其原有特性,但是所组成的新材料性能优于各组分材料。通常将复合材料中构成连续相的组分称为基体,构成非连续相的组分称为增强材料,基体和增强材料一般也作为复合材料的分类依据。图 4.14 给出了树脂基纤维增强材料的结构特点。其本构方程由两部分组成:一是和应变率相关的粘性树脂本构部分;二是和应变相关的纤维本构部分,两者综合得[6]

$$\boldsymbol{\sigma} = \boldsymbol{T} + \boldsymbol{K}_1\boldsymbol{D} + \boldsymbol{K}_2\boldsymbol{e} \tag{4-34}$$

其中,$\boldsymbol{T}$ 表示纤维方向的拉力,$\boldsymbol{K}_1$ 表示理想约束条件下树脂的刚度矩阵,$\boldsymbol{K}_2$ 表示纯织物纤维的刚度矩阵,$\boldsymbol{D}$ 表示粘性树脂变形率张量,$\boldsymbol{e}$ 表示织物胞元的应变张量。由此可以看出,复合材料不同于单一材料,其本构模型往往涉及复合材料中的多种组成成分,对其描述的难度也较大。

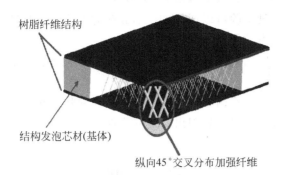

图 4.14　树脂基纤维增强材料的结构示意

4.5.6　形状记忆合金及其本构方程[7]

　　形状记忆合金是一种能"记忆"其初始形状的智能材料,它在发生变形后,对其加热升温能消除变形,恢复到其变形前形状。由于这种特殊的性质,形状记忆合金的本构方程不仅仅具有应力、应变两个变量,还具有温度变量,随着环境温度的变化,其应力应变曲线会发生巨大变化,如图 4.15 所示,其典型的一维本构方程可以表达为

$$\sigma = \sigma_0 + E(\xi)(\varepsilon - \varepsilon_0) + \Theta(T - T_0) + \Omega(\xi)(\xi - \xi_0) \tag{4-35}$$

其中 E、Θ、Ω 分别为弹性模量、热弹性张量、相变张量,T、σ、ε 分别为温度、应力和应变,ξ 为本构方程的内变量——马氏体含量,下标"0"表示初始状态量。由该本构方程可以看出,形状记忆合金材料弹性模量是变量,而且其应力由应变、温度共同确定,这和普通的金属材料相比有非常大的区别。

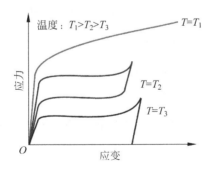

图 4.15　不同温度下形状记忆合金应力-应变曲线

思　考　题

　　4.1　Green 方法和 Cauchy 方法给出应力应变本构关系的出发点有何不同?

　　4.2　弹性常数张量的 81 个分量为什么只有 21 个是相互独立的? 弹性常数张量和弹性矩阵有何对应关系?

4.3   各向同性材料弹性常数如何从 81 个缩减为 2 个？

4.4   为什么巴西圆盘试验可以通过加压缩载荷的方法测量脆性材料的抗拉极限？

4.5   工程上为什么不常用拉梅常数？

4.6   请举例工程中使用的正交各向异性弹性体和横向各向同性弹性体？这些材料有何优点？

4.7   如何理解牛顿流体本构方程和固体本构方程的联系和区别？

4.8   低碳钢为什么在低温下表现出明显的脆性特征？

习　题

4.1   试证明弹性体在应力状态下有 $\gamma_8 = \dfrac{1}{2G}\tau_8$。

4.2   试推导正交各向异性弹性体的广义胡克定律表达形式。

提示：假定材料的弹性性质对三个相互垂直的平面 $x=0, y=0, z=0$ 为对称，首先令任一坐标轴转动 $180°$，考察应力分量及应变分量的正负号变化。由任意两相反方向的弹性性质相同，可得一些等于 0 的弹性常数。之后，再分别转动其他两坐标轴，又可得一些等于 0 的弹性常数。

4.3   试证明 $\dfrac{\partial J_2}{\partial \sigma_{ij}} = s_{ij}$。

4.4   在均匀静水压力 p 作用下一个弹性体，引起弹性体表面上一点的线应变为 ε，如已知弹性体的弹性模量为 E，求材料的泊松比 ν。

4.5   一块服从各向同性胡克定律的弹性平板，受外力作用后板内某点处于纯剪切状态，即 $\sigma_{xy} = \sigma_{yx} = \tau$，$\sigma_{xx} = \sigma_{yy} = \sigma_{zz} = \sigma_{zx} = \sigma_{zy} = 0$。试通过分析此微元体应力状态和应变状态，证明 $G = \dfrac{E}{2(1+\nu)}$。其中，E、G、ν 分别为材料的弹性模量、剪切模量和泊松比。

4.6   对于各向同性弹性体，试证明：当 $\sigma_1 \geqslant \sigma_2 \geqslant \sigma_3$ 时，$\varepsilon_1 \geqslant \varepsilon_2 \geqslant \varepsilon_3$。

4.7   如果泊松比为 0.5，试证明 $G = \dfrac{E}{3}$，$\lambda = \infty$，$K = \infty$，$\varepsilon_{ii} = u_{i,i} = 0$。

4.8   应力张量和应变张量可以分解为球张量和偏张量之和，即

$$\sigma_{ij} = \sigma_{ij}^P + \sigma_{ij}^D, \quad \sigma_{ij}^P = \frac{1}{3}\sigma_{kk}\delta_{ij}$$

$$\varepsilon_{ij} = \varepsilon_{ij}^P + \varepsilon_{ij}^D, \quad \varepsilon_{ij}^P = \frac{1}{3}\varepsilon_{kk}\delta_{ij}$$

试写出 σ_{ij}^P 与 ε_{ij}^P 和 σ_{ij}^D 与 ε_{ij}^D 之间的关系。

4.9   对于各向同性材料，证明应力主轴和应变主轴重合。

4.10   对于正交各向异性弹性体，当应力主轴与正交轴重合时，证明应力主轴和应变主轴重合。

4.11   对于各向同性圆柱形弹性体，在轴向施加均匀压力 P，限制圆柱体的周向位移为 0，设圆柱体轴向为 z 方向，求此时 $\dfrac{\sigma_{zz}}{\varepsilon_{zz}}$ 的值（已知弹性模量 E 和泊松比 ν）。

4.12　对于各向同性线弹性材料,已知某点的应力分量 σ_{ij} 为

$$\sigma_{ij} = \begin{bmatrix} 68.95 & 6.895 & -55.16 \\ 6.895 & -41.37 & 41.37 \\ -55.16 & 41.37 & 137.9 \end{bmatrix} \text{MPa}, \quad E = 207\text{GPa}, \quad \nu = 0.3$$

求:(a)该点的主应力 $\sigma_1, \sigma_2, \sigma_3$;(b)该点的应变张量 ε_{ij}。

4.13　对于正交各向异性线弹性材料,已知某一点的应力状态 σ_{ij} 为

$$\sigma_{ij} = \begin{bmatrix} 5.52 & -0.69 & 0.35 \\ -0.69 & 0.55 & 0.83 \\ 0.35 & 0.83 & -1.38 \end{bmatrix} \text{MPa},$$

材料常数为

$$E_x = 15\text{MPa}, \quad \frac{E_y}{E_x} = 0.064, \quad \frac{E_z}{E_x} = 0.109$$

$$\frac{G_{xy}}{E_x} = 0.041, \quad \frac{G_{yz}}{E_x} = 0.017, \quad \frac{G_{zx}}{E_x} = 0.057$$

$$\nu_{xy} = 0.18, \quad \nu_{yz} = 0.12, \quad \nu_{zx} = 0.13$$

求:(a)该点的应变分量 ε_{ij};(b)该点的主应力和主应变。

参 考 文 献

[1]　陈惠发,萨里普 A F. 弹性与塑性力学[M]. 余天庆,等,译. 北京:中国建筑工业出版社,2003.

[2]　杨桂通. 弹性力学[M]. 北京:高等教育出版社,2011.

[3]　Miller K. Testing Elastomers for Hyperelastic Material Models in Finite Element Analysis[R]. Axel Products Testing and Analysis Report,2000.

[4]　Sayyad Zahid Qamar, Maaz Akhtar, Tasneem Pervez, Moosa S M Al-Kharusi. Mechanical and Structural Behavior of a Swelling Elastomer under Compressive Loading[J], Materials and Design, 2013(45):487-496.

[5]　吴望一. 流体力学[M]. 北京:北京大学出版社,1982.

[6]　林国昌. 织物/粘性树脂复合材料本构行为研究[M]. 哈尔滨:哈尔滨工业大学出版社,2007.

[7]　闫晓军,张小勇. 形状记忆合金智能结构[M]. 北京:科学出版社,2015.

第 5 章
方程组求解方法与原理

5.1　概　　述

为了描述弹性体在外力作用下的受力和变形情况,在第 3、4 章中,引入了应力(6 个分量)、位移(3 个分量)、应变(6 个分量)三个物理量(共 15 个分量),建立了平衡方程(应力-外力关系,3 个)、几何方程(应变-位移关系,6 个)、弹性体本构方程(应力-应变关系,6 个)共15 个方程,这些方程构成了一个线性偏微分方程组。建立和求解弹性力学边值问题,构成了弹性理论的基本内容。

本章主要介绍弹性力学线性偏微分方程组的边界条件、求解方法,以及求解过程中用到的叠加原理、用来处理边界条件的圣维南原理,如图 5.1 所示。

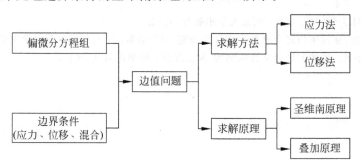

图 5.1　弹性力学边值问题的求解方法和原理

5.2　基　本　方　程

三维情况下,各向同性材料的弹性力学基本方程包括下面三个。

1. 平衡方程

根据式(3-39)，平衡方程的指标记法为

$$\sigma_{ji,j} + F_i = 0$$

2. 几何方程

根据式(3-61)，几何方程的指标记法为

$$\varepsilon_{ij} = \frac{1}{2}(u_{i,j} + u_{j,i})$$

3. 本构方程

对于各向同性弹性体而言，用应力表达应变的本构方程的指标记法为

$$\varepsilon_{ij} = \frac{1+\nu}{E}\sigma_{ij} - \frac{\nu}{E}\sigma_{kk}\delta_{ij} \tag{5-1}$$

用应变表达应力的本构方程的指标记法为

$$\sigma_{ij} = 2G\varepsilon_{ij} + \lambda\theta\delta_{ij} \tag{5-2}$$

概括起来，各向同性弹性体满足 3 个平衡方程(3-39)、6 个几何方程(3-61)、6 个本构方程(5-1)或(5-2)，共 15 个基本方程。可以简单地用广义算符表达为[1]

$$\zeta\{u_i \quad \varepsilon_{ij} \quad \sigma_{ij}; \lambda \quad G \quad F_i\} = 0 \tag{5-3}$$

其中包括 3 个位移分量 u_i、6 个应变分量 ε_{ij}、6 个应力分量 σ_{ij}，共 15 个未知数。

5.3 边值问题及边界条件

边界条件表示在边界上位移与约束，或应力与面力之间的关系式。当弹性体处于平衡状态时，其内部各点的应力分量、应变分量、位移分量等 15 个未知数要满足平衡方程(3-39)、几何方程(3-61)、本构方程(5-1)、(5-2)，在边界上还要满足边界条件。因此，弹性力学的边值问题可描述为

"弹性力学边值问题"＝"方程(5-3)"＋"边界条件的描述方程"

根据边界条件的不同，可以将弹性力学边值问题分为应力边值问题、位移边值问题、混合边值问题。图 5.2 给出了三种边界条件的示意图，接着分别讨论三类边值问题中边界条件的描述方程[2]。

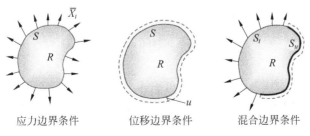

图 5.2 三种边界条件

5.3.1　应力边界条件

应力边界条件,就是指当弹性体在边界上给定面力时,边界上应满足内力与外力平衡的条件。

当弹性体的微元体位于边界时,边界相当于微元体的一个斜截面,作用在斜截面上的面力分量可以用微元体处的应力状态来表达。因此,边界上的平衡条件可由方程(3-7)得出,即应力边界条件为

$$\begin{cases} \overline{X} = \sigma_x n_1 + \tau_{yx} n_2 + \tau_{zx} n_3 \\ \overline{Y} = \tau_{xy} n_1 + \sigma_y n_2 + \tau_{zy} n_3 \\ \overline{Z} = \tau_{xz} n_1 + \tau_{yz} n_2 + \sigma_z n_3 \end{cases} \tag{5-4}$$

其中,$\overline{X}$、$\overline{Y}$、$\overline{Z}$ 为给定边界上的面力分量,n_1、n_2、n_3 为边界面外法线的方向余弦。

对于平面问题,应力边界条件简化为

$$\begin{cases} \overline{X} = \sigma_x n_1 + \tau_{yx} n_2 \\ \overline{Y} = \tau_{xy} n_1 + \sigma_y n_2 \end{cases} \tag{5-5}$$

例题 5.1　如图 5.3,试分别写出 $y=0$、$y=h$ 边界上的应力边界条件,其中 $\theta = 60°$。

解:根据平面问题的应力边界条件式(5-5)可得

(1) $y=0$ 边界上的方向余弦:

$$n_1 = 0, \quad n_2 = -1$$

边界上的面力为

$$\overline{X} = q/2, \quad \overline{Y} = \sqrt{3}\,q/2$$

由此得

$$\tau_{xy}\Big|_{y=0} = -q/2, \quad \sigma_y\Big|_{y=0} = -\sqrt{3}\,q/2$$

(2) 同理,$y=h$ 边界上的应力边界条件:

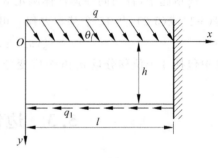

图 5.3　弹性体边界示意图

$$\tau_{xy}\Big|_{y=h} = -q_1, \quad \sigma_y\Big|_{y=h} = 0$$

5.3.2　位移边界条件

位移边界条件,就是指当弹性体在边界上给定约束位移分量时,边界上位移与约束之间的关系式。

对于三维问题,位移边界条件为

$$u = \overline{u}, \quad v = \overline{v}, \quad w = \overline{w} \tag{5-6}$$

指标记法为

$$u_i = \overline{u}_i \tag{5-7}$$

其中,u、v 和 w 为边界上的位移分量,而 $\overline{u}$、$\overline{v}$ 和 $\overline{w}$ 分别为边界上的已知位移分量。

对于平面问题,则有

$$u = \bar{u}, \quad v = \bar{v} \tag{5-8}$$

例题 5.2 试写出图 5.3 中 $x=l$ 边界上的位移边界条件。

解：$x=l$ 边界为固定端，满足所有点位移为 0，即

$$u \big|_{x=l} = 0, \quad v \big|_{x=l} = 0$$

同时，所有点的转角为 0，根据式(3.57)、式(3.58)，可得

$$\frac{\partial u}{\partial y} \bigg|_{x=l} = 0, \quad \frac{\partial v}{\partial x} \bigg|_{x=l} = 0$$

5.3.3 混合边界条件

混合边界条件，就是在边界上部分给定面力，部分给定位移的条件。

混合边界条件有两种情况：(1)弹性体一部分边界具有已知面力，因而具有应力边界条件，如方程(5-4)所示；另一部分边界具有已知位移，因而具有位移边界条件，如方程(5-6)所示；(2)在同一部分边界上已知位移和应力，即给定位移与应力的混合条件[3]。

例题 5.3 如图 5.4 所示的对称结构，对称轴为 y 轴，试写出截面 $x=0$ 处的边界条件，并判断为哪类边界条件。

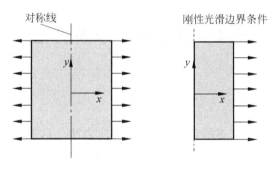

图 5.4 对称结构边界条件

解：对于此类对称问题，在研究时往往沿着对称线将结构分成两部分，求解其中一部分。

在截面 $x=0$ 处，由对称性可知，对称轴上法向位移为零，切应力也为零，即图中所示的刚性光滑边界条件：

$$u \big|_{x=0} = 0, \quad \tau_{xy} \big|_{x=0} = 0$$

可以看出，该边界条件属于混合边界条件。

例题 5.4 试写出图 5.5 所示结构的边界条件。

解：(1) AB 边界($y=0$)：

$$\begin{cases} n_1 = \cos 90° = 0 \\ n_2 = \cos 180° = -1 \end{cases}$$

已知 $\bar{X}=0$，$\bar{Y}=-p(x)=-\dfrac{x}{l}p_0$，由式(5-7)可得

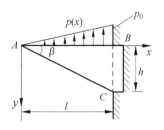

图 5.5 弹性体边界示意图

$$\begin{cases} \tau_{xy}\Big|_{y=0} = 0 \\[2mm] \sigma_y\Big|_{y=0} = \dfrac{x}{l}p_0 \end{cases}$$

（2）AC 边界：

$$\begin{cases} n_1 = \cos(90°+\beta) = -\sin\beta \\[2mm] n_2 = \cos\beta \end{cases}$$

AC 为自由边界，满足 $\overline{X}=0, \overline{Y}=0$ 则由式（5-7）得

$$\begin{cases} \tau_{xy}\cos\beta - \sigma_x\sin\beta = 0 \\[2mm] -\tau_{xy}\sin\beta + \sigma_y\cos\beta = 0 \end{cases}$$

（3）BC 边界（$x=l$）：

BC 边界为固定端，易得位移边界条件为

$$u\Big|_{x=l} = 0, \quad v\Big|_{x=l} = 0$$

$$\frac{\partial u}{\partial y}\Big|_{x=l} = 0, \quad \frac{\partial v}{\partial x}\Big|_{x=l} = 0$$

5.4　边值问题求解方法

5.4.1　应力法

用应力作为基本未知量来求解边值问题，称为应力法。这就需要从式（5-3）中 15 个方程中消去位移和应变分量，得出包含 6 个应力分量的方程。因为平衡方程不包含位移和应变，所以只须从几何和本构方程中消去这两组物理量[4]。

首先，由 3.4.7 节可知，从几何方程中消去位移分量，可得到一组应变协调方程。

本构方程式（5-1）代入式（3-78），整理可得应力分量表示的协调方程：

$$\begin{cases} (1+v)\left(\dfrac{\partial^2\sigma_y}{\partial z^2}+\dfrac{\partial^2\sigma_z}{\partial y^2}\right)-\nu\left(\dfrac{\partial^2\Theta}{\partial z^2}+\dfrac{\partial^2\Theta}{\partial y^2}\right)=2(1+\nu)\dfrac{\partial^2\tau_{yz}}{\partial y\partial z} \\[3mm] (1+v)\left(\dfrac{\partial^2\sigma_z}{\partial x^2}+\dfrac{\partial^2\sigma_x}{\partial z^2}\right)-\nu\left(\dfrac{\partial^2\Theta}{\partial x^2}+\dfrac{\partial^2\Theta}{\partial z^2}\right)=2(1+\nu)\dfrac{\partial^2\tau_{zx}}{\partial z\partial x} \\[3mm] (1+v)\left(\dfrac{\partial^2\sigma_x}{\partial y^2}+\dfrac{\partial^2\sigma_y}{\partial x^2}\right)-\nu\left(\dfrac{\partial^2\Theta}{\partial y^2}+\dfrac{\partial^2\Theta}{\partial x^2}\right)=2(1+\nu)\dfrac{\partial^2\tau_{yz}}{\partial x\partial y} \end{cases} \tag{5-9}$$

$$\begin{cases} (1+v)\dfrac{\partial}{\partial x}\left(-\dfrac{\partial\tau_{yz}}{\partial x}+\dfrac{\partial\tau_{zx}}{\partial y}+\dfrac{\partial\tau_{xy}}{\partial z}\right)=\dfrac{\partial^2}{\partial y\partial z}\big[(1+\nu)\sigma_x-\nu\Theta\big] \\[3mm] (1+v)\dfrac{\partial}{\partial y}\left(-\dfrac{\partial\tau_{zx}}{\partial y}+\dfrac{\partial\tau_{xy}}{\partial z}+\dfrac{\partial\tau_{yz}}{\partial x}\right)=\dfrac{\partial^2}{\partial z\partial x}\big[(1+\nu)\sigma_y-\nu\Theta\big] \\[3mm] (1+v)\dfrac{\partial}{\partial z}\left(-\dfrac{\partial\tau_{xy}}{\partial z}+\dfrac{\partial\tau_{yz}}{\partial x}+\dfrac{\partial\tau_{zx}}{\partial y}\right)=\dfrac{\partial^2}{\partial x\partial y}\big[(1+\nu)\sigma_z-\nu\Theta\big] \end{cases} \tag{5-10}$$

其中 $\Theta=\sigma_x+\sigma_y+\sigma_z=I_1$。

利用平衡方程(3-39)，可对式(5-9)简化，使每一式只包含体积力和应力分量。式(5-9)第一式右边可写为

$$
\begin{aligned}
\frac{\partial^2 \tau_{yz}}{\partial y \partial z} &= \frac{\partial}{\partial y}\left(\frac{\partial \tau_{yz}}{\partial z}\right) = \frac{\partial}{\partial y}\left(-\frac{\partial \sigma_y}{\partial y} - \frac{\partial \tau_{xy}}{\partial x} - F_y\right) \\
&= \frac{\partial}{\partial z}\left(\frac{\partial \tau_{yz}}{\partial y}\right) = \frac{\partial}{\partial z}\left(-\frac{\partial \sigma_z}{\partial z} - \frac{\partial \tau_{zx}}{\partial x} - F_z\right)
\end{aligned} \tag{5-11}
$$

于是(5-9)第一式可写为

$$
\begin{aligned}
&(1+\nu)\left(\frac{\partial^2}{\partial y^2} + \frac{\partial^2}{\partial z^2}\right)(\sigma_z + \sigma_y) - \nu\left(\frac{\partial^2 \Theta}{\partial z^2} + \frac{\partial^2 \Theta}{\partial y^2}\right) \\
&= -(1+\nu)\left[\frac{\partial}{\partial x}\left(\frac{\partial \tau_{zx}}{\partial z} + \frac{\partial \tau_{xy}}{\partial y}\right) + \frac{\partial F_z}{\partial z} + \frac{\partial F_y}{\partial y}\right]
\end{aligned} \tag{5-12}
$$

或

$$
\begin{aligned}
&(1+\nu)\left(\nabla^2 \Theta - \nabla^2 \sigma_x - \frac{\partial^2 \Theta}{\partial x^2}\right) - \nu\left(\nabla^2 \Theta - \frac{\partial^2 \Theta}{\partial x^2}\right) \\
&= (1+\nu)\left[\frac{\partial F_x}{\partial x} - \frac{\partial F_z}{\partial z} - \frac{\partial F_y}{\partial y}\right]
\end{aligned} \tag{5-13}
$$

根据应变协调方程中的其他表达式，可推导出类似于式(5-13)的2个方程：

$$
\begin{aligned}
&(1+\nu)\left(\nabla^2 \Theta - \nabla^2 \sigma_y - \frac{\partial^2 \Theta}{\partial y^2}\right) - \nu\left(\nabla^2 \Theta - \frac{\partial^2 \Theta}{\partial y^2}\right) \\
&= (1+\nu)\left[\frac{\partial F_y}{\partial y} - \frac{\partial F_x}{\partial x} - \frac{\partial F_z}{\partial z}\right] \\
&(1+\nu)\left(\nabla^2 \Theta - \nabla^2 \sigma_z - \frac{\partial^2 \Theta}{\partial z^2}\right) - \nu\left(\nabla^2 \Theta - \frac{\partial^2 \Theta}{\partial z^2}\right) \\
&= (1+\nu)\left[\frac{\partial F_z}{\partial z} - \frac{\partial F_y}{\partial y} - \frac{\partial F_x}{\partial x}\right]
\end{aligned}
$$

将此3式相加，得

$$
\nabla^2 \Theta = -\frac{1+\nu}{1-\nu}\left[\frac{\partial F_x}{\partial x} + \frac{\partial F_z}{\partial z} + \frac{\partial F_y}{\partial y}\right] \tag{5-14}
$$

将式(5-14)代入式(5-13)，最终得

$$
\nabla^2 \sigma_x + \frac{1}{1+\nu}\frac{\partial^2 \Theta}{\partial x^2} = -\frac{1}{1-\nu}\left(\frac{\partial F_x}{\partial x} + \frac{\partial F_y}{\partial y} + \frac{\partial F_z}{\partial z}\right) - 2\frac{\partial F_x}{\partial x} \tag{5-15}
$$

类似地可得出其他5个方程。这样，就得到6个用应力表示的应变协调方程，分别为

$$
\begin{cases}
\nabla^2 \sigma_x + \dfrac{1}{1+\nu}\dfrac{\partial^2 \Theta}{\partial x^2} = -\dfrac{1}{1-\nu}\left(\dfrac{\partial F_x}{\partial x} + \dfrac{\partial F_y}{\partial y} + \dfrac{\partial F_z}{\partial z}\right) - 2\dfrac{\partial F_x}{\partial x} \\[2mm]
\nabla^2 \sigma_y + \dfrac{1}{1+\nu}\dfrac{\partial^2 \Theta}{\partial y^2} = -\dfrac{1}{1-\nu}\left(\dfrac{\partial F_x}{\partial x} + \dfrac{\partial F_y}{\partial y} + \dfrac{\partial F_z}{\partial z}\right) - 2\dfrac{\partial F_y}{\partial y} \\[2mm]
\nabla^2 \sigma_z + \dfrac{1}{1+\nu}\dfrac{\partial^2 \Theta}{\partial z^2} = -\dfrac{1}{1-\nu}\left(\dfrac{\partial F_x}{\partial x} + \dfrac{\partial F_y}{\partial y} + \dfrac{\partial F_z}{\partial z}\right) - 2\dfrac{\partial F_z}{\partial z} \\[2mm]
\nabla^2 \tau_{xy} + \dfrac{1}{1+\nu}\dfrac{\partial^2 \Theta}{\partial x \partial y} = -\left(\dfrac{\partial F_x}{\partial y} + \dfrac{\partial F_y}{\partial x}\right) \\[2mm]
\nabla^2 \tau_{yz} + \dfrac{1}{1+\nu}\dfrac{\partial^2 \Theta}{\partial y \partial z} = -\left(\dfrac{\partial F_z}{\partial y} + \dfrac{\partial F_y}{\partial z}\right) \\[2mm]
\nabla^2 \tau_{zx} + \dfrac{1}{1+\nu}\dfrac{\partial^2 \Theta}{\partial x \partial z} = -\left(\dfrac{\partial F_x}{\partial z} + \dfrac{\partial F_z}{\partial x}\right)
\end{cases} \tag{5-16}
$$

用指标记法表示为

$$\nabla^2 \sigma_{ij} + \frac{1}{1+\nu} \Theta_{ij} = -\frac{1}{1-\nu} \delta_{ij} F_{k,k} - (F_{i,j} + F_{j,i}) \tag{5-17}$$

式(5-16)、式(5-17)称为贝尔特拉米-米歇尔(Beltrami-Michell)方程,简称 B-M 方程, 也称为应力协调方程。

当体力为常数,特别是不计体力时,B-M 方程可简化为

$$\begin{cases} (1+\nu) \, \nabla^2 \sigma_x + \dfrac{\partial^2 \Theta}{\partial x^2} = 0 \\[2mm] (1+\nu) \, \nabla^2 \sigma_y + \dfrac{\partial^2 \Theta}{\partial y^2} = 0 \\[2mm] (1+\nu) \, \nabla^2 \sigma_z + \dfrac{\partial^2 \Theta}{\partial z^2} = 0 \\[2mm] (1+\nu) \, \nabla^2 \tau_{xy} + \dfrac{\partial^2 \Theta}{\partial x \partial y} = 0 \\[2mm] (1+\nu) \, \nabla^2 \tau_{yz} + \dfrac{\partial^2 \Theta}{\partial y \partial z} = 0 \\[2mm] (1+\nu) \, \nabla^2 \tau_{zx} + \dfrac{\partial^2 \Theta}{\partial x \partial z} = 0 \end{cases} \tag{5-18}$$

用指标记法表示为

$$(1+\nu) \, \nabla^2 \sigma_{ij} + \Theta_{,ij} = 0 \tag{5-19}$$

由此可知,用应力法求解弹性力学问题归结为求满足平衡方程(3-39)、应力协调方程 (B-M 方程)(5-16)、边界条件的应力分量 $\sigma_x, \sigma_y, \sigma_z, \tau_{xy}, \tau_{yz}, \tau_{zx}$ 的数学问题。对于全部边界 条件给定外力的边值问题,应力解法可以避开几何方程直接求解出工程中关心的应力分量。

应力法求解过程如图 5.6 所示。

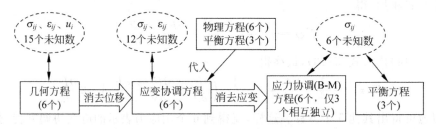

图 5.6 应力法求解过程

对于单连体(只有一个连续边界的物体,即**单连通域**),上述条件是确定应力的全部条 件。对于多连体(具有两个或两个以上的连续边界条件的物体,即**多连通域**),为保证物体变 形后仍连续,除应变协调方程(5-9)、(5-10)外,还必须满足位移单值条件。这种情况下,对 几何方程积分才能得到单值连续的位移分量。

5.4.2 位移法

用位移作为基本未知量来求解边值问题,称为位移法。这需要将泛定方程(5-5)中的 应力、应变等未知量均用位移来表示。位移法的具体推导过程如下。

利用几何方程(3-61)及本构方程(5-2),得

$$
\begin{cases}
\sigma_x = \lambda\left(\dfrac{\partial u}{\partial x} + \dfrac{\partial v}{\partial y} + \dfrac{\partial w}{\partial z}\right) + 2G\dfrac{\partial u}{\partial x}, \quad \tau_{xy} = G\left(\dfrac{\partial u}{\partial y} + \dfrac{\partial v}{\partial x}\right) \\[2mm]
\sigma_y = \lambda\left(\dfrac{\partial u}{\partial x} + \dfrac{\partial v}{\partial y} + \dfrac{\partial w}{\partial z}\right) + 2G\dfrac{\partial v}{\partial y}, \quad \tau_{yz} = G\left(\dfrac{\partial v}{\partial z} + \dfrac{\partial w}{\partial y}\right) \\[2mm]
\sigma_z = \lambda\left(\dfrac{\partial u}{\partial x} + \dfrac{\partial v}{\partial y} + \dfrac{\partial w}{\partial z}\right) + 2G\dfrac{\partial w}{\partial z}, \quad \tau_{zx} = G\left(\dfrac{\partial w}{\partial x} + \dfrac{\partial u}{\partial z}\right)
\end{cases}
\tag{5-20}
$$

代入平衡方程(3-39),可得

$$
\begin{cases}
G\nabla^2 u + (\lambda + G)\dfrac{\partial \theta}{\partial x} + F_x = 0 \\[2mm]
G\nabla^2 v + (\lambda + G)\dfrac{\partial \theta}{\partial y} + F_y = 0 \\[2mm]
G\nabla^2 w + (\lambda + G)\dfrac{\partial \theta}{\partial z} + F_z = 0
\end{cases}
\tag{5-21}
$$

其中 $\nabla^2 = \dfrac{\partial^2}{\partial x^2} + \dfrac{\partial^2}{\partial y^2} + \dfrac{\partial^2}{\partial z^2}$,$\theta = \dfrac{\partial u}{\partial x} + \dfrac{\partial v}{\partial y} + \dfrac{\partial w}{\partial z}$。

在不计体力时,式(5-21)可简化为

$$
\begin{cases}
G\nabla^2 u + (\lambda + G)\dfrac{\partial \theta}{\partial x} = 0 \\[2mm]
G\nabla^2 v + (\lambda + G)\dfrac{\partial \theta}{\partial y} = 0 \\[2mm]
G\nabla^2 w + (\lambda + G)\dfrac{\partial \theta}{\partial z} = 0
\end{cases}
\tag{5-22}
$$

用指标记法表示为

$$
(\lambda + G)u_{j,ji} + Gu_{i,jj} = 0
\tag{5-23}
$$

式(5-23)称为拉梅-纳维尔(Lame-Navier)方程,简称 L-N 方程。

由此可知,用位移法求解弹性力学问题归结为按给定的边界条件积分式(5-21)。位移分量求解后,则由几何方程和本构方程求出相应的应变分量和应力分量。当部分或全部边界给定应力边界条件时,应将应力边界条件转换成位移边界条件,再按位移法来求解,但在给定应力边界条件转换成位移边界来求解时较困难。

位移法求解过程如图 5.7 所示。

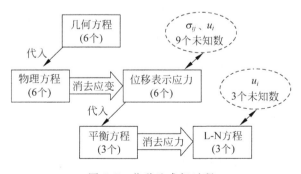

图 5.7 位移法求解过程

　　由以上讨论可以看出,对于简单的弹性力学边值问题,当满足严格的边界条件时,可以直接应用上述方法求解:(1)给定边界面力问题,应用应力法;(2)给定边界位移问题,应用位移法;(3)混合边值问题,即部分边界给定外力,其他部分给定位移,应用混合求解。混合求解思路为:在位移边界处,应用几何方程(3-61)、本构方程(5-1)以及已知应变积分得到的位移表达式,可用应力分量的积分将位移分量表示出来,这时边界条件是积分型的,求解将会比较困难[5]。

　　由前面求解弹性力学的边值问题可知,无论采用上述哪种解法,要真正得到一个给定弹性力学问题的解都是十分困难的,因此有必要寻找多种解法,包括解析方法、数值方法及实验方法等,这些方法在后续章节中都会进行介绍。

5.5　叠 加 原 理

　　在弹性力学中,通常采用叠加原理来简化各种复杂问题。其成立的条件为:小变形、线弹性本构方程、线性边界方程。

　　叠加原理的表述:对于一个给定的弹性力学问题,如果$\{\sigma_{ij}^{(1)},\varepsilon_{ij}^{(1)},u_i^{(1)}\}$为结构承受体力$F_i^{(1)}$和面力$T_i^{(1)}$的方程的解,而$\{\sigma_{ij}^{(2)},\varepsilon_{ij}^{(2)},u_i^{(2)}\}$为承受体力$F_i^{(2)}$和面力$T_i^{(2)}$的方程的解,则$\{\sigma_{ij}^{(1)}+\sigma_{ij}^{(2)},\varepsilon_{ij}^{(1)}+\varepsilon_{ij}^{(2)},u_i^{(1)}+u_i^{(2)}\}$就为承受体力$F_i^{(1)}+F_i^{(2)}$和面力$T_i^{(1)}+T_i^{(2)}$的问题的解。

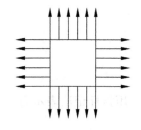

　　例题 5.5　如图 5.8 所示,试用叠加原理对问题进行求解。

　　解:对于一个相对复杂的双轴载荷(1)+(2)$\{\sigma_{ij}^{(1)}+\sigma_{ij}^{(2)},\varepsilon_{ij}^{(1)}+\varepsilon_{ij}^{(2)},u_i^{(1)}+u_i^{(2)}\}$的问题,可应用叠加原理将其分解为简单的单轴拉伸状态(1)$\{\sigma_{ij}^{(1)},\varepsilon_{ij}^{(1)},u_i^{(1)}\}$、状态(2)$\{\sigma_{ij}^{(2)},\varepsilon_{ij}^{(2)},u_i^{(2)}\}$,则复杂问题的解可由两个简单问题的解叠加得到,如图 5.9 所示。

图 5.8　弹性体两个方向受拉伸

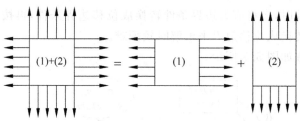

$$\{\sigma_{ij}^{(1)}+\sigma_{ij}^{(2)},\ \varepsilon_{ij}^{(1)}+\varepsilon_{ij}^{(2)},\ u_i^{(1)}+u_i^{(2)}\}=\{\sigma_{ij}^{(1)},\ \varepsilon_{ij}^{(1)},\ u_i^{(1)}\}+\{\sigma_{ij}^{(2)},\ \varepsilon_{ij}^{(2)},\ u_i^{(2)}\}$$

图 5.9　叠加原理求解示意图

　　对于大变形情况,几何方程出现二次非线性项,平衡微分方程将受到变形的影响,叠加原理不再适用。对于非线弹性或弹塑性材料,应力应变关系是非线性的,叠加原理也不成立。对载荷随变形而变的非保守力系或边界为用非线性弹簧支承的情况,边界条件是非线性的,此时叠加原理也不适用。

5.6 圣维南原理

严格来讲,弹性力学边值问题要求物体表面的边界条件(位移或应力)应当是逐点满足的,而实际工程问题往往只知道弹性体表面某一小部分的总载荷,不知道其具体的分布形式。在这种情况下,需采取一定的方法进行处理。

1855 年圣维南在梁理论的研究中提出:由作用在物体局部表面上的自平衡力系(即合力与合力矩为零的力系)所引起的应力和应变,在远离作用区(距离远大于该局部作用区的线性尺寸)的地方将衰减到可以忽略不计的程度。这就是著名的圣维南原理,又称局部原理[2]。

圣维南原理的另外一种表述:若把作用在物体局部表面上的外力,用另一组与它静力等效(即合力与合力矩与它相等)的力系来代替,则载荷的这种重新分布只在离载荷作用处很近的地方才使应力的分布发生显著的变化,在离载荷较远处只有极小的影响[3]。

大量的实验观察和工程经验也证明了圣维南原理的正确性。

例题 5.6 如图 5.10,用一个钳子夹住铁杆,钳子对铁杆的作用相当于一组平衡力系。实验及有限元方法均证明,无论作用力多大,在距离力作用区域比较远处,几乎没有应力产生。

(a) 钳子力作用区域(虚线部分)示意图   (b) 有限元计算结果(单位:MPa)

图   5.10

例题 5.7 柱体受压问题如图 5.11 所示,分别受集中力和与其静力等效的均布力的压缩,柱体在两种情况下只有接近受力部位应力的分布不同,在远离受力部位的柱体中间和底部处,应力分布基本相同,见图 5.12。

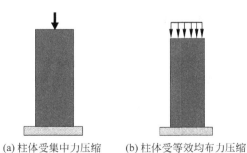

(a)柱体受集中力压缩   (b)柱体受等效均布力压缩

图 5.11   柱体受力图

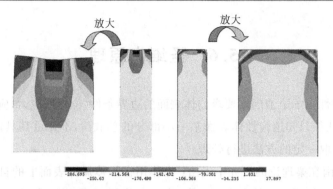

图 5.12　有限元计算得到的柱体受压缩后的应力分布(左图受集中力,右图受均布力,单位:MPa)

需要指出的是,圣维南原理只能应用于一小部分边界(小边界:尺寸相对很小的边界;次要边界:面力分布复杂的小边界)。对于主要边界条件,圣维南原理不再适用。例如,对于较长的梁,其端部可以应用圣维南原理,而在梁的侧面,则不能应用。

例题 5.8　如图 5.13,弹性体右端($x=a$)受集中力 **P** 的作用,试写出 $x=a$ 处边界方程。

解:应力边界条件(式(5-4))中 $\overline{X}$、$\overline{Y}$ 为分布力,对此问题,需要利用圣维南原理将集中力 **P** 转化为与其静力等效的分布力系,如图 5.14,满足:

$$\sum \overline{X} = \int_{-h/2}^{h/2} \overline{X} \mathrm{d}y = P_x$$

$$\sum \overline{Y} = \int_{-h/2}^{h/2} \overline{Y} \mathrm{d}y = P_y$$

$$\sum (M_p)_x = \int_{-h/2}^{h/2} \overline{X} y \mathrm{d}y = P_x \cdot L$$

其中 P_x、P_y 为集中力 **P** 的分量,L 为集中力 **P** 到 x 轴距离。

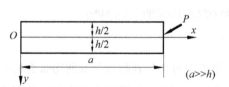

图 5.13　物体受集中力情况

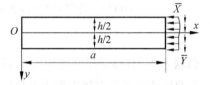

图 5.14　物体静力等效情况

进而得到 $x=a$ 处的应力边界条件:

$$\sigma_x = \overline{X}, \quad \tau_{xy} = \overline{Y}$$

例题 5.9　如图 5.15 所示的梁,左右端($x=\pm l$)的边界上分布面力 $\overline{q}_x(y)$,$\overline{q}_y(y)$,写出 $x=\pm l$ 边界上的应力边界条件和圣维南原理等效应力边界条件。

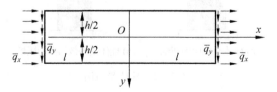

图 5.15　梁边界条件

解：根据式(5-4)，$x=\pm l$ 边界上的应力边界条件为

$$(\sigma_x)_{x=\pm l}=\pm\overline{q}_x(y), \quad (\tau_{xy})_{x=\pm l}=\pm\overline{q}_y(y)$$

当 $l\gg h$ 时，$x=\pm l$ 是梁边界的一小部分，即为次要边界条件，可以应用圣维南原理对其进行简化，等效的应力边界条件为

$$\begin{cases} \displaystyle\int_{-h/2}^{h/2}(\sigma_x)_{x=\pm l}\mathrm{d}y=\pm\int_{-h/2}^{h/2}\overline{q}_x(y)\mathrm{d}y \\[2mm] \displaystyle\int_{-h/2}^{h/2}(\sigma_x)_{x=\pm l}y\mathrm{d}y=\pm\int_{-h/2}^{h/2}\overline{q}_x(y)y\mathrm{d}y \\[2mm] \displaystyle\int_{-h/2}^{h/2}(\tau_{xy})_{x=\pm l}\mathrm{d}y=\pm\int_{-h/2}^{h/2}\overline{q}_y(y)\mathrm{d}y \end{cases}$$

5.7　重点概念阐释及知识延伸

5.7.1　解的唯一性证明

对于弹性力学问题的 15 个基本方程，即泛定方程(5-3)，在给定边界条件的情况下，不但有解，而且只有唯一解。这个问题又称**基尔霍夫**(Gustav Robert Kirchhoff，1822—1887)**唯一性定理**。

证明：采用反证法，先假设存在两组不同的解，它们的位移场和应力场分别为(u_i',σ_{ij}')和(u_i'',σ_{ij}'')。然后证明，对于线弹性问题两解之差等于零，因而只能有唯一解。

根据假设，(u_i',σ_{ij}') 和 (u_i'',σ_{ij}'') 是同一弹性体在同一载荷(F_i,p_i)及相同边界条件下的两组解，将其代入平衡方程(3-39)及边界条件(5-4)、(5-7)：

$$\begin{cases} \sigma_{ji,j}'+F_i=0, \quad \sigma_{ji,j}''+F_i=0 \\ \sigma_{ij}'n_j=\overline{X}, \quad \sigma_{ij}''n_j=\overline{X} \\ u_i'=\overline{u}_i, \quad u_i''=\overline{u}_i \end{cases} \tag{5-24}$$

根据叠加原理，两组解求差，得

$$u_i=u_i'-u_i'', \quad \sigma_{ij}=\sigma_{ij}'-\sigma_{ij}'' \tag{5-25}$$

则 σ_{ij} 满足无体力平衡方程：

$$\sigma_{ji,j}=0 \tag{5-26}$$

且 σ_{ij}、u_i 在边界满足齐次条件：

$$\sigma_{ji}n_j=0 \tag{5-27}$$

$$u_i=0 \tag{5-28}$$

将式(5-26)两边乘 u_i，对体积 V 积分，并利用高斯公式得

$$\int_V u_i\sigma_{ji,j}\mathrm{d}V=\int_S u_i\sigma_{ji}n_j\mathrm{d}S-\int_V \sigma_{ij}u_{i,j}\mathrm{d}V=0 \tag{5-29}$$

其中第一项面积分的积分域为 $S=S_\sigma+S_u$，S_σ、S_u 分别为应力边界、位移边界。根据式(5-27)、式(5-28)，被积函数在边界上总有一个因子 u_i 或 $\sigma_{ij}n_j$ 为零，所以第一项等于零。再利用 σ_{ij} 的对称性和线弹性应变能公式 $W=\dfrac{1}{2}\sigma_{ij}\varepsilon_{ij}$，上式可化为

$$\int_V \sigma_{ij} u_{i,j} \mathrm{d}V = \int_V \sigma_{ij} \cdot \frac{1}{2}(u_{i,j} + u_{j,i})\mathrm{d}V = \int_V \sigma_{ij}\varepsilon_{ij}\mathrm{d}V = 2\int_V W\mathrm{d}V \tag{5-30}$$

对于线弹性问题应变能处处正定，故上式要求 $W = 0$，由上式最后一个等式和本构方程(5-3)可知，两解之差满足 $\sigma_{ij} = 0, \varepsilon_{ij} = 0$，因此 $\sigma'_{ij} = \sigma''_{ij}, \varepsilon'_{ij} = \varepsilon''_{ij}$。这就证明了应力场和位移场的解是唯一的。

由解的唯一性定理可知，无论用什么方法求得的解，只要能够满足全部基本方程和边界条件就一定是问题的真解。这是弹性力学中各种试凑解法(如逆解法、半逆解法)的理论基础。对于非线性问题，解的唯一性原理不再满足。

5.7.2　叠加原理证明

设弹性体所受第一组载荷为体力 F'_i 和面力 p'_i，第二组载荷为体力 F''_i 和面力 p''_i，由它们所引起的应力和位移场分别为 σ'_{ij} 和 u'_i 及 σ''_{ij} 和 u''_i，在仅考虑线弹性小变形情况下，总的载荷为

$$F_i = F'_i + F''_i; \qquad p_i = p'_i + p''_i \tag{5-31}$$

其引起的应力场和位移场分别为

$$\sigma_{ij} = \sigma'_{ij} + \sigma''_{ij} \tag{5-32}$$

$$u_i = u'_i + u''_i \tag{5-33}$$

现在以按应力求解为基础来证明应力场(5-32)是载荷(5-31)作用下的解，即能满足平衡方程：

$$(\sigma'_{ij} + \sigma''_{ij})_{,j} + (F'_i + F''_i) = 0 \tag{5-34}$$

应力协调方程：

$$\nabla^2(\sigma'_{ij} + \sigma''_{ij}) + \frac{1}{1+\nu}(\Theta' + \Theta'')_{,ij} + \frac{\nu}{1-\nu}\delta_{ij}(F'_k + F''_k)_{,k}$$

$$+ (F'_i + F''_i)_{,j} + (F'_j + F''_j)_{,i} = 0 \tag{5-35}$$

以及应力边界条件：

$$(\sigma'_{ij} + \sigma''_{ij})n_j - (p'_i + p''_i) = 0 \tag{5-36}$$

易知式(5-34)、式(5-35)和式(5-36)均为线性方程。根据线性方程的性质，三个式子可分别改写为

$$(\sigma'_{ij,j} + F'_i) + (\sigma''_{ij,j} + F''_i) = 0 \tag{5-37}$$

$$\left(\nabla^2\sigma'_{ij} + \frac{1}{1+\nu}\Theta'_{,ij} + \frac{\nu}{1-\nu}\delta_{ij}F'_{k,k} + F'_{i,j} + F'_{j,i}\right)$$

$$+ \left(\nabla^2\sigma''_{ij} + \frac{1}{1+\nu}\Theta''_{,ij} + \frac{\nu}{1-\nu}\delta_{ij}F''_{k,k} + F''_{i,j} + F''_{j,i}\right) = 0 \tag{5-38}$$

$$(\sigma'_{ij}n_j - p'_i) + (\sigma''_{ij}n_j - p''_i) = 0 \tag{5-39}$$

由前述假设：σ'_{ij} 和 σ''_{ij} 分别为载荷 (F'_i, p'_i) 和 (F''_i, p''_i) 单独作用时的解，则可以知道式(5-37)、式(5-38)和式(5-39)括号内表达式的值均为零，即三个式子均成立。从而证明了叠加后的应力场(5-32)能满足应力解法的全部方程和边界条件，即其为总的载荷(5-31)引起的应力场。

同理，由于本构方程和几何方程也是线性的，也可证明位移叠加原理的正确性。

5.7.3　有限元计算边界条件施加

在有限元求解过程中,需要对模型添加边界条件,精确地定义边界条件才能保证求解的正确性。图 5.16 是航空发动机涡轮盘的典型结构,下面以涡轮盘的应力分布计算过程来说明圣维南原理的应用。

首先,利用涡轮盘周期对称的结构特征,可以取 1/61 模型(共 61 个榫槽)进行分析,如图 5.17 所示,以减少计算量。在有限元分析过程中,叶片对涡轮盘的离心力(165MPa),通过榫头/榫槽结构施加给涡轮盘,而榫头/榫槽接触面之间的力则以面力形式施加。

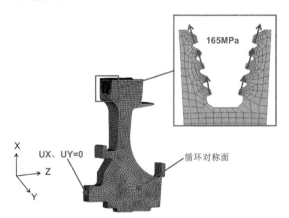

图 5.16　典型涡轮盘结构　　　　　　　图 5.17　涡轮盘载荷边界条件

轮盘工作过程中,榫槽各接触面(本例为 8 个)受力情况不相同。但是在有限元分析中,常将叶片的离心力平均施加到 8 个接触面上。由圣维南原理可知,上述平均加载的方式仅会对接触区域的应力分布产生影响,对于轮盘其他部分应力分布影响很小,因此这种做法是可以接受的。

涡轮盘应力计算结果如图 5.18 所示,最大等效应力为 608MPa,位于轮盘中心孔边。

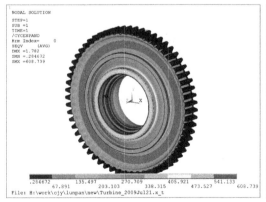
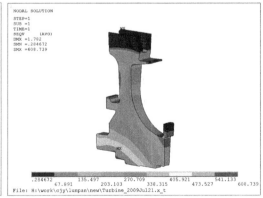

图 5.18　涡轮盘等效应力分布(单位:MPa)

　　需要指出的是,上述在榫槽部位平均加载的方法在考虑涡轮盘其他部位应力分布时是适用的,若以榫槽为研究对象(关注榫槽部位的应力分布),就不能应用上述加载方法,可以采用接触分析求解每一个接触面上的应力分布情况。

5.7.4　应力解法中的方程个数

　　在应力解法中,未知数为 6 个应力分量 $\sigma_x,\sigma_y,\sigma_z,\tau_{xy},\tau_{yz}$ 和 τ_{xz},需求解式(3-39)的 3 个平衡方程和式(3-78)的 6 个应力协调方程,共 9 个方程。方程个数(9 个)大于未知数个数(6 个),容易引起误解。实际上由应变表示的 6 个应变协调方程,并不是相互独立的,它们等价于 3 个相互独立四阶的应变协调方程(5-40),因而方程个数与未知数个数相等[2]。

$$
\left.
\begin{aligned}
&\frac{\partial^2 \varepsilon_y}{\partial z^2} + \frac{\partial^2 \varepsilon_z}{\partial y^2} = \frac{\partial^2 \gamma_{yz}}{\partial y \partial z} \\
&\frac{\partial^2 \varepsilon_z}{\partial x^2} + \frac{\partial^2 \varepsilon_x}{\partial z^2} = \frac{\partial^2 \gamma_{zx}}{\partial z \partial x} \\
&\frac{\partial^2 \varepsilon_x}{\partial y^2} + \frac{\partial^2 \varepsilon_y}{\partial x^2} = \frac{\partial^2 \gamma_{xy}}{\partial x \partial y} \\
&\frac{\partial}{\partial x}\left(-\frac{\partial \varepsilon_{yz}}{\partial x} + \frac{\partial \varepsilon_{zx}}{\partial y} + \frac{\partial \varepsilon_{xy}}{\partial z}\right) = \frac{\partial^2 \varepsilon_x}{\partial y \partial z} \\
&\frac{\partial}{\partial y}\left(-\frac{\partial \varepsilon_{zx}}{\partial y} + \frac{\partial \varepsilon_{xy}}{\partial z} + \frac{\partial \varepsilon_{yz}}{\partial x}\right) = \frac{\partial^2 \varepsilon_y}{\partial z \partial x} \\
&\frac{\partial}{\partial z}\left(-\frac{\partial \varepsilon_{xy}}{\partial z} + \frac{\partial \varepsilon_{yz}}{\partial x} + \frac{\partial \varepsilon_{zx}}{\partial y}\right) = \frac{\partial^2 \varepsilon_z}{\partial x \partial y}
\end{aligned}
\right\}
\Leftrightarrow
\left\{
\begin{aligned}
&\frac{\partial^4 \varepsilon_x}{\partial y^2 \partial z^2} = \frac{\partial^3}{\partial x \partial y \partial z}\left(-\frac{\partial \varepsilon_{yz}}{\partial x} + \frac{\partial \varepsilon_{zx}}{\partial y} + \frac{\partial \varepsilon_{xy}}{\partial z}\right) \\
&\frac{\partial^4 \varepsilon_y}{\partial z^2 \partial x^2} = \frac{\partial^3}{\partial x \partial y \partial z}\left(-\frac{\partial \varepsilon_{zx}}{\partial y} + \frac{\partial \varepsilon_{xy}}{\partial z} + \frac{\partial \varepsilon_{yz}}{\partial x}\right) \\
&\frac{\partial^4 \varepsilon_z}{\partial x^2 \partial y^2} = \frac{\partial^3}{\partial x \partial y \partial z}\left(-\frac{\partial \varepsilon_{xy}}{\partial z} + \frac{\partial \varepsilon_{yz}}{\partial x} + \frac{\partial \varepsilon_{zx}}{\partial y}\right)
\end{aligned}
\right.
$$

$$(5\text{-}40)$$

思　考　题

　　5.1　解决弹性力学问题为什么需要引入边界条件? 三类边界条件各是什么,试举例说明。

　　5.2　用位移法求解弹性力学边值问题时,是否需要考虑应变协调方程? 请说明原因。

　　5.3　为什么线弹性力学问题可以应用叠加原理,而其他情况叠加原理不适用?

　　5.4　说明圣维南原理的适用性。

　　5.5　请举出圣维南原理不适用的一个例子,并思考应该采用什么方法处理该问题。

习　　题

　　5.1　写出图 5.19 所示的边界条件。

　　5.2　写出图 5.20 所示的边界条件,在其端部边界上,应用圣维南原理列出三个积分的应力边界条件(板厚 $\delta=1$)。

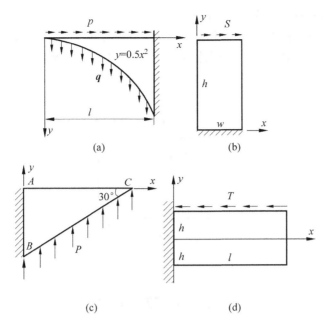

图 5.19　边界条件示意图

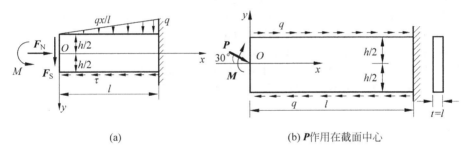

图 5.20　边界条件示意图

5.3　在应力法中,试以其他任一应变协调方程为例,推导相应应力协调方程,体会应力法思路。

5.4　证明拉梅-纳维尔方程的另一种表达式:
$$G\,\nabla^2\boldsymbol{u} + (\lambda + G)\,\nabla(\nabla\cdot\boldsymbol{u}) = 0$$
其中 $\boldsymbol{u} = u\boldsymbol{i} + v\boldsymbol{j} + w\boldsymbol{k}$ 为位移矢量。

5.5　如果体积力为零,验证下述(Papkovich-Neuber)位移满足平衡方程:
$$\boldsymbol{u} = \boldsymbol{p} - \frac{1}{4(1-\nu)}\,\nabla(P_0 + \boldsymbol{p}\cdot\boldsymbol{r})$$
其中 $\nabla^2\boldsymbol{p} = \boldsymbol{0}$,$\nabla^2 P_0 = 0$。

5.6　试证明任何形状的平板,在边界上作用均匀压力 p 时,内部的应力分量为
$$\sigma_x = \sigma_y = -p, \quad \tau_{xy} = 0$$

5.7　验证下列应力场是否为无体力时弹性体中可能存在的应力场。

(1) $\sigma_x = ax + by$,$\sigma_y = cx + dy$,$\sigma_z = 0$,$\tau_{xy} = fx + gy$,$\tau_{yz} = \tau_{zx} = 0$

(2) $\sigma_x = ax^2 y^2 + bx$,$\sigma_y = cy^2$,$\sigma_z = 0$,$\tau_{xy} = dxy$,$\tau_{yz} = \tau_{zx} = 0$

其中 a,b,c,d,f 和 g 均为常数，不同时为零。

5.8　将橡皮块放在与它同尺寸的铁盒内，用铁盖盖上。在铁盖上作用均匀压力 P（图 5.21）。假设铁盒与铁盖可视为刚体，在橡皮块与铁之间无摩擦。试用位移法求橡皮块中的位移、应变和应力。

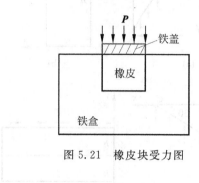

图 5.21　橡皮块受力图

参 考 文 献

[1]　Timoshenko S P. Theory of Elastic Stability[M]. Dover Publications Inc.，1951.

[2]　Sadd M H. Elasticity Theory Applications and Numerics[M]. Academic Press，2009.

[3]　徐芝纶. 弹性力学(上册)[M]. 北京：高等教育出版社，2011.

[4]　杨桂通. 弹性力学[M]. 北京：高等教育出版社，2007.

[5]　程昌钧，朱媛媛. 弹性力学[M]. 修订版. 上海：上海大学出版社，2006.

[6]　陈惠发. 弹性与塑性力学[M]. 北京：中国建筑工业出版社，2004.

第6章
方程组的化简与求解

6.1 概　　述

第 5 章建立的弹性力学的偏微分方程组,完美地刻画了弹性体的位移、应力和应变的关系,共包含 15 个方程、15 个未知数。针对具体的实际问题,在一定边界条件约束下,大部分情况下很难直接求解偏微分方程组。如果针对具体问题的几何、受力、变形等特点,以偏微分方程组为基础,抓住研究对象的本质特征,在此基础上对方程组进行化简,就可以得到满足工程和实际需求的求解结果。

本章针对平面问题、柱体扭转、薄板弯曲等三类问题,介绍了弹性力学方程组的化简和求解过程,如图 6.1～图 6.3 所示。

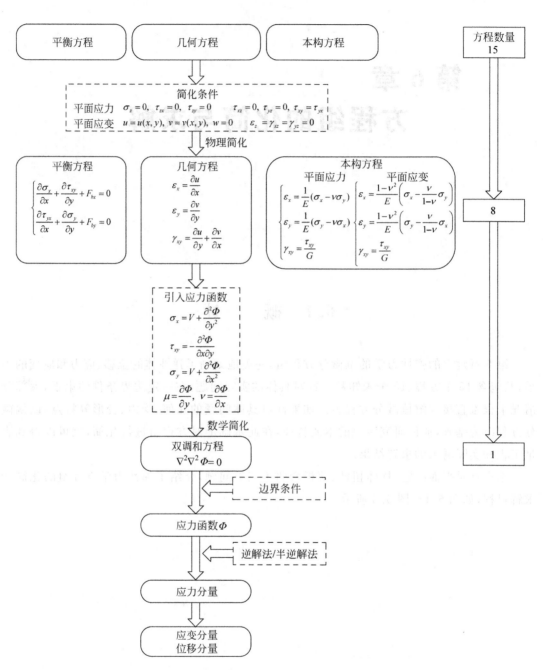

图 6.1   平面问题求解过程

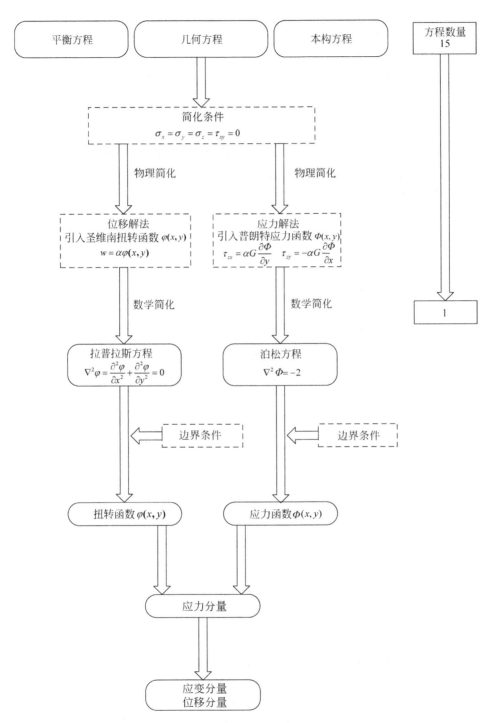

图 6.2 柱体扭转问题求解过程

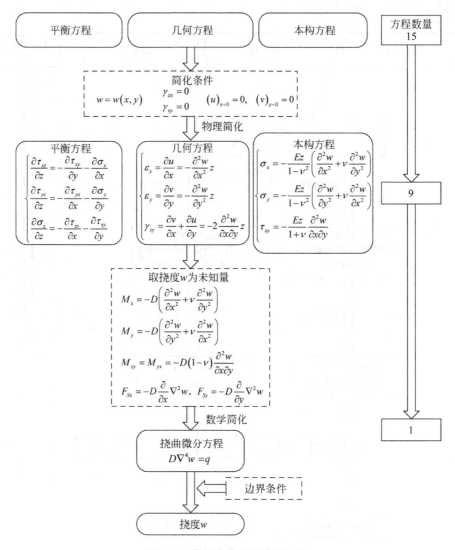

图 6.3　薄板弯曲问题求解过程

6.2　平　面　问　题

　　严格来说,弹性力学问题都是三维空间问题。当弹性体具有一定的特殊形状,且外力满足一定要求时,就可以化简成平面问题,从而得到足够精度的求解结果。平面问题可以分为平面应力和平面应变两类问题,二者的求解过程具有相似性。许多实际工程结构可以看作平面问题,如高速旋转光盘(图 6.4(a))可以看作平面应力问题,水坝坝体(图 6.4(b))可以化简成平面应变问题。

(a) 旋转光盘(平面应力)   (b) 水坝坝体(平面应变)

图 6.4   工程结构中的两类平面问题举例

6.2.1 平面应力

平面应力问题的几何特征是：弹性体是很薄的平板,横截面的大小和形状沿轴线不变。载荷特征是：作用于板边的所有载荷都平行于板面,而且不沿厚度变化。

如图 6.5 所示,薄板轴向(z 轴方向)长度远小于 x-y 截面尺寸,外力在 z 轴方向没有分量,外力沿 z 轴方向均匀分布,此问题属于平面应力问题。

由平面应力问题的假设可知,薄板上下表面的应力边界条件为

$$(\sigma_z)_{z=\pm h} = 0, \quad (\tau_{zx})_{z=\pm h} = 0, \quad (\tau_{zy})_{z=\pm h} = 0$$

图 6.5   薄板示意图

由于薄板厚度远小于 x-y 截面尺寸,因此假设在整个区域内,

$$\sigma_z = 0, \quad \tau_{zx} = 0, \quad \tau_{zy} = 0 \tag{6-1}$$

根据切应力互等定理：

$$\tau_{xz} = 0, \quad \tau_{yz} = 0, \quad \tau_{xy} = \tau_{yx} \tag{6-2}$$

这样平面问题只有三个应力分量 σ_x、τ_{xy}、σ_y,而且是 x、y 的函数。

$$\begin{cases} \sigma_x = \sigma_x(x,y) \\ \sigma_y = \sigma_y(x,y) \\ \tau_{xy} = \tau_{xy}(x,y) \end{cases} \tag{6-3}$$

下面,对第 5 章的基本方程进行化简。将式(6-1)代入平衡方程式(3-39)可得

$$\begin{cases} \dfrac{\partial \sigma_x}{\partial x} + \dfrac{\partial \tau_{xy}}{\partial y} + F_x = 0 \\ \dfrac{\partial \tau_{yx}}{\partial x} + \dfrac{\partial \sigma_y}{\partial y} + F_y = 0 \end{cases} \tag{6-4}$$

将式(6-1)代入本构方程式(5-1)可得

$$\begin{cases} \varepsilon_x = \dfrac{1}{E}(\sigma_x - \nu\sigma_y) \\[2mm] \varepsilon_y = \dfrac{1}{E}(\sigma_y - \nu\sigma_x) \\[2mm] \gamma_{xy} = \dfrac{\tau_{xy}}{G} \end{cases} \tag{6-5}$$

$\gamma_{xz} = \gamma_{yz} = 0, \varepsilon_z = -\dfrac{\nu}{E}(\sigma_x + \sigma_y)$，易知 ε_z 不是独立的未知数。

平面应力问题中的几何方程化简为

$$\begin{cases} \varepsilon_x = \dfrac{\partial u}{\partial x} \\[2mm] \varepsilon_y = \dfrac{\partial v}{\partial y} \\[2mm] \gamma_{xy} = \dfrac{\partial u}{\partial y} + \dfrac{\partial v}{\partial x} \end{cases} \tag{6-6}$$

在此基础上得到平面应力问题的应变协调方程为

$$\frac{\partial^2 \varepsilon_x}{\partial y^2} + \frac{\partial^2 \varepsilon_y}{\partial x^2} = \frac{\partial^2 \gamma_{xy}}{\partial x \partial y} \tag{6-7}$$

采用应力法求解平面应力问题。将式(6-5)代入式(6-7)，得到用应力分量表示的协调方程：

$$\frac{1}{E}\frac{\partial^2 \sigma_x}{\partial y^2} - \frac{\nu}{E}\frac{\partial^2 \sigma_y}{\partial y^2} + \frac{1}{E}\frac{\partial^2 \sigma_y}{\partial x^2} - \frac{\nu}{E}\frac{\partial^2 \sigma_x}{\partial x^2} = \frac{1}{G}\frac{\partial^2 \tau_{xy}}{\partial x \partial y} \tag{6-8}$$

根据 $G = \dfrac{E}{2(1+\nu)}$，可得

$$\nabla^2(\sigma_x + \sigma_y) = -(1+\nu)\left(\frac{\partial F_x}{\partial x} + \frac{\partial F_y}{\partial y}\right) \tag{6-9}$$

结合式(6-9)、平衡方程(6-4)以及边界条件，可求得应力分量，进而求得应变分量和位移分量。

6.2.2 平面应变

平面应变问题的几何特征是：弹性体是在一个方向尺寸很长(一般视作 z 轴，且远大于其他两个方向的尺寸)的柱形物体，横截面的大小和形状沿轴线不变。载荷特征是：外力与纵向轴垂直，并且沿长度不变；柱体的两端受固定约束。

如图 6.6 所示的坝体，坝体长度(z 轴方向)远大于 x-y 截面尺寸，外力作用沿 z 轴方向无变化，此问题属于平面应变问题。

下面，对第 5 章的基本方程进行化简。在平面应变问题里，轴向位移 w 在各处均为零，u、v 只是 x、y 的函数，即：

$$u = u(x,y), \quad v = v(x,y), \quad w = 0 \tag{6-10}$$

代入几何方程式(3-61)可得

$$\varepsilon_x = \frac{\partial u}{\partial x}, \quad \varepsilon_y = \frac{\partial v}{\partial y}, \quad \gamma_{xy} = \frac{\partial u}{\partial y} + \frac{\partial v}{\partial x} \tag{6-11}$$

$$\varepsilon_z = \gamma_{xz} = \gamma_{yz} = 0 \tag{6-12}$$

平面应变问题中，用应变表示应力的本构方程为

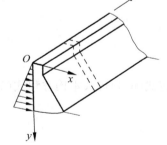

图 6.6 坝体的受力情况

$$\begin{cases} \sigma_x = 2G\Big[\varepsilon_x + \dfrac{\nu(\varepsilon_x + \varepsilon_y)}{1 - 2\nu}\Big] \\[3mm] \sigma_y = 2G\Big[\varepsilon_y + \dfrac{\nu(\varepsilon_x + \varepsilon_y)}{1 - 2\nu}\Big] \end{cases} \tag{6-13}$$

$$\begin{cases} \tau_{xy} = G\gamma_{xy} \\[2mm] \tau_{xz} = \tau_{yz} = 0, \quad \sigma_z = \lambda(\varepsilon_x + \varepsilon_y) \end{cases} \tag{6-14}$$

平面应变问题中,用应力表示应变的本构方程为

$$\begin{cases} \varepsilon_x = \dfrac{1 - \nu^2}{E}\Big(\sigma_x - \dfrac{\nu}{1 - \nu}\sigma_y\Big) \\[3mm] \varepsilon_y = \dfrac{1 - \nu^2}{E}\Big(\sigma_y - \dfrac{\nu}{1 - \nu}\sigma_x\Big) \\[3mm] \gamma_{xy} = \dfrac{\tau_{xy}}{G} \end{cases} \tag{6-15}$$

平面应变问题的平衡方程、几何方程分别为式(6-4)、式(6-6)。根据平衡方程、几何方程、本构方程等三类基本方程,采用应力法求解平面应变问题时的协调方程为

$$\nabla^2(\sigma_x + \sigma_y) = -\frac{1}{1 - \nu}\Big(\frac{\partial F_x}{\partial x} + \frac{\partial F_y}{\partial y}\Big) \tag{6-16}$$

式(6-9)与式(6-16)只差一个常数系数。对比平面应力与平面应变问题中的基本方程可以发现,若将平面应力问题中的 E 换成 $\dfrac{E}{1 - \nu^2}$、ν 换成 $\dfrac{\nu}{1 - \nu}$,则变成平面应变问题中的基本方程。

6.2.3 平面问题直角坐标求解

1862 年,艾里(George Biddell Airy,1801—1892)发表了关于弹性力学平面问题的求解理论。他引入一个应力函数,使平面问题归结为在给定边界条件下求解双调和方程。下面介绍具体推导过程。

假如体力 F_x,F_y 是由有势力场引起的,则它们可以写成:

$$F_x = -\frac{\partial V}{\partial x}, \quad F_y = -\frac{\partial V}{\partial y} \tag{6-17}$$

其中 V 是势函数。代入平衡方程,可得

$$\begin{cases} \dfrac{\partial}{\partial x}(\sigma_x - V) + \dfrac{\partial \tau_{yx}}{\partial y} = 0 \\[3mm] \dfrac{\partial \tau_{xy}}{\partial x} + \dfrac{\partial}{\partial y}(\sigma_y - V) = 0 \end{cases} \tag{6-18}$$

由微分方程理论,必存在函数 $\mu(x,y)$、$\nu(x,y)$,使其具有如下关系:

$$\begin{cases} \sigma_x - V = \dfrac{\partial \mu}{\partial y}, \quad \tau_{yx} = -\dfrac{\partial \mu}{\partial x} \\[3mm] \sigma_y - V = \dfrac{\partial \nu}{\partial x}, \quad \tau_{xy} = -\dfrac{\partial \nu}{\partial y} \end{cases} \tag{6-19}$$

根据切应力互等定理,得

$$\frac{\partial \mu}{\partial x} = \frac{\partial \nu}{\partial y} \qquad (6\text{-}20)$$

由微分方程理论,必存在一个函数 $\Phi(x,y)$,满足:

$$\mu = \frac{\partial \Phi}{\partial y}, \qquad \nu = \frac{\partial \Phi}{\partial x} \qquad (6\text{-}21)$$

将式(6-21)代入式(6-19),得

$$\sigma_x = V + \frac{\partial^2 \Phi}{\partial y^2}, \qquad \tau_{xy} = -\frac{\partial^2 \Phi}{\partial x \partial y}, \qquad \sigma_y = V + \frac{\partial^2 \Phi}{\partial x^2} \qquad (6\text{-}22)$$

若体力为常数或不计体力,将式(6-22)分别代入式(6-9)或式(6-16)可得

$$\frac{\partial^4 \Phi}{\partial x^4} + 2\frac{\partial^4 \Phi}{\partial x^2 \partial y^2} + \frac{\partial^4 \Phi}{\partial y^4} = 0 \qquad (6\text{-}23)$$

式(6-23)即为用应力函数 Φ 表示的协调方程,称为双调和方程,简写为

$$\nabla^2 \nabla^2 \Phi = 0 \qquad (6\text{-}24)$$

这样,通过引入应力函数,就将平面问题求解中的 3 个未知数化简为只求解包含应力函数 Φ 的双调和方程,此种方法称为平面问题的**应力函数解法**,这个应力函数称为**艾里**(Airy)**应力函数**。

平面问题应力函数解法的具体思路为:在给定边界条件下,求解满足双调和方程的应力函数 Φ,从而得到应力分量,进而求出应变分量和位移分量。

艾里应力函数是解决平面问题常用的方法,有以下几点需要注意:

(1)只限于应力边界或可转化为应力边界的混合边界条件;

(2)可用于体力是有势的情况(包括无体力及常体力情况);

(3)函数的单值条件为作用于物体边界上的全部外力构成自平衡力系;

(4)增减一个线性函数不影响应力分量的值。

可以看出,对于全部边界条件为应力边界的无(常)体力平面问题,只要几何形状和加载情况相同,而且是各向同性材料,无论哪类平面问题,弹性体平面内应力分量的大小和分布情况都相同。这也是光弹性测量实验方法(第 9 章)的理论依据。

用应力函数表示的双调和方程一般不容易直接求解,常用逆解法与半逆解法进行求解。**逆解法**就是选择满足相容方程的应力函数,再根据应力边界条件和几何边界条件找出能用所选取的应力函数解决的问题。**半逆解法**假定部分或全部应力分量为某种形式的双调和函数,从而导出应力函数,再考察由这个应力函数得到的应力分量是否满足全部边界条件。

下面分类讨论应力函数为多项式时对应的弹性体的受力情况。

1. 一次多项式应力函数

$$\Phi = ax + by + c \qquad (6\text{-}25)$$

不论系数取何值,都能满足双调和方程,其应力分量为

$$\sigma_x = \frac{\partial^2 \Phi}{\partial y^2} = 0, \qquad \tau_{xy} = -\frac{\partial^2 \Phi}{\partial x \partial y} = 0, \qquad \sigma_y = \frac{\partial^2 \Phi}{\partial x^2} = 0 \qquad (6\text{-}26)$$

因此,一次多项式应力函数对应无应力状态,即无外力作用的边界条件。这也说明在应力函数中增加或减少一个 x、y 的线性函数,不影响应力分量的值。

2. 二次多项式应力函数

$$\Phi = ax^2 + bxy + cy^2 \tag{6-27}$$

不论系数取何值,都能满足双调和方程,应力分量为

$$\sigma_x = \frac{\partial^2 \Phi}{\partial y^2} = 2c, \quad \tau_{xy} = -\frac{\partial^2 \Phi}{\partial x \partial y} = -b, \quad \sigma_y = \frac{\partial^2 \Phi}{\partial x^2} = 2a \tag{6-28}$$

二次多项式应力函数对应于均匀应力状态。如果 $b=c=0$ 或 $a=b=0$,表示单向拉伸应力状态;如果 $a=c=0$,则表示纯剪切应力状态。

3. 三次多项式应力函数

$$\Phi = ax^3 + bx^2y + cxy^2 + dy^3 \tag{6-29}$$

不论系数取何值,都能满足双调和方程,对应的应力分量为

$$\begin{cases} \sigma_x = \dfrac{\partial^2 \Phi}{\partial y^2} = 2cx + 6dy \\[2mm] \tau_{xy} = -\dfrac{\partial^2 \Phi}{\partial x \partial y} = -2bx - 2cy \\[2mm] \sigma_y = \dfrac{\partial^2 \Phi}{\partial x^2} = 6ax + 2by \end{cases} \tag{6-30}$$

三次多项式应力函数对应于线性分布应力状态。

6.2.4　平面问题极坐标求解

对于圆形、圆环形、楔形、扇形等弹性体,采用极坐标求解可以使边界条件和基本方程得到很大简化。在极坐标系中,极坐标系与直角坐标系之间的关系(图 6.7)为

$$\begin{cases} x = r\cos\theta \\ y = r\sin\theta \end{cases} \tag{6-31}$$

或

$$\begin{cases} r = \sqrt{x^2 + y^2} \\ \theta = \arctan \dfrac{y}{x} \end{cases} \tag{6-32}$$

首先来推导极坐标系下平面问题的平衡方程。取极坐标下的微元体,受力如图 6.8 所示。

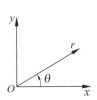

图 6.7　极坐标系与直角坐标系的关系

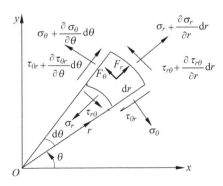

图 6.8　微元体受力分析

将微元体所受各力投影到径向 r 上,得到径向方向的平衡方程:

$$\begin{cases} \left(\sigma_r + \dfrac{\partial \sigma_r}{\partial r}\mathrm{d}r\right)(r + \mathrm{d}r)\mathrm{d}\theta - \sigma_r r\mathrm{d}\theta + \left(\tau_{\theta r} + \dfrac{\partial \tau_{\theta r}}{\partial \theta}\mathrm{d}\theta\right)\mathrm{d}r\cos\dfrac{\mathrm{d}\theta}{2} \\[2mm] - \tau_{\theta r}\mathrm{d}r\cos\dfrac{\mathrm{d}\theta}{2} - \left(\sigma_\theta + \dfrac{\partial \sigma_\theta}{\partial \theta}\mathrm{d}\theta\right)\mathrm{d}r\sin\dfrac{\mathrm{d}\theta}{2} - \sigma_\theta \mathrm{d}r\sin\dfrac{\mathrm{d}\theta}{2} + F_r r\mathrm{d}\theta\mathrm{d}r = 0 \end{cases} \tag{6-33}$$

由于 $\mathrm{d}\theta$ 很小,$\cos\dfrac{\mathrm{d}\theta}{2}$ 和 $\sin\dfrac{\mathrm{d}\theta}{2}$ 分别近似为 1 和 $\dfrac{\mathrm{d}\theta}{2}$,合并同类项并略去高阶项,得到平面问题极坐标系下径向方向的平衡方程:

$$\frac{\partial \sigma_r}{\partial r} + \frac{1}{r}\frac{\partial \tau_{\theta r}}{\partial \theta} + \frac{\sigma_r - \sigma_\theta}{r} + F_r = 0 \tag{6-34}$$

将微元体所受各力投影到周向 θ 上,得到:

$$\begin{cases} \left(\sigma_\theta + \dfrac{\partial \sigma_\theta}{\partial \theta}\mathrm{d}\theta\right)\mathrm{d}r\cos\dfrac{\mathrm{d}\theta}{2} - \sigma_\theta \mathrm{d}r\cos\dfrac{\mathrm{d}\theta}{2} + \left(\tau_{r\theta} + \dfrac{\partial \tau_{r\theta}}{\partial r}\mathrm{d}r\right)(r + \mathrm{d}r)\mathrm{d}\theta \\[2mm] - \tau_{r\theta}r\mathrm{d}\theta + \left(\tau_{\theta r} + \dfrac{\partial \tau_{\theta r}}{\partial \theta}\mathrm{d}\theta\right)\mathrm{d}r\sin\dfrac{\mathrm{d}\theta}{2} + \tau_{\theta r}\mathrm{d}r\sin\dfrac{\mathrm{d}\theta}{2} + F_\theta r\mathrm{d}\theta\mathrm{d}r = 0 \end{cases} \tag{6-35}$$

类似地,可得平面问题极坐标系下周向方向的平衡方程:

$$\frac{\partial \tau_{r\theta}}{\partial r} + \frac{1}{r}\frac{\partial \sigma_\theta}{\partial \theta} + \frac{2\tau_{r\theta}}{r} + F_\theta = 0 \tag{6-36}$$

综合起来,极坐标系下平面问题的平衡方程为

$$\begin{cases} \dfrac{\partial \sigma_r}{\partial r} + \dfrac{1}{r}\dfrac{\partial \tau_{\theta r}}{\partial \theta} + \dfrac{\sigma_r - \sigma_\theta}{r} + F_r = 0 \\[3mm] \dfrac{\partial \tau_{r\theta}}{\partial r} + \dfrac{1}{r}\dfrac{\partial \sigma_\theta}{\partial \theta} + \dfrac{2\tau_{r\theta}}{r} + F_\theta = 0 \end{cases} \tag{6-37}$$

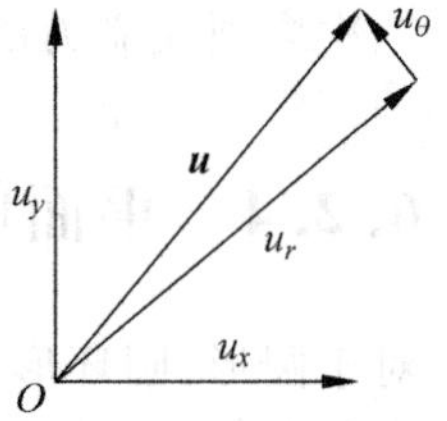

接着,推导极坐标系下平面问题的几何方程。如图 6.9 所示,位移 u 在直角坐标系和极坐标系下的分量分别为 u_x、u_y; u_r、u_θ,它们满足:

图 6.9　直角坐标与极坐标的位移关系

$$\begin{cases} u_x = u_r\cos\theta - u_\theta\sin\theta \\ u_y = u_r\sin\theta + u_\theta\cos\theta \end{cases} \tag{6-38}$$

根据式(6-31)和式(6-32),得

$$\begin{cases} \dfrac{\partial r}{\partial x} = \dfrac{x}{r} = \cos\theta \\[3mm] \dfrac{\partial r}{\partial y} = \dfrac{y}{r} = \sin\theta \\[3mm] \dfrac{\partial \theta}{\partial x} = \dfrac{\dfrac{\partial}{\partial x}\left(\dfrac{y}{x}\right)}{1 + \left(\dfrac{y}{x}\right)^2} = -\dfrac{y}{r^2} = -\dfrac{\sin\theta}{r} \\[5mm] \dfrac{\partial \theta}{\partial y} = \dfrac{\dfrac{\partial}{\partial y}\left(\dfrac{y}{x}\right)}{1 + \left(\dfrac{y}{x}\right)^2} = \dfrac{x}{r^2} = \dfrac{\cos\theta}{r} \end{cases} \tag{6-39}$$

引入函数 $f(x,y)$,则

$$\begin{cases} \dfrac{\partial f}{\partial x} = \dfrac{\partial f}{\partial r}\dfrac{\partial r}{\partial x} + \dfrac{\partial f}{\partial \theta}\dfrac{\partial \theta}{\partial x} = \left(\cos\theta\dfrac{\partial}{\partial r} - \dfrac{\sin\theta}{r}\dfrac{\partial}{\partial \theta}\right)f \\[3mm] \dfrac{\partial f}{\partial y} = \dfrac{\partial f}{\partial r}\dfrac{\partial r}{\partial y} + \dfrac{\partial f}{\partial \theta}\dfrac{\partial \theta}{\partial y} = \left(\sin\theta\dfrac{\partial}{\partial r} + \dfrac{\cos\theta}{r}\dfrac{\partial}{\partial \theta}\right)f \end{cases} \tag{6-40}$$

其中,偏微分算子 $\dfrac{\partial}{\partial x} = \cos\theta\dfrac{\partial}{\partial r} - \dfrac{\sin\theta}{r}\dfrac{\partial}{\partial \theta}$,$\dfrac{\partial}{\partial y} = \sin\theta\dfrac{\partial}{\partial r} + \dfrac{\cos\theta}{r}\dfrac{\partial}{\partial \theta}$。

由式(6-40),得

$$\begin{cases} \begin{aligned} \dfrac{\partial u_x}{\partial x} &= \left(\cos\theta\dfrac{\partial}{\partial r} - \dfrac{\sin\theta}{r}\dfrac{\partial}{\partial \theta}\right)(u_r\cos\theta - u_\theta\sin\theta) \\ &= \cos^2\theta\dfrac{\partial u_r}{\partial r} + \sin^2\theta\left(\dfrac{u_r}{r} + \dfrac{1}{r}\dfrac{\partial u_\theta}{\partial \theta}\right) - \cos\theta\sin\theta\left(\dfrac{\partial u_\theta}{\partial r} + \dfrac{1}{r}\dfrac{\partial u_r}{\partial \theta} - \dfrac{u_\theta}{r}\right) \end{aligned} \\[3mm] \begin{aligned} \dfrac{\partial u_y}{\partial y} &= \left(\sin\theta\dfrac{\partial}{\partial r} + \dfrac{\cos\theta}{r}\dfrac{\partial}{\partial \theta}\right)(u_r\sin\theta + u_\theta\cos\theta) \\ &= \sin^2\theta\dfrac{\partial u_r}{\partial r} + \cos^2\theta\left(\dfrac{u_r}{r} + \dfrac{1}{r}\dfrac{\partial u_\theta}{\partial \theta}\right) + \cos\theta\sin\theta\left(\dfrac{\partial u_\theta}{\partial r} + \dfrac{1}{r}\dfrac{\partial u_r}{\partial \theta} - \dfrac{u_\theta}{r}\right) \end{aligned} \\[3mm] \begin{aligned} \dfrac{\partial u_x}{\partial y} + \dfrac{\partial u_y}{\partial x} &= \left(\sin\theta\dfrac{\partial}{\partial r} + \dfrac{\cos\theta}{r}\dfrac{\partial}{\partial \theta}\right)(u_r\cos\theta - u_\theta\sin\theta) \\ &\quad + \left(\cos\theta\dfrac{\partial}{\partial r} - \dfrac{\sin\theta}{r}\dfrac{\partial}{\partial \theta}\right)(u_r\sin\theta + u_\theta\cos\theta) \\ &= \sin^2\theta\left(\dfrac{\partial u_r}{\partial r} - \dfrac{1}{r}\dfrac{\partial u_\theta}{\partial \theta} - \dfrac{u_r}{r}\right) + \cos^2\theta\left(\dfrac{\partial u_\theta}{\partial r} + \dfrac{1}{r}\dfrac{\partial u_r}{\partial \theta} - \dfrac{u_\theta}{r}\right) \end{aligned} \end{cases} \tag{6-41}$$

令 r 轴与 x 轴重合(即 $\theta = 0$),从而得到极坐标系下平面问题的几何方程:

$$\begin{cases} \varepsilon_r = \dfrac{\partial u_r}{\partial r} \\[2mm] \varepsilon_\theta = \dfrac{u_r}{r} + \dfrac{1}{r}\dfrac{\partial u_\theta}{\partial \theta} \\[2mm] \gamma_{r\theta} = \dfrac{\partial u_\theta}{\partial r} + \dfrac{1}{r}\dfrac{\partial u_r}{\partial \theta} - \dfrac{u_\theta}{r} \end{cases} \tag{6-42}$$

对于极坐标系下平面问题的本构方程,由于极坐标系和直角坐标系都是正交坐标系,只需将直角坐标系中的 x、y 分别换为 r、θ 即可。

平面应力情况下的本构方程为

$$\begin{cases} \varepsilon_r = \dfrac{1}{E}(\sigma_r - \nu\sigma_\theta) \\[2mm] \varepsilon_\theta = \dfrac{1}{E}(\sigma_\theta - \nu\sigma_r) \\[2mm] \gamma_{r\theta} = \dfrac{1}{G}\tau_{r\theta} \end{cases} \tag{6-43}$$

平面应变情况下的本构方程为

$$\begin{cases} \varepsilon_r = \dfrac{1+\nu}{E}\big[(1-\nu)\sigma_r - \nu\sigma_\theta\big] \\[2mm] \varepsilon_\theta = \dfrac{1+\nu}{E}\big[(1-\nu)\sigma_\theta - \nu\sigma_r\big] \\[2mm] \gamma_{r\theta} = \dfrac{1}{G}\tau_{r\theta} \end{cases} \tag{6-44}$$

参考直角坐标系应变协调方程的推导方法,极坐标系下平面问题的应变协调方程为

$$\frac{\partial^2 \varepsilon_\theta}{\partial r^2} + \frac{1}{r^2}\frac{\partial^2 \varepsilon_r}{\partial \theta^2} + \frac{2}{r}\frac{\partial \varepsilon_\theta}{\partial r} - \frac{1}{r}\frac{\partial \varepsilon_r}{\partial r} = \frac{1}{r}\frac{\partial^2 \gamma_{r\theta}}{\partial r\partial \theta} - \frac{1}{r^2}\frac{\partial \gamma_{r\theta}}{\partial \theta} \tag{6-45}$$

在用应力函数求解时,应力函数 $\varphi_f(r,\theta)$ 满足:

$$\nabla^2 \varphi_f = \frac{\partial^2 \varphi_f}{\partial x^2} + \frac{\partial^2 \varphi_f}{\partial y^2} = \frac{\partial^2 \varphi_f}{\partial r^2} + \frac{1}{r}\frac{\partial \varphi_f}{\partial r} + \frac{1}{r^2}\frac{\partial^2 \varphi_f}{\partial \theta^2} \tag{6-46}$$

于是,极坐标系下平面问题应力函数解法的双调和方程为

$$\nabla^2 \nabla^2 \varphi_f = \left(\frac{\partial^2}{\partial r^2} + \frac{1}{r}\frac{\partial}{\partial r} + \frac{1}{r^2}\frac{\partial^2}{\partial \theta^2}\right) \cdot \left(\frac{\partial^2 \varphi_f}{\partial r^2} + \frac{1}{r}\frac{\partial \varphi_f}{\partial r} + \frac{1}{r^2}\frac{\partial^2 \varphi_f}{\partial \theta^2}\right) = 0 \tag{6-47}$$

用应力函数表示的应力分量为

$$\begin{cases} \sigma_r = \dfrac{1}{r}\dfrac{\partial \varphi_f}{\partial r} + \dfrac{1}{r^2}\dfrac{\partial^2 \varphi_f}{\partial \theta^2} \\[2mm] \sigma_\theta = \dfrac{\partial^2 \varphi_f}{\partial r^2} \\[2mm] \tau_{r\theta} = \tau_{\theta r} = \dfrac{1}{r^2}\dfrac{\partial \varphi_f}{\partial \theta} - \dfrac{1}{r}\dfrac{\partial^2 \varphi_f}{\partial r\partial \theta} = -\dfrac{\partial}{\partial r}\left(\dfrac{1}{r}\dfrac{\partial \varphi_f}{\partial \theta}\right) \end{cases} \tag{6-48}$$

6.2.5 平面轴对称问题

平面轴对称问题的特征是:弹性体的几何形状、载荷绕对称轴旋转任意角度依然能与原几何形状、载荷分布重合。部分工程构件,例如圆柱形管道(图 6.10)就属于平面轴对称问题。

图 6.10 平面轴对称问题工程实例(石油管道)

对于平面轴对称问题,应力分量、应变分量和位移分量都是坐标 r 的函数,而与 θ 无关。此时,以应力函数 $\varphi_f(r)$ 表示的应力分量为

$$\begin{cases} \sigma_r = \dfrac{1}{r}\dfrac{\partial \varphi_f}{\partial r} \\[2mm] \sigma_\theta = \dfrac{\partial^2 \varphi_f}{\partial r^2} \\[2mm] \tau_{r\theta} = \tau_{\theta r} = 0 \end{cases} \tag{6-49}$$

同时,应力函数的双调和方程化简为

$$\frac{\mathrm{d}^4\varphi_f}{\mathrm{d}r^4} + \frac{2}{r}\frac{\mathrm{d}^3\varphi_f}{\mathrm{d}r^3} - \frac{2}{r^2}\frac{\mathrm{d}^2\varphi_f}{\mathrm{d}r^2} + \frac{1}{r^3}\frac{\mathrm{d}\varphi_f}{\mathrm{d}r} = 0 \tag{6-50}$$

这样,平面轴对称问题求解化简为根据式(6-50)求解应力函数 $\varphi_f(r)$。具体思路为:在给定边界条件下,采用逆解法或半逆解法解出应力函数,从而得到应力分量,进而求出应变分量和位移分量。

6.3 柱体扭转

柱体扭转问题的几何特征是:弹性体为长柱体,外表面是由两端互相平行的截面和垂直于这两个截面的侧面所构成;载荷特征是:弹性体在两端面承受沿轴线方向的扭矩。

柱体扭转在航空、土建及机械工程中是常见的,如电机、发电机、航空发动机、燃气轮机、水轮机的转轴等。图 6.11 是发动机转子的示意图,发动机转子工作时,通过轴和联接结构来传递转子间的扭矩。图 6.12 为汽车方向盘转向柱的受扭情况。

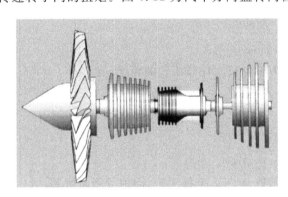

图 6.11 航空发动机转子

图 6.12 汽车方向盘受扭简图

柱体扭转的问题研究已经有 200 多年的历史(图 6.13)。法国物理学家库仑(Charles-Augustin de Coulomb,1736—1806)在 1784 年研究了扭转问题,并提出了剪切的概念。之后,英国科学家托马斯·杨在库仑研究的基础上提出切应力与圆轴轴线的距离和扭转角成正比的结论。1829 年,柯西采用研究了矩形截面柱体问题,并提出矩形截面柱体扭转时会出现"翘曲"现象。1855 年,法国科学家圣维南应用半逆解法求解了柱体的扭转和弯曲问题,并提出了著名的圣维南原理。1903 年,德国的普朗特(Ludwig Prandtl,1875—1953)提出了柱体扭转问题的薄膜比拟法,从而可求解复杂柱体扭转问题。

6.3.1 基本假设

对于任意形状的横截面(图 6.14),在弹性力学基本假设之外,再作如下假设:

(1) 每个截面在 x-y 面的投影绕中心轴作刚体旋转,距离截面形心 O 点 r 处的 P 点扭

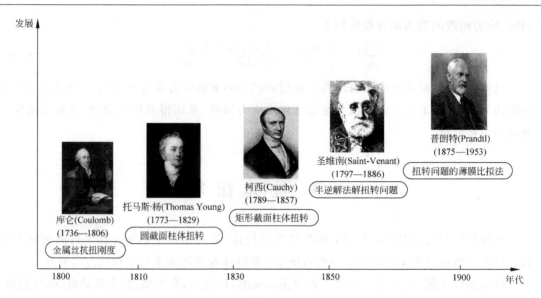

图 6.13　柱体扭转的研究历史

转后移动到 P' 点，则 P 点在 x、y 方向的位移为

$$\begin{cases} u = -r\beta\sin\theta = -\beta y \\ v = r\beta\cos\theta = \beta x \end{cases} \tag{6-51}$$

（2）旋转量是 z 的线性函数，其中 α 为单位长度柱体扭转的角度，有

$$\beta = \alpha z \tag{6-52}$$

将式（6-52）代入式（6-51），可得

$$\begin{cases} u = -\alpha yz \\ v = \alpha xz \end{cases} \tag{6-53}$$

（3）变形后横截面发生翘曲，但翘曲函数 w 与 z 坐标无关，即为等翘曲情况，则

$$w = w(x,y) \tag{6-54}$$

对于任意截面形状的实心柱体（图 6.15），z 为形心轴，x、y 为截面的形心主轴，由平行于 z 轴的母线沿截面边界绕行一周所生成的柱面称为侧面，两端的横截面称为端面。假设柱体仅受端部载荷的情况，不计体力，侧面自由。R 为横截面包含的区域，S 为其边界。

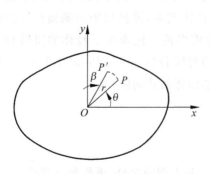

图 6.14　任意形状的横截面

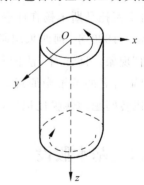

图 6.15　任意截面形状的实心柱体

在侧面，面力 $\overline{X}=\overline{Y}=\overline{Z}=0$，方向余弦 $n_3=0$，由应力边界条件得

$$\begin{cases} \sigma_x n_1 + \tau_{yx} n_2 = 0 \\ \tau_{xy} n_1 + \sigma_y n_2 = 0 \\ \tau_{xz} n_1 + \tau_{yz} n_2 = 0 \end{cases} \quad (6\text{-}55)$$

在端面，通常只知道端部载荷的合力、合力矩，而不能给出端面上每一点的载荷分布。为此，应用圣维南原理，采用放松的积分边界条件。这类在端部载荷作用下，用放松边界条件求解的柱体问题称为圣维南问题。

$z=0$ 端面的边界条件可写为

$$\begin{cases} \iint\limits_{R} \tau_{zx}\,\mathrm{d}x\mathrm{d}y = P_x \\ \iint\limits_{R} \tau_{zy}\,\mathrm{d}x\mathrm{d}y = P_y \\ \iint\limits_{R} \sigma_z\,\mathrm{d}x\mathrm{d}y = P_z \\ \iint\limits_{R} \sigma_z y\,\mathrm{d}x\mathrm{d}y = M_x \\ \iint\limits_{R} \sigma_z x\,\mathrm{d}x\mathrm{d}y = -M_y \\ \iint\limits_{R} (\tau_{zy} x - \tau_{zx} y)\,\mathrm{d}x\mathrm{d}y = M_z \end{cases} \quad (6\text{-}56)$$

$z=l$ 端面的边界条件可写为

$$\begin{cases} \iint\limits_{R} \tau_{zx}\,\mathrm{d}x\mathrm{d}y = P_x \\ \iint\limits_{R} \tau_{zy}\,\mathrm{d}x\mathrm{d}y = P_y \\ \iint\limits_{R} \sigma_z\,\mathrm{d}x\mathrm{d}y = P_z \\ \iint\limits_{R} \sigma_z y\,\mathrm{d}x\mathrm{d}y = M_x - lP_y \\ \iint\limits_{R} \sigma_z x\,\mathrm{d}x\mathrm{d}y = -M_y - lP_x \\ \iint\limits_{R} (\tau_{zy} x - \tau_{zx} y)\,\mathrm{d}x\mathrm{d}y = M_z \end{cases} \quad (6\text{-}57)$$

其中，l 表示柱体长度。

对于柱体扭转问题可应用位移法、应力法、凑合法、级数法等方法进行求解。本章主要介绍位移法和应力法。

6.3.2 等截面柱体扭转的位移解法

对于任意横截面形状的柱体,考虑扭转后横截面的翘曲,令

$$w = \alpha\varphi(x, y) \tag{6-58}$$

其中 $\varphi(x, y)$ 称为圣维南扭转函数。接下来推导 $\varphi(x, y)$ 所满足的条件。

将式(6-53)和式(6-58)代入位移表示的平衡方程式(5-25),有

$$\nabla^2\varphi = \frac{\partial^2\varphi}{\partial x^2} + \frac{\partial^2\varphi}{\partial y^2} = 0 \tag{6-59}$$

式(6-59)称为拉普拉斯方程。这说明要使式(6-53)和式(6-58)给出的位移分量满足平衡方程,扭转函数 $\varphi(x, y)$ 必须是调和函数。将式(6-53)和式(6-58)代入几何方程和本构方程,得到应力分量:

$$\sigma_x = \sigma_y = \sigma_z = \tau_{xy} = 0 \tag{6-60}$$

$$\tau_{zx} = \alpha G\left(\frac{\partial\varphi}{\partial x} - y\right) \tag{6-61}$$

$$\tau_{zy} = \alpha G\left(\frac{\partial\varphi}{\partial y} + x\right) \tag{6-62}$$

可见在上述假设下,横截面内只有切应力 τ_{zx} 和 τ_{zy} 作用,且其分布与 z 轴无关,即在任意横截面上有相同的分布。

考察柱体侧面的边界条件,将式(6-60)代入边界条件式(6-55),前两式自动满足,第三式变为

$$\left(\frac{\partial\varphi}{\partial x} - y\right)n_1 + \left(\frac{\partial\varphi}{\partial y} + x\right)n_2 = 0 \text{(在横截面边界 } S \text{ 上)} \tag{6-63}$$

利用

$$\frac{\mathrm{d}\varphi}{\mathrm{d}n} = \frac{\partial\varphi}{\partial x}n_1 + \frac{\partial\varphi}{\partial y}n_2 \tag{6-64}$$

式(6-63)变为

$$\frac{\mathrm{d}\varphi}{\mathrm{d}n} = yn_1 - xn_2 \text{(在横截面边界 } S \text{ 上)} \tag{6-65}$$

这就是扭转函数 $\varphi(x, y)$ 在柱体侧面所要满足的边界条件。

再考察柱体端面的边界条件,对于式(6-56)或式(6-57),由于其第 3、4、5 式自动满足,仅考察第 1、2、6 式:

$$\iint\limits_R \tau_{zx}\mathrm{d}x\mathrm{d}y = 0 \tag{6-66}$$

$$\iint\limits_R \tau_{zy}\mathrm{d}x\mathrm{d}y = 0 \tag{6-67}$$

$$\iint\limits_R (\tau_{zy}x - \tau_{zx}y)\mathrm{d}x\mathrm{d}y = M \tag{6-68}$$

现证明式(6-66)恒成立。考虑式(6-66),

$$\iint\limits_R \tau_{zx}\mathrm{d}x\mathrm{d}y = \alpha G\iint\limits_R \left(\frac{\partial\varphi}{\partial x} - y\right)\mathrm{d}x\mathrm{d}y$$

$$= \alpha G \iint\limits_R \left\{ \frac{\partial}{\partial x}\left[x\left(\frac{\partial \varphi}{\partial x} - y \right) \right] + \frac{\partial}{\partial y}\left[x\left(\frac{\partial \varphi}{\partial y} + x \right) \right] \right\} \mathrm{d}x\mathrm{d}y \tag{6-69}$$

利用斯托克斯（Stokes）公式，并考虑式（6-65），得

$$\iint\limits_R \tau_{zx} \mathrm{d}x\mathrm{d}y = \alpha G \oint_S \left[n_1 x\left(\frac{\partial \varphi}{\partial x} - y \right) + n_2 x\left(\frac{\partial \varphi}{\partial y} + x \right) \right] \mathrm{d}S$$

$$= \alpha G \oint_S x\left(\frac{\mathrm{d}\varphi}{\mathrm{d}n} - yn_1 + xn_2 \right) \mathrm{d}S$$

$$= 0 \tag{6-70}$$

同理可证明式（6-67）恒成立。

对于式（6-68），

$$M = \alpha G \iint\limits_R \left(x^2 + y^2 + x\frac{\partial \varphi}{\partial y} - y\frac{\partial \varphi}{\partial x} \right) \mathrm{d}x\mathrm{d}y \tag{6-71}$$

令

$$D = \iint\limits_R \left(x^2 + y^2 + x\frac{\partial \varphi}{\partial y} - y\frac{\partial \varphi}{\partial x} \right) \mathrm{d}x\mathrm{d}y \tag{6-72}$$

则

$$M = \alpha G D \tag{6-73}$$

式（6-73）给出了柱体单位长度扭转角 α 与扭矩 M 的关系，其中 GD 称为抗扭刚度，D 表示截面的几何特性。值得注意的是，对于圆截面柱体，由于横截面无翘曲，此时扭转函数 $\varphi(x,y)=0$，D 即为极惯性矩 I_p。对于给定柱体，G 与 D 均已知，则可根据 M 求出 α，亦可根据 α 求出 M。

柱体扭转的位移解法，归结为在给定边界条件下求解拉普拉斯方程式（6-59），来得到扭转函数 $\varphi(x,y)$，便可以得到应力分量，从而求出应变分量和位移分量，扭转角 α 可由式（6-73）确定。在边界条件式（6-65）下求解方程（6-59）属于冯·诺依曼（John von Neumann，1903—1957）边值问题，其求解过程比较复杂。

6.3.3 等截面柱体扭转的应力解法

由式（6-53）、式（6-58）以及几何方程和本构方程，可得

$$\sigma_x = \sigma_y = \sigma_z = \tau_{xy} = 0 \tag{6-74}$$

分别代入平衡方程和应变协调方程，化简可得

$$\begin{cases} \dfrac{\partial \tau_{zx}}{\partial z} = 0 \\[2mm] \dfrac{\partial \tau_{zy}}{\partial z} = 0 \\[2mm] \dfrac{\partial \tau_{zx}}{\partial x} + \dfrac{\partial \tau_{zy}}{\partial y} = 0 \end{cases} \tag{6-75}$$

$$\nabla^2 \tau_{zx} = 0, \quad \nabla^2 \tau_{zy} = 0 \tag{6-76}$$

引入普朗特应力函数 $\Phi(x,y)$，使

$$\tau_{zx} = \alpha G \frac{\partial \Phi}{\partial y}, \quad \tau_{zy} = -\alpha G \frac{\partial \Phi}{\partial x} \tag{6-77}$$

将式(6-77)代入式(6-76),得

$$\frac{\partial}{\partial x}\nabla^2\Phi = 0, \quad \frac{\partial}{\partial y}\nabla^2\Phi = 0 \tag{6-78}$$

由此可知:

$$\nabla^2\Phi = C \tag{6-79}$$

其中 C 为常数。现在来确定其具体数值,将式(6-77)代入式(6-61)和式(6-62),得到应力函数和扭转函数之间的关系:

$$\begin{cases} \dfrac{\partial\Phi}{\partial y} = \dfrac{\partial\varphi}{\partial x} - y \\ \dfrac{\partial\Phi}{\partial x} = -\left(\dfrac{\partial\varphi}{\partial y} + x\right) \end{cases} \tag{6-80}$$

令式(6-80)的第一、二式分别对 y 和 x 求偏导,然后两式相加,得

$$\nabla^2\Phi = -2 \tag{6-81}$$

式(6-81)属于泊松方程,它表示应力函数 $\Phi(x,y)$ 在横截面 R 内所需要满足的条件。

下面考察 $\Phi(x,y)$ 在柱体侧面要满足的边界条件,将式(6-74)、式(6-77)代入式(6-55),前两式自动满足,注意到 $n_1 = \dfrac{\mathrm{d}y}{\mathrm{d}s}, n_2 = -\dfrac{\mathrm{d}x}{\mathrm{d}s}$,第三式变为

$$\frac{\partial\Phi}{\partial y}n_1 - \frac{\partial\Phi}{\partial x}n_2 = \frac{\partial\Phi}{\partial y}\frac{\mathrm{d}y}{\mathrm{d}s} + \frac{\partial\Phi}{\partial x}\frac{\mathrm{d}x}{\mathrm{d}s} = 2\frac{\mathrm{d}\Phi}{\mathrm{d}s} = 0 \tag{6-82}$$

可见

$$\Phi(x,y) = k \text{(在横截面边界 } S \text{ 上)} \tag{6-83}$$

这里,常数 k 并不对应力分量产生影响。对于横截面为单连通域(若无特别声明,本教材均假设横截面为单连通域)的情况,不妨取 $k=0$,即

$$\Phi(x,y) = 0 \text{(在横截面边界 } S \text{ 上)} \tag{6-84}$$

在柱体端面,边界条件见式(6-66)、式(6-67)、式(6-68)。

和位移解法相同,前面第一、二式恒成立,对于第三式,将应力分量表达式代入,有

$$\begin{aligned} M &= \iint_R (\tau_{zy}x - \tau_{zx}y)\mathrm{d}x\mathrm{d}y = -\alpha G\iint_R\left(x\frac{\partial\Phi}{\partial x} + y\frac{\partial\Phi}{\partial y}\right)\mathrm{d}x\mathrm{d}y \\ &= -\alpha G\iint_R\left[\frac{\partial}{\partial x}(x\Phi) + \frac{\partial}{\partial y}(y\Phi)\right]\mathrm{d}x\mathrm{d}y + 2\alpha G\iint_R\Phi\mathrm{d}x\mathrm{d}y \\ &= -\alpha G\oint_S\Phi(xn_1 + yn_2)\mathrm{d}S + 2\alpha G\iint_R\Phi\mathrm{d}x\mathrm{d}y \\ &= 2\alpha G\iint_R\Phi\mathrm{d}x\mathrm{d}y \end{aligned} \tag{6-85}$$

令

$$D = 2\iint_R\Phi\mathrm{d}x\mathrm{d}y \tag{6-86}$$

则

$$M = \alpha GD \tag{6-87}$$

柱体扭转问题的应力解法,可归结为在给定边界条件下求解泊松方程(6-81),从而得到应力分量,进而求出应变分量和位移分量,其中扭转角 α 由式(6-87)确定。

6.4 薄 板 弯 曲

两个平行面和垂直于这两个平行面的柱面所围成的物体,称为平板,或简称为板,如图 6.16 所示。两个板面之间的距离称为板的厚度 δ,而平分厚度 δ 的平面称为板的中间面,简称为中面。如果板的厚度 δ 与中面的最小尺寸 b 之比满足 $\left(\dfrac{1}{100} \sim \dfrac{1}{80}\right) \leqslant \dfrac{\delta}{b} \leqslant \left(\dfrac{1}{8} \sim \dfrac{1}{5}\right)$,这个板称为薄板。薄板弯曲问题的几何特征是:弹性体厚度远小于长度和宽度;载荷特征是:载荷方向垂直于薄板平面。

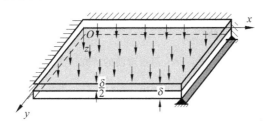

图 6.16　薄板模型

薄板结构的弯曲问题在航空、土建及机械工程中非常常见,图 6.17(a)是跳板的弯曲问题,图 6.17(b)给出多块木板拼接成的木板桥弯曲问题。

(a)跳板　　　　　　　　　　　　　(b)木板桥

图 6.17　薄板弯曲问题的工程实例

针对薄板弯曲的问题研究已经有一百多年的历史(图 6.18)。法国力学家纳维于 1820 年提出用双三角级数求解薄板弯曲边值问题的一种精确解法,并可推广用于垂直于板面和板面内载荷共同作用下的简支边矩形板。1850 年,德国物理学家基尔霍夫发表了关于板的重要论文《弹性圆板的平衡与运动》,从三维弹性力学的变分开始,引进了板变形假设,建立了平板理论。美国科学家冯·卡门(Theodore von Kármán,1881—1963)在 1910 年给出了圆薄板大挠度问题的非线性微分方程。我国科学家钱伟长(1912—2010)在 1947 年提出圆薄板大挠度问题的摄动解法。

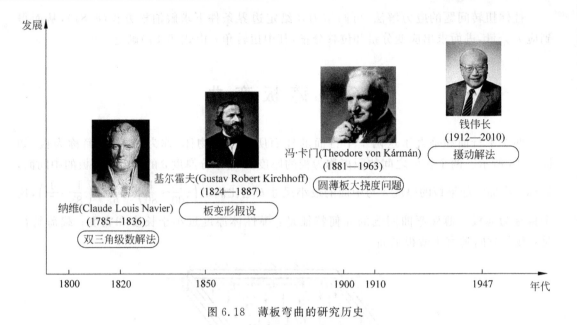

图 6.18　薄板弯曲的研究历史

6.4.1　基本假设

当板受到一般载荷时,总可以把每一个载荷分解为作用于薄板中面的纵向载荷和垂直于中面的横向载荷。对于纵向载荷,其沿板的厚度方向均匀分布,所引起的位移、应变、应力可按平面应力问题进行计算;横向载荷使薄板弯曲,所引起的位移、应变、应力可按薄板弯曲问题进行计算。

当薄板弯曲时,中面弯曲形成的曲面称为薄板的弹性曲面,中面内各点横向(垂直于中面方向)的位移称为挠度。本节只讲述小挠度弯曲理论,即薄板的弯曲挠度远小于厚度,所有推导均基于以下基尔霍夫假定:

(1) 变形前垂直于中面的直线变形后仍然保持直线,而且长度不变。垂直于中面方向的正应变,即 ε_z 可以不计。由几何方程 $\dfrac{\partial w}{\partial z}=0$,得

$$w = w(x,y) \tag{6-88}$$

即中面上任意一根法线上,薄板厚度内所有各点具有相同的位移 w。

(2) 应力分量 τ_{zx}、τ_{yz} 和 σ_z 远小于其余三个应力分量,其引起的变形可以不计,即

$$\begin{cases} \gamma_{zx} = 0 \\ \gamma_{yz} = 0 \end{cases} \tag{6-89}$$

由几何方程得

$$\frac{\partial u}{\partial z} = -\frac{\partial w}{\partial x}, \quad \frac{\partial v}{\partial z} = -\frac{\partial w}{\partial y} \tag{6-90}$$

(3) 薄板中面各点只有垂直中面的位移 w,没有平行中面的位移,即

$$(u)_{z=0} = 0, \quad (v)_{z=0} = 0 \tag{6-91}$$

由于

$$\begin{cases} \varepsilon_x = \dfrac{\partial u}{\partial x} \\[2mm] \varepsilon_y = \dfrac{\partial v}{\partial y} \\[2mm] \gamma_{xy} = \dfrac{\partial v}{\partial x} + \dfrac{\partial u}{\partial y} \end{cases} \tag{6-92}$$

则

$$\begin{cases} (\varepsilon_x)_{z=0} = 0 \\ (\varepsilon_y)_{z=0} = 0 \\ (\gamma_{xy})_{z=0} = 0 \end{cases} \tag{6-93}$$

6.4.2 薄板弯曲的位移解法

取薄板挠度 w 为未知量,将 ε_x、ε_y、γ_{xy} 用 w 表示。将方程(6-90)对 z 进行积分,结合式(6-88)可得

$$\begin{cases} u = -\dfrac{\partial w}{\partial x} z + f_1(x,y) \\[2mm] v = -\dfrac{\partial w}{\partial y} z + f_2(x,y) \end{cases} \tag{6-94}$$

其中,f_1 和 f_2 为任意函数。由式(6-91)可知 $f_1(x,y)=0,f_2(x,y)=0$。这样,

$$\begin{cases} u = -\dfrac{\partial w}{\partial x} z \\[2mm] v = -\dfrac{\partial w}{\partial y} z \end{cases} \tag{6-95}$$

于是,将应变分量 ε_x、ε_y、γ_{xy} 用 w 表示的几何方程为

$$\begin{cases} \varepsilon_x = \dfrac{\partial u}{\partial x} = -\dfrac{\partial^2 w}{\partial x^2} z \\[2mm] \varepsilon_y = \dfrac{\partial v}{\partial y} = -\dfrac{\partial^2 w}{\partial y^2} z \\[2mm] \gamma_{xy} = \dfrac{\partial v}{\partial x} + \dfrac{\partial u}{\partial y} = -2\dfrac{\partial^2 w}{\partial x \partial y} z \end{cases} \tag{6-96}$$

代入本构方程得

$$\begin{cases} \sigma_x = -\dfrac{Ez}{1-\nu^2}\left(\dfrac{\partial^2 w}{\partial x^2} + \nu\dfrac{\partial^2 w}{\partial y^2}\right) \\[3mm] \sigma_y = -\dfrac{Ez}{1-\nu^2}\left(\dfrac{\partial^2 w}{\partial y^2} + \nu\dfrac{\partial^2 w}{\partial x^2}\right) \\[3mm] \tau_{xy} = -\dfrac{Ez}{1+\nu}\dfrac{\partial^2 w}{\partial x \partial y} \end{cases} \tag{6-97}$$

平衡方程变形为

$$\begin{cases} \dfrac{\partial \tau_{zx}}{\partial z} = -\dfrac{\partial \sigma_x}{\partial x} - \dfrac{\partial \tau_{yx}}{\partial y} \\[2mm] \dfrac{\partial \tau_{zy}}{\partial z} = -\dfrac{\partial \sigma_y}{\partial y} - \dfrac{\partial \tau_{xy}}{\partial x} \\[2mm] \dfrac{\partial \sigma_z}{\partial z} = -\dfrac{\partial \tau_{xz}}{\partial x} - \dfrac{\partial \tau_{yz}}{\partial y} \end{cases} \tag{6-98}$$

结合上下表面边界条件

$$\begin{cases} (\tau_{zx})_{z=\pm\frac{\delta}{2}} = 0 \\[2mm] (\tau_{zy})_{z=\pm\frac{\delta}{2}} = 0 \\[2mm] (\sigma_z)_{z=\frac{\delta}{2}} = 0 \end{cases} \tag{6-99}$$

得

$$\begin{cases} \tau_{zx} = \dfrac{E}{2(1-\nu^2)}\left(z^2 - \dfrac{\delta^2}{4}\right)\dfrac{\partial}{\partial x}\nabla^2 w \\[3mm] \tau_{zy} = \dfrac{E}{2(1-\nu^2)}\left(z^2 - \dfrac{\delta^2}{4}\right)\dfrac{\partial}{\partial y}\nabla^2 w \\[3mm] \sigma_z = -\dfrac{E\delta^3}{6(1-\nu^2)}\left(\dfrac{1}{2} - \dfrac{z}{\delta}\right)^2\left(1 + \dfrac{z}{\delta}\right)\nabla^4 w \end{cases} \tag{6-100}$$

由薄板上板面的边界条件

$$(\sigma_z)_{z=-\frac{\delta}{2}} = -q \tag{6-101}$$

将式(6-100)中 σ_z 的表达式代入边界条件式(6-101)中,可得

$$\frac{E\delta^3}{12(1-\nu^2)}\nabla^4 w = q \tag{6-102}$$

定义广义刚度 $D = \dfrac{E\delta^3}{12(1-\nu^2)}$,则

$$D\nabla^4 w = q \tag{6-103}$$

方程(6-103)称为**薄板的弹性曲面微分方程**,或挠曲微分方程。

6.4.3　薄板内力

薄板截面上的内力是指在截面的每单位宽度上,由应力向中面化简而合成的主矢量和主矩。在设计过程中,薄板往往是按内力来进行设计的。对于薄板弯曲问题,应用圣维南原理,利用内力的边界条件代替应力边界条件以便于求解,下面用挠度 w 来表示内力。

σ_x、σ_y、τ_{xy} 为 z 的奇函数,因此它们在薄板全厚度上的代数和为零,只能在截面上分别形成弯矩 M_x、M_y 及 M_{xy} 扭矩。而剪应力 τ_{xz}、τ_{yz} 将分别形成横剪力 F_{Sx}、F_{Sy},如图 6.19 所示。

可得

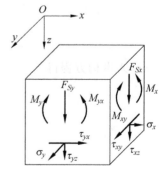

图 6.19　薄板内力示意图

$$
\begin{cases}
M_x = \displaystyle\int_{-\frac{\delta}{2}}^{\frac{\delta}{2}} z\sigma_x \, \mathrm{d}z = -\frac{E}{1-\nu^2}\left(\frac{\partial^2 w}{\partial x^2} + \nu\frac{\partial^2 w}{\partial y^2}\right)\int_{-\frac{\delta}{2}}^{\frac{\delta}{2}} z^2 \, \mathrm{d}z \\[2mm]
\qquad = -\dfrac{E\delta^3}{12(1-\nu^2)}\left(\dfrac{\partial^2 w}{\partial x^2} + \nu\dfrac{\partial^2 w}{\partial y^2}\right) \\[3mm]
M_{xy} = \displaystyle\int_{-\frac{\delta}{2}}^{\frac{\delta}{2}} z\tau_{xy} \, \mathrm{d}z = -\frac{E}{1+\nu}\frac{\partial^2 w}{\partial x\partial y}\int_{-\frac{\delta}{2}}^{\frac{\delta}{2}} z^2 \, \mathrm{d}z \\[2mm]
\qquad = -\dfrac{E\delta^3}{12(1+\nu)}\dfrac{\partial^2 w}{\partial x\partial y} \\[3mm]
F_{Sx} = \displaystyle\int_{-\frac{\delta}{2}}^{\frac{\delta}{2}} \tau_{xz} \, \mathrm{d}z = \frac{E}{2(1-\nu^2)}\frac{\partial}{\partial x}\nabla^2 w\int_{-\frac{\delta}{2}}^{\frac{\delta}{2}}\left(z^2 - \frac{\delta^2}{4}\right)\mathrm{d}z \\[2mm]
\qquad = -\dfrac{E\delta^3}{12(1-\nu^2)}\dfrac{\partial}{\partial x}\nabla^2 w \\[3mm]
F_{Sy} = \displaystyle\int_{-\frac{\delta}{2}}^{\frac{\delta}{2}} \tau_{zy} \, \mathrm{d}z = \frac{E}{2(1-\nu^2)}\frac{\partial}{\partial y}\nabla^2 w\int_{-\frac{\delta}{2}}^{\frac{\delta}{2}}\left(z^2 - \frac{\delta^2}{4}\right)\mathrm{d}z \\[2mm]
\qquad = -\dfrac{E\delta^3}{12(1-\nu^2)}\dfrac{\partial}{\partial y}\nabla^2 w
\end{cases}
\tag{6-104}
$$

定义广义力：

$$
\begin{cases}
M_x = -D\left(\dfrac{\partial^2 w}{\partial x^2} + \nu\dfrac{\partial^2 w}{\partial y^2}\right) \\[3mm]
M_y = -D\left(\dfrac{\partial^2 w}{\partial y^2} + \nu\dfrac{\partial^2 w}{\partial x^2}\right) \\[3mm]
M_{xy} = M_{yx} = -D(1-\nu)\dfrac{\partial^2 w}{\partial x\partial y} \\[3mm]
F_{Sx} = -D\dfrac{\partial}{\partial x}\nabla^2 w \\[3mm]
F_{Sy} = -D\dfrac{\partial}{\partial y}\nabla^2 w
\end{cases}
\tag{6-105}
$$

6.4.4　边界条件

薄板弯曲问题的边界条件大致可以分为三类。

1. 固定边（如图 6.20 中 $x=0$ 边界）

广义的固定边边界条件为

$$
\begin{cases}
(w)_{x=0} = f_1(y) \\[2mm]
\left(\dfrac{\partial w}{\partial x}\right)_{x=0} = f_2(y)
\end{cases}
\tag{6-106}
$$

其中，f_1、f_2 为给定的函数；如果薄板边界完全固定，那么有 $f_1 = f_2 = 0$，式(6-106)变为

$$
\begin{cases}
(w)_{x=0} = 0 \\[2mm]
\left(\dfrac{\partial w}{\partial x}\right)_{x=0} = 0
\end{cases}
\tag{6-107}
$$

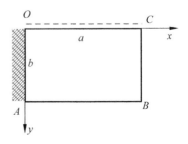

图 6.20　薄板弯曲问题边界条件种类

2. 简支边(如图 6.20 中 $y=0$ 边界)

简支边的边界条件为混合边界条件,既包括位移边界条件,也包括应力边界条件。广义的简支边边界条件为

$$\begin{cases} (w)_{y=0} = f_3(x) \\ (M_y)_{y=0} = f_4(x) \end{cases} \tag{6-108}$$

其中,f_3、f_4 为给定的函数;如果 $f_3=f_4=0$,式(6-108)变为

$$\begin{cases} (w)_{y=0} = 0 \\ (M_y)_{y=0} = 0 \end{cases} \tag{6-109}$$

3. 自由边(如图 6.20 中 $x=a$ 和 $y=b$ 边界)

自由边的边界条件为单纯的应力边界条件。广义的自由边边界条件是指边界上的弯矩、扭矩和剪力等于某些给定值。狭义的自由边边界条件为

$$\begin{cases} (M_x, M_{xy}, F_{Sx})_{x=a} = 0 \\ (M_y, M_{yx}, F_{Sy})_{y=b} = 0 \end{cases} \tag{6-110}$$

泊松提出的自由边边界条件(式(6-110))包含三个边界条件,但是薄板弹性曲面微分方程只能通过两个边界定解,这使得自由边的薄板弯曲问题无法求解。基尔霍夫于 1850 年解决了这个问题,将扭矩转化为等效剪力,从而将自由边的边界条件减少为两个:

$$\begin{cases} (M_x, F'_{Sx})_{x=a} = 0 \\ (M_y, F'_{Sy})_{y=b} = 0 \end{cases} \tag{6-111}$$

其中,扭矩转化为等效的分布剪力,即

$$\begin{cases} F'_{Sx} = F_{Sx} + \dfrac{\partial M_{xy}}{\partial y} \\ F'_{Sy} = F_{Sy} + \dfrac{\partial M_{yx}}{\partial x} \end{cases} \tag{6-112}$$

此外,在薄板自由边的角点还可能存在角点条件。

薄板弯曲问题的求解可归结为在给定边界条件下,求解薄板的弹性曲面微分方程(6-103),得到挠度 w,按照薄板内力与挠度的关系可求出其他分量。

例题 6.1　图 6.21 所示为四边简支矩形薄板,边长分别为 a 和 b,受任意分布的横向荷载 $q(x,y)$ 作用。

解:此问题的边界条件为

$$\begin{cases} (w)_{x=0} = 0, \quad \left(\dfrac{\partial^2 w}{\partial x^2}\right)_{x=0} = 0 \\ (w)_{x=a} = 0, \quad \left(\dfrac{\partial^2 w}{\partial x^2}\right)_{x=a} = 0 \\ (w)_{y=0} = 0, \quad \left(\dfrac{\partial^2 w}{\partial x^2}\right)_{y=0} = 0 \\ (w)_{y=b} = 0, \quad \left(\dfrac{\partial^2 w}{\partial x^2}\right)_{y=b} = 0 \end{cases} \tag{6-113}$$

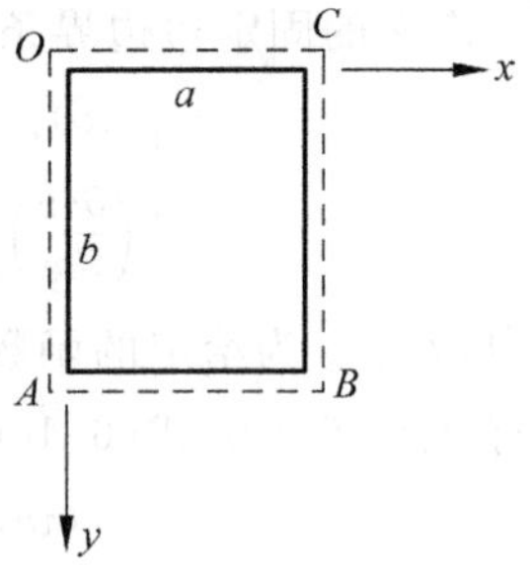

图 6.21　四边简支矩形薄板

为满足薄板的弹性曲面微分方程,挠度函数 w 取重三角级数形式:

$$w = \sum_{m=1}^{\infty} \sum_{n=1}^{\infty} A_{mn} \sin \frac{m\pi x}{a} \sin \frac{n\pi y}{b} \tag{6-114}$$

其中 m,n 为正整数, A_{mn} 为待定系数,显然 w 满足所有边界条件,将其代入弹性曲面微分方程得

$$\pi^4 D \sum_{m=1}^{\infty} \sum_{n=1}^{\infty} \left(\frac{m^2}{a^2} + \frac{n^2}{b^2} \right)^2 A_{mn} \sin \frac{m\pi x}{a} \sin \frac{n\pi y}{b} = q \tag{6-115}$$

将式(6-114)两边分别对 x,y 积分,并利用下列三角函数系的正交性:

$$\begin{cases} \int_0^a \sin \frac{i\pi x}{a} \sin \frac{m\pi x}{a} \mathrm{d}x = \begin{cases} 0, & m \neq i \\ \dfrac{a}{2}, & m = i \end{cases} \\[4mm] \int_0^a \sin \frac{i\pi x}{a} \sin \frac{m\pi x}{a} \mathrm{d}x = \begin{cases} 0, & m \neq i \\ \dfrac{a}{2}, & m = i \end{cases} \end{cases} \tag{6-116}$$

得

$$A_{mn} = \frac{4 \int_0^a \int_0^b q(x,y) \sin \frac{m\pi x}{a} \sin \frac{n\pi y}{b} \mathrm{d}x \mathrm{d}y}{\pi^4 ab D \left(\frac{m^2}{a^2} + \frac{n^2}{b^2} \right)^2} \tag{6-117}$$

所以有

$$w = \sum_{m=1}^{\infty} \sum_{n=1}^{\infty} \frac{4 \int_0^a \int_0^b q(x,y) \sin \frac{m\pi x}{a} \sin \frac{n\pi y}{b} \mathrm{d}x \mathrm{d}y}{\pi^4 ab D \left(\frac{m^2}{a^2} + \frac{n^2}{b^2} \right)^2} \sin \frac{m\pi x}{a} \sin \frac{n\pi y}{b} \tag{6-118}$$

6.5 重点概念阐释及知识延伸

6.5.1 位移函数

平面问题的求解可应用艾里应力函数方法。针对弹性力学问题的特点,学者还提出了位移函数方法,其目的都是为了方程组的化简和求解。下面以弹性半空间表面受集中力问题为例,介绍位移函数。

根据弹性半空间表面受集中力作用的问题特点,可将其视为轴对称空间问题,采用柱坐标系进行分析(如图 6.22 所示)。

坐标系内一点 M 的位置用 $M(\rho,\varphi,z)$ 来表示,应力分量、应变分量和位移分量分别用 $\sigma_\rho,\sigma_\varphi,\sigma_z,\tau_{\rho\varphi},\tau_{\rho z},\tau_{z\varphi}$; ε_ρ, $\varepsilon_\varphi,\varepsilon_z,\gamma_{\rho\varphi},\gamma_{\rho z},\gamma_{z\varphi}$ 和 u,v,w 表示。有

$$u = u(\rho,z), \quad v = 0, \quad w = w(\rho,z)$$

从而

$$\gamma_{\rho\varphi} = \gamma_{z\varphi} = \tau_{\rho\varphi} = \tau_{z\varphi} = 0$$

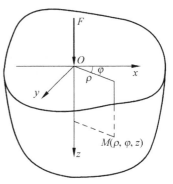

图 6.22 弹性半空间表面
受集中力作用

其他应力分量和应变分量均与 φ 无关,而仅为 ρ、z 的函数。此时空间任一微元体的平衡方程为

$$\begin{cases} \dfrac{\partial \sigma_\rho}{\partial \rho} + \dfrac{\partial \tau_{\rho z}}{\partial z} + \dfrac{\sigma_\rho - \sigma_\varphi}{\rho} + F_\rho = 0 \\[3mm] \dfrac{\partial \tau_{\rho z}}{\partial \rho} + \dfrac{\partial \sigma_z}{\partial z} + \dfrac{\tau_{\rho z}}{\rho} + F_z = 0 \end{cases} \tag{6-119}$$

由该微小单元的轴对称变形状态,可得几何方程:

$$\varepsilon_\rho = \frac{\partial u}{\partial \rho}, \quad \varepsilon_z = \frac{\partial w}{\partial z}, \quad \varepsilon_\varphi = \frac{u}{\rho}, \quad \gamma_{\rho z} = \frac{\partial u}{\partial z} + \frac{\partial w}{\partial \rho} \tag{6-120}$$

本构方程为

$$\begin{cases} \sigma_\rho = \dfrac{E}{1+\nu}\left(\dfrac{\nu}{1-2\nu}\varphi + \varepsilon_\rho\right) \\[3mm] \sigma_\varphi = \dfrac{E}{1+\nu}\left(\dfrac{\nu}{1-2\nu}\varphi + \varepsilon_\varphi\right) \\[3mm] \sigma_z = \dfrac{E}{1+\nu}\left(\dfrac{\nu}{1-2\nu}\varphi + \varepsilon_z\right) \\[3mm] \tau_{\rho z} = \dfrac{E}{2(1+\nu)}\gamma_{\rho z} \\[3mm] \varphi = \varepsilon_\rho + \varepsilon_\varphi + \varepsilon_z \end{cases} \tag{6-121}$$

采用位移法求解,将平衡方程改写为用位移分量表示的形式,即将式(6-120)代入式(6-121)及式(6-119),可得

$$\begin{cases} G\left(\dfrac{1}{1-2\nu}\dfrac{\partial \varphi}{\partial \rho} + \nabla^2 u - \dfrac{u}{\rho^2}\right) + F_\rho = 0 \\[3mm] G\left(\dfrac{1}{1-2\nu}\dfrac{\partial \varphi}{\partial z} + \nabla^2 w\right) + F_z = 0 \end{cases} \tag{6-122}$$

其中,拉普拉斯算子为

$$\nabla^2 = \frac{\partial^2}{\partial \rho^2} + \frac{1}{\rho}\frac{\partial}{\partial \rho} + \frac{\partial^2}{\partial z^2}$$

若不计体力,得

$$\begin{cases} \dfrac{1}{1-2\nu}\dfrac{\partial \varphi}{\partial \rho} + \nabla^2 u - \dfrac{u}{\rho^2} = 0 \\[3mm] \dfrac{1}{1-2\nu}\dfrac{\partial \varphi}{\partial z} + \nabla^2 w = 0 \end{cases} \tag{6-123}$$

现在,问题转化为在给定边界条件下如何求解方程组(6-123)。为此,可借助勒夫位移函数求解。采用勒夫位移函数的目的是将式(6-123)化为 ψ 的双调和函数。此时位移分量为

$$\begin{cases} u = \dfrac{1}{2G}\dfrac{\partial^2 \psi}{\partial \rho \partial z} \\[3mm] w = \dfrac{1}{2G}\left[2(1-\nu)\nabla^2 - \dfrac{\partial^2}{\partial z^2}\right]\psi \end{cases} \tag{6-124}$$

将式(6-124)代入式(6-123),得到位移函数 $\psi(\rho, z)$ 所满足的双调和方程。于是,弹性半空间表面受集中力作用的问题便归结为在给定边界条件下求双调和位移函数 $\psi(\rho, z)$。

6.5.2 应力函数的复变函数形式

应力函数的复变函数求解是由苏联数学家科学家克罗索夫(Gury Vasilievich Kolosov，1867—1936)和穆斯赫利什维利(Nikolay Ivanovich Muskhelishvili，1891—1976)共同发展的，他们使复杂的弹性力学平面问题得到了极大的简化。

定义两个复数，在直角坐标系下表示为

$$\begin{cases} z = x + \mathrm{i}y \\ \bar{z} = x - \mathrm{i}y \end{cases} \tag{6-125}$$

其中，

$$\begin{cases} x = \mathrm{Re}z = \dfrac{1}{2}(z + \bar{z}) \\ y = \mathrm{Im}z = \dfrac{1}{2\mathrm{i}}(z - \bar{z}) \end{cases} \tag{6-126}$$

将应力函数 φ_f 看作是自变量 x，y 的复合函数，将应力函数 φ_f 对 x 和 y 求二阶导数后相加，可以得到：

$$\left(\frac{\partial^2}{\partial x^2} + \frac{\partial^2}{\partial y^2}\right)\varphi_f = \nabla^2\varphi_f = 4\frac{\partial^2\varphi_f}{\partial z\partial\bar{z}} \tag{6-127}$$

上式即为复变函数表示的调和方程。将双调和方程转化成复数的表示形式为

$$\nabla^4\varphi_f = \nabla^2(\nabla^2\varphi_f) = 16\frac{\partial^4\varphi_f}{\partial z^2\partial\bar{z}^2} \tag{6-128}$$

并将其分解为两个二阶方程：

$$\begin{cases} \nabla^2 P = 0 \\ P = \nabla^2\varphi_f \end{cases} \tag{6-129}$$

假设存在一个解析函数 $f(z)$，实部为 P、虚部为 Q：

$$f(z) = P + \mathrm{i}Q \tag{6-130}$$

易知 Q 与 P 是共轭调和函数。令：$\widetilde{\varphi}_f(z) = \dfrac{1}{4}\int f(z)\mathrm{d}z$，$\widetilde{\varphi}_{f,z}(z) = \dfrac{1}{4}f(z)$

得

$$\frac{\partial^2\varphi_f}{\partial z\partial\bar{z}} = \frac{1}{2}\left[\widetilde{\varphi}_{f,z} + \overline{\widetilde{\varphi}_{f,z}}\right] \tag{6-131}$$

将式(6-131)分别对 z 和 $\bar{z}$ 积分，得

$$\begin{aligned}
\frac{\partial\varphi_f}{\partial z} &= \int\frac{\partial^2\varphi_f}{\partial z\partial\bar{z}}\mathrm{d}\bar{z} = \int\frac{1}{2}\left[\widetilde{\varphi}_{f,z}(z) + \overline{\widetilde{\varphi}_{f,z}(z)}\right]\mathrm{d}\bar{z} \\
&= \frac{1}{2}\left[\bar{z}\widetilde{\varphi}_{f,z}(z) + \overline{\widetilde{\varphi}_f(z)} + \psi(z)\right]
\end{aligned} \tag{6-132}$$

$$\begin{aligned}
\varphi_f &= \int\frac{\partial\varphi_f}{\partial z}\mathrm{d}z = \int\frac{1}{2}\left[\bar{z}\widetilde{\varphi}_{f,z}(z) + \overline{\widetilde{\varphi}_f(z)} + \psi(z)\right]\mathrm{d}z \\
&= \frac{1}{2}\left[\bar{z}\widetilde{\varphi}_f(z) + z\overline{\widetilde{\varphi}_f(z)} + \int\psi(z)\mathrm{d}z + \overline{g(z)}\right]
\end{aligned} \tag{6-133}$$

其中

$$\begin{cases} \overline{\int \psi(z)\,\mathrm{d}z} = \overline{g(z)} \\ \varphi_f = \dfrac{1}{2}\Big[\bar{z}\widetilde{\varphi}_f(z) + \int \psi(z)\,\mathrm{d}z + z\,\overline{\widetilde{\varphi}_f(z)} + \overline{g(z)}\Big] \end{cases} \tag{6-134}$$

借助复数求实部的方法：

$$\varphi_f(z,\bar{z}) = \mathrm{Re}\Big[\bar{z}\widetilde{\varphi}_f(z) + \int \psi(z)\,\mathrm{d}z\Big] \tag{6-135}$$

令

$$\chi(z) = \int \psi(z)\,\mathrm{d}z, \quad \chi'(z) = \psi(z)$$

应力函数转化为用复变函数表示的形式为

$$\varphi_f(z,\bar{z}) = \mathrm{Re}\big[\bar{z}\widetilde{\varphi}_f(z) + \chi(z)\big] \tag{6-136}$$

或者

$$\varphi_f(z,\bar{z}) = \frac{1}{2}\big[\bar{z}\widetilde{\varphi}_f(z) + z\,\overline{\widetilde{\varphi}_f(z)} + \chi(z) + \overline{\chi(z)}\big] \tag{6-137}$$

$\widetilde{\varphi}_f(z)$ 和 $\chi(z)$（或 $\psi(z)$）是两个解析函数，被称为克罗索夫-穆斯赫利什维利函数，简称 K-M 函数。

6.5.3　流体力学中的势函数

势函数是流体力学中研究无旋流场中引入的一个标量函数。在流体力学的无旋流场中，存在势函数 φ，它和速度 $\boldsymbol{V}$ 之间有如下关系：

$$\boldsymbol{V} = \nabla \varphi$$

$$u = \frac{\partial \varphi}{\partial x}, \quad v = \frac{\partial \varphi}{\partial y}, \quad w = \frac{\partial \varphi}{\partial z}$$

φ 称为速度势函数，它具有如下性质：

（1）速度势沿任一方向的方向导数 $\dfrac{\partial \varphi}{\partial l}$ 等于速度在该方向上的投影 $\dfrac{\partial \varphi}{\partial l} = v_l$；

（2）等势面与流面垂直；

（3）不可压缩流体的势函数为调和函数；

（4）势函数 φ 具有可叠加性。

速度势函数和应力函数具有相同点，两者的偏导数均可表示为速度或应力的函数，在一定条件下，两者均为调和函数。但是流体中的速度势函数具有可叠加性，弹性力学中的应力函数则没有这一性质。

6.5.4　柱体扭转的薄膜比拟

在求解复杂截面的柱体扭转问题时，可以借助薄膜比拟（普朗特比拟）法，使对应的扭转问题运算和分析变得更为直观。薄膜比拟的基本思想：假设有一个与柱体横截面形状相同的孔，孔上敷以张紧的均匀薄膜。则受均匀压力的薄膜与柱体的扭转问题，有着相似的微分方程和边界条件。因此，可以通过测试薄膜弯曲的情况，分析柱体扭转时横截面的应力分布。

设薄膜承受微小的均匀压力 q 作用时,薄膜上各点将产生微小的垂度,薄膜的垂度用 Z 表示。将边界所在水平面作为 Oxy 平面,z 轴垂直向下。由于薄膜的柔顺性,可以假设它不承受弯矩、扭矩、剪力和压力,而只承受均匀的张力。

可以推导得到薄膜的平衡方程:

$$\frac{\partial^2 Z}{\partial x^2} + \frac{\partial^2 Z}{\partial y^2} = \nabla^2 Z = -\frac{q}{F_T} \tag{6-138}$$

垂度 Z 所满足的微分方程与扭转应力函数相同,均为泊松方程,只是常数不同。

考察薄膜垂度 Z 所满足的边界条件。讨论薄膜所围的体积,有

$$2V = 2\iint_S Z \, dx dy \tag{6-139}$$

上述分析表明,薄膜垂度 Z 与扭转应力具有相同的函数形式,边界条件仅差一个常数。因此可以通过薄膜曲面形象地表示出柱体扭转问题横截面上的应力分布情况。假想一个与 Oxy 平行的平面,用该平面截取薄膜曲面得到一系列曲线,这些曲线是薄膜的等高线。薄膜的等高线对应于扭转杆件横截面上的曲线,线上各点的切应力与曲线相切,这些曲线称为切应力线,如图 6.23 所示。

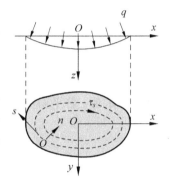

这个结论对于研究柱体扭转时截面上的应力分布是很重要的。虽然很难完全通过薄膜比拟测定柱体扭转时横截面的应力分布,但是通过这种比拟,可以定性地描述出横截面上应力的分布情况。薄膜上斜率最大的点,对应横截面上切应力最大的点。因此,最大切应力一定发生在横截面的边界上,且横截面的边界是一条切应力线。

图 6.23 柱体扭转的薄膜比拟

6.5.5 基尔霍夫在其他学科的贡献

基尔霍夫除了在弹性力学领域提出的基尔霍夫薄板假设外,还在电学、热辐射、化学等领域有着诸多贡献。

1845 年,他发表了第一篇论文,提出了稳恒电路网络中电流、电压、电阻关系的两条电路定律,即著名的基尔霍夫电流定律(KCL)和基尔霍夫电压定律(KVL)。后来又研究了电路中电的流动和分布,从而阐明了电路中两点间的电势差和静电学的电势这两个物理量在量纲和单位上的一致,使基尔霍夫电路定律具有更广泛的意义。直到现在,基尔霍夫电路定律仍旧是解决复杂电路问题的重要工具。基尔霍夫被称为"电路求解大师"。

1859 年,基尔霍夫做了用灯焰烧灼食盐的实验。在对这一实验现象的研究过程中,得出了关于热辐射的定律,后被称为基尔霍夫定律(Kirchhoff's Law)。并由此判断太阳光谱的暗线是太阳大气中元素吸收的结果,这给太阳和恒星成分分析提供了一种重要的方法,天体物理由于应用光谱分析方法而进入了新阶段。1862 年他又进一步得出绝对黑体的概念。他的热辐射定律和绝对黑体概念是开辟 20 世纪物理学新纪元的重要基础。

基尔霍夫在海德堡大学任教期间制成光谱仪,与化学家本生(Robert Wilhelm Bunsen, 1811—1899)合作创立了光谱化学分析法(把各种元素放在本生灯上烧灼,发出波长一定的

一些明线光谱,由此可以极灵敏地判断这种元素的存在),从而发现了元素铯和铷。科学家利用光谱化学分析法,还发现了铊、碘等许多种元素。

思 考 题

6.1 在体力为常数、材料相同、边界条件相同的情况下,为什么平面应力和平面应变问题的应力分布是相同的?

6.2 什么样的问题可以化简成平面应力问题或平面应变问题?

6.3 为什么非圆形截面柱体受扭后,其截面要发生翘曲?

6.4 弹性力学中柱体扭转的基本假设有哪些,与材料力学中的假设有哪些不同?

6.5 薄板理论的基本假设在哪些方面使问题得到化简,为什么?

习 题

6.1 求证:若平面应力问题的艾里应力函数 Φ 已知,则位移可如下给出:

$$u = \frac{p}{E} - \frac{1+\nu}{E}\frac{\partial \Phi}{\partial x}$$

$$v = \frac{q}{E} - \frac{1+\nu}{E}\frac{\partial \Phi}{\partial y}$$

其中,

$$\frac{\partial p}{\partial x} = \frac{\partial q}{\partial y} = \nabla^2 \Phi, \quad \frac{\partial p}{\partial y} = -\frac{\partial q}{\partial x}$$

6.2 现有埋于地下的输油管道如图 6.24 所示,试写出求解应力场用到的边界条件。

6.3 对于一端部受扭等截面杆,若应力函数 $\Phi = Ar^\alpha\theta\cos\beta + f(\theta)r^2$,其中 A、α、β、$f(\theta)$ 满足什么条件时,Φ 可作为扭转问题的应力函数?

6.4 矩形薄板具有固定边 OA,简支边 OC 及自由边 AB 和 BC,角点 B 处有链杆支承,板边所受荷载如图 6.25 所示。试将板边的边界条件用挠度表示。

6.5 如图 6.26 所示的薄板条在 y 方向受均匀拉力作用,试证明在板中间突出部分的尖端 A 处无应力存在。

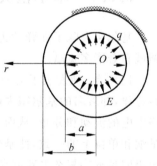

图 6.24 边界条件示意图

6.6 如图 6.27 所示矩形板,长为 l,高为 h,体力不计,试证以下函数可作为求解问题的应力函数,并指出能解决什么问题。

$$\varphi = \frac{2kxy^3}{h^3} - \frac{3kxy}{2h}\ (k\ \text{为常数})$$

6.7 如图 6.28 所示,半平面体表面受有均布水平力 q,试用应力函数 $\Phi = \rho^2(B\sin2\varphi + C\varphi)$ 求解应力分量。

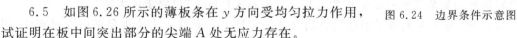

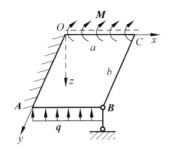

图 6.25　边界条件示意图

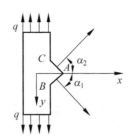

图 6.26　边界条件示意图

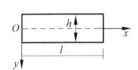

图 6.27　矩形板示意图

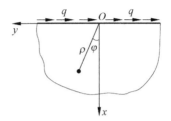

图 6.28　半平面体受力示意图

参 考 文 献

[1]　Parameswaran V，Shukla A. Asymptotic Stress Fields for Stationary Cracks Along the Gradient in Functionally Graded Materials[J]. Journal of Applied Mechanics. 2002，69：240-243.

[2]　Sokolnikoff IS. Mathematical Theory of Elasticity[M]. New York：McGraw-Hill，1956.

[3]　Timoshenko SP，Goodier JN. Theory of Elasticity[M]. New York：McGraw-Hill，1970.

[4]　Cauchy A L. Sur La Torsion et les Vibrations Tournates D'une Verge Rectangulaire：Oeuvres Complètes[M]. Cambridge：Cambridge University Press，2009.

[5]　Todhunter I，Pearson K. A History of the Theory of Elasticity and of the Strength of Materials[M]. Vols. Ⅰ and Ⅱ. Cambridge：Cambridge University Press，1893.

[6]　Higgins T J. A Comprehensive Review of Saint Venant's Torsion Problem[J]. American Journal of Physics. 1942，10：5-5.

[7]　杨桂通. 弹性力学[M]. 北京：高等教育出版社，2010.

[8]　徐芝纶. 弹性力学简明教程[M]. 北京：高等教育出版社，2009.

第7章

经典例题求解

7.1 概　　述

第 6 章针对弹性力学的几类典型问题,介绍了在直角、极坐标系下方程组的化简和求解方法,本章针对上述几类问题,给出了经典例题的求解过程和结果。

为了加深对例题的理解,本教材和其他教材不同,在介绍每个例题时,都详细介绍了相关的工程背景、物理模型、求解过程、结果分析、工程应用等 5 方面的内容,以期给读者留下深刻的印象,掌握弹性力学的知识和方法。图 7.1 给出了本章的内容安排。

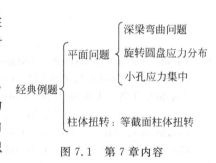

图 7.1　第 7 章内容

7.2 深梁弯曲问题

7.2.1 工程背景

在材料力学中,梁是指以弯曲变形为主的杆件,其特征是外力作用方向一般以横向(垂直于杆件的长度方向)为主。材料力学中基于平面、单轴应力的假设,对梁的弯曲问题进行了求解。实际上,平面假设仅对于梁的跨度和高度之比 $2l/h$ 较大时近似成立,而对于比值较小(一般 $2l/h \leqslant 2.5$)的深梁,计算得到的结果将会产生较大误差。工程中深梁的例子有:建筑结构中的桥梁(如图 7.2 所示),起重机的大梁(如图 7.3 所示)等。

图 7.2　建筑结构中的深梁　　　　　图 7.3　机械结构中的深梁

如第 1 章所述,达·芬奇和伽利略都曾对梁进行过力学试验和研究。雅各布·伯努利通过研究得到了悬臂梁的挠度曲线。欧拉和丹尼尔·伯努利(Daniel Bernoulli,1700—1782)首次提出了具有实用意义的梁理论,并将研究应用到工程领域。直至 19 世纪后期,梁理论才被广泛应用于桥梁和建筑设计之中。

7.2.2　物理模型

图 7.4 所示为矩形截面的简支梁,梁的长度为 $2l$,深度为 h,体力不计,在梁的上表面施加均布载荷 q,由静力平衡方程求得梁两端的支反力为 ql,方向竖直向上。为了研究方便,取梁的宽度为单位长度。建立坐标系如图 7.5 所示。

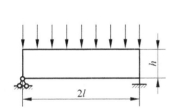 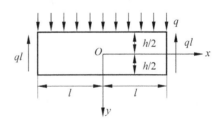

图 7.4　简支梁示意图　　　　　　图 7.5　简支梁求解坐标系

7.2.3　求解过程

1. 引入应力函数

采用半逆解法进行求解[1]。

由材料力学可知,正应力 σ_x 主要由弯矩引起,切应力 τ_{xy} 主要由剪力引起,正应力 σ_y 主要由均布载荷 q 引起。由于均布载荷 q 不随 x 发生变化,因而假设 σ_y 仅为 y 的函数,即

$$\sigma_y = f(y) \tag{7-1}$$

由应力分量与应力函数的关系式(6-26)得

$$\frac{\partial^2 \Phi}{\partial x^2} = f(y) \tag{7-2}$$

上式对 x 积分得

$$\frac{\partial \Phi}{\partial x} = x f(y) + f_1(y) \tag{7-3}$$

$$\Phi = \frac{x^2}{2} f(y) + x f_1(y) + f_2(y) \tag{7-4}$$

其中，$f_1(y)$ 和 $f_2(y)$ 为待定函数。

考虑应力函数 Φ 满足相容方程。求出应力函数 Φ 的四阶导数：

$$\frac{\partial^4 \Phi}{\partial x^4} = 0 \tag{7-5}$$

$$\frac{\partial^4 \Phi}{\partial x^2 \partial y^2} = \frac{\mathrm{d}^2 f(y)}{\mathrm{d} y^2} \tag{7-6}$$

$$\frac{\partial^4 \Phi}{\partial y^4} = \frac{\mathrm{d}^4 f(y)}{2 \mathrm{d} y^4} x^2 + \frac{\mathrm{d}^4 f_1(y)}{\mathrm{d} y^4} x + \frac{\mathrm{d}^4 f_2(y)}{\mathrm{d} y^4} \tag{7-7}$$

将式(7-5)～式(7-7)代入相容方程，得各待定函数应满足：

$$\frac{1}{2} \frac{\mathrm{d}^4 f(y)}{\mathrm{d} y^4} x^2 + \frac{\mathrm{d}^4 f_1(y)}{\mathrm{d} y^4} x + \frac{\mathrm{d}^4 f_2(y)}{\mathrm{d} y^4} + 2 \frac{\mathrm{d}^2 f(y)}{\mathrm{d} y^2} = 0 \tag{7-8}$$

此为关于 x 的二次方程，相容方程要求其对梁内任意截面都满足，即方程(7-8)存在无穷多根，则方程(7-8)的系数应满足：

$$\frac{\mathrm{d}^4 f(y)}{\mathrm{d} y^4} = 0 \tag{7-9}$$

$$\frac{\mathrm{d}^4 f_1(y)}{\mathrm{d} y^4} = 0 \tag{7-10}$$

$$\frac{\mathrm{d}^4 f_2(y)}{\mathrm{d} y^4} + 2 \frac{\mathrm{d}^2 f(y)}{\mathrm{d} y^2} = 0 \tag{7-11}$$

由式(7-9)、式(7-10)得

$$f(y) = A y^3 + B y^2 + C y + D, \quad f_1(y) = E y^3 + F y^2 + G y \tag{7-12}$$

此处略去 $f_1(y)$ 中常数项，其在应力函数 Φ 中为 x 的一次项，不影响应力分量。方程(7-11)要求：

$$\frac{\mathrm{d}^4 f_2(y)}{\mathrm{d} y^4} = -2 \frac{\mathrm{d}^2 f(y)}{\mathrm{d} y^2} = -12 A y - 4 B \tag{7-13}$$

则

$$f_2(y) = -\frac{A}{10} y^5 - \frac{B}{6} y^4 + H y^3 + K y^2 \tag{7-14}$$

其中一次项和常数项同样因为不影响应力分量而被略去。

将方程(7-12)、(7-14)代入应力函数得

$$\Phi = \frac{x^2}{2} (A y^3 + B y^2 + C y + D) + x (E y^3 + F y^2 + G y)$$

$$- \frac{A}{10} y^5 - \frac{B}{6} y^4 + H y^3 + K y^2 \tag{7-15}$$

2. 应力场求解

在得到应力函数的表达式(7-15)后，根据式(6-26)得

$$\sigma_x = \frac{x^2}{2} (6 A y + 2 B) + x (6 E y + 2 F) - 2 A y^3 - 2 B y^2 + 6 H y + 2 K \tag{7-16}$$

$$\sigma_y = Ay^3 + By^2 + Cy + D \tag{7-17}$$

$$\tau_{xy} = -x(3Ay^2 + 2By + C) - (3Ey^2 + 2Fy + G) \tag{7-18}$$

各应力分量满足平衡方程和相容方程。如果能够适当地选择待定常数 A、B、C、D、E、F、G、H、K，使得所有边界条件得到满足，则可得到应力分量的解答。

3. 利用几何对称性

如图 7.5，由于 y-z 平面为梁的几何和载荷的对称面，应力分布应关于 y-z 平面对称，进而可知，σ_x 和 σ_y 为 x 的偶函数，τ_{xy} 为 x 的奇函数。由式(7-18)可知：

$$E = F = G = 0 \tag{7-19}$$

4. 引入边界条件

通常情况下，梁的长度大于梁的深度，梁的上下两个边界占全部边界的绝大部分，因而为主要边界。在主要边界上，边界条件需精确满足；在次要边界上，如果边界条件不能精确满足，应采用圣维南原理，使边界条件近似满足。

考虑主要边界条件，对于上下边界：

$$\sigma_y\bigg|_{y=\frac{h}{2}} = 0, \quad \sigma_y\bigg|_{y=-\frac{h}{2}} = -q, \quad \tau_{xy}\bigg|_{y=\pm\frac{h}{2}} = 0 \tag{7-20}$$

将应力分量代入，并注意已经得出的 $E=F=G=0$，则有

$$\frac{h^3}{8}A + \frac{h^2}{4}B + \frac{h}{2}C + D = 0 \tag{7-21}$$

$$-\frac{h^3}{8}A + \frac{h^2}{4}B - \frac{h}{2}C + D = -q \tag{7-22}$$

$$-x\left(\frac{3}{4}h^2A + hB + C\right) = 0 \leftrightarrow \frac{3}{4}h^2A + hB + C = 0 \tag{7-23}$$

$$-x\left(\frac{3}{4}h^2A - hB + C\right) = 0 \leftrightarrow \frac{3}{4}h^2A - hB + C = 0 \tag{7-24}$$

由于以上四个方程线性无关，存在四个未知数，因而可以联立求得

$$A = -\frac{2q}{h^3}, \quad B = 0, \quad C = \frac{3q}{2h}, \quad D = -\frac{q}{2} \tag{7-25}$$

将以上确定的待定系数代入应力分量，得

$$\sigma_x = -\frac{6q}{h^3}x^2y + \frac{4q}{h^3}y^3 + 6Hy + 2K \tag{7-26}$$

$$\sigma_y = -\frac{2q}{h^3}y^3 + \frac{3q}{2h}y - \frac{q}{2} \tag{7-27}$$

$$\tau_{xy} = \frac{6q}{h^3}xy^2 - \frac{3q}{2h}x \tag{7-28}$$

对于左右边界，由于梁的几何和载荷的对称性，现仅考虑右端边界条件：

梁的右端，由于没有水平力作用，即当 $x=l$ 时，不论 y 取任何值，都有 $\sigma_x=0$。由式(7-26)可知，当 $q\neq 0$ 时，此条件无法满足。此时采用圣维南原理，只能要求 σ_x 在边界上构成平衡力系满足边界条件，即

$$\int_{-\frac{h}{2}}^{\frac{h}{2}} \sigma_x \Big|_{x=l} \, \mathrm{d}y = 0 \tag{7-29}$$

$$\int_{-\frac{h}{2}}^{\frac{h}{2}} \sigma_x \Big|_{x=l} y \, \mathrm{d}y = 0 \tag{7-30}$$

将式(7-26)代入式(7-29),得

$$\int_{-\frac{h}{2}}^{\frac{h}{2}} \left(-\frac{6ql^2}{h^3}y + \frac{4q}{h^3}y^3 + 6Hy + 2K \right) \mathrm{d}y = 0 \tag{7-31}$$

积分得

$$K = 0 \tag{7-32}$$

将式(7-26)代入式(7-30),并注意 $K=0$,得

$$\int_{-\frac{h}{2}}^{\frac{h}{2}} \left(-\frac{6ql^2}{h^3}y + \frac{4q}{h^3}y^3 + 6Hy \right) y \, \mathrm{d}y = 0 \tag{7-33}$$

积分得

$$H = \frac{ql^2}{h^3} - \frac{q}{10h} \tag{7-34}$$

对于梁的右端,切应力 τ_{xy} 的合成竖直向上的支反力 ql,即

$$\int_{-\frac{h}{2}}^{\frac{h}{2}} \tau_{xy} \Big|_{x=l} \, \mathrm{d}y = -ql \tag{7-35}$$

其中右端切应力向下为正,负号表示切应力 τ_{xy} 的合力竖直向上,与坐标轴方向相反。将式(7-28)代入,得

$$\int_{-\frac{h}{2}}^{\frac{h}{2}} \left(\frac{6ql}{h^3}y^2 - \frac{3ql}{2h} \right) \mathrm{d}y = -ql \tag{7-36}$$

积分可知,此条件满足。

将所得的 H 和 K 代入式(7-26)、式(7-27)、式(7-28)并整理,得

$$\sigma_x = \frac{6q}{h^3}(l^2 - x^2)y + \frac{q}{h}y\left(\frac{4y^2}{h^2} - \frac{3}{5} \right) \tag{7-37}$$

$$\sigma_y = -\frac{q}{2}\left(1 + \frac{y}{h} \right)\left(1 - \frac{2y}{h} \right)^2 \tag{7-38}$$

$$\tau_{xy} = -\frac{6q}{h^3}x\left(\frac{h^2}{4} - y^2 \right) \tag{7-39}$$

7.2.4　结果分析

1. 弹性力学解和材料力学解的差异

材料力学求解结果为

$$\sigma_x = \frac{M}{I}y \tag{7-40}$$

$$\tau_{xy} = \frac{F_s S}{bI} \tag{7-41}$$

其中,$M = \frac{q}{2}(l^2 - x^2)$ 为截面弯矩,$I = \frac{h^3}{12}$ 为惯性矩,$F_s = -qx$ 为剪力,$S = \frac{h^2}{8} - \frac{y^2}{2}$ 为静矩[2]。

下面根据弹性力学对三个应力分量的求解结果,对比材料力学,以研究二者的差异。

由于梁的矩形截面宽度 $b=1$，惯性矩 $I=\dfrac{h^3}{12}$，静矩 $S=\dfrac{h^2}{8}-\dfrac{y^2}{2}$，而梁的任意横截面上的弯矩和剪力分别为

$$M = ql(l-x) - \frac{q}{2}(l-x)^2 = \frac{q}{2}(l^2 - x^2) \tag{7-42}$$

$$F_s = -ql + q(l-x) = -qx \tag{7-43}$$

所以应力分量可以改写为

$$\sigma_x = \frac{M}{I}y + \frac{q}{h}y\left(\frac{4y^2}{h^2} - \frac{3}{5}\right) \tag{7-44}$$

$$\sigma_y = -\frac{q}{2}\left(1 + \frac{y}{h}\right)\left(1 - \frac{2y}{h}\right)^2 \tag{7-45}$$

$$\tau_{xy} = \frac{F_s S}{bI} \tag{7-46}$$

在弯曲正应力 σ_x 的表达式(7-44)中，第一项为主要项，其数值与材料力学中的解答相同；第二项为弹性力学对材料力学结果提出的修正项，对于 $l \gg h$ 的浅梁，弹性力学和材料力学的差别不大；对于深梁，修正项则较大，需要考虑。

正应力 σ_y 源于梁内各纤维之间的相互挤压，其最大值为 q，发生在梁的上表面，在材料力学中并未考虑此分量。

切应力 τ_{xy} 表达式与材料力学中完全相同。

各应力分量计算公式对比如表 7.1 所示。

表 7.1 弹性力学和材料力学计算公式对比

应力分量	弹性力学	材料力学
σ_x	$\dfrac{M}{I}y + \dfrac{q}{h}y\left(\dfrac{4y^2}{h^2} - \dfrac{3}{5}\right)$	$\dfrac{M}{I}y$
σ_y	$-\dfrac{q}{2}\left(1 + \dfrac{y}{h}\right)\left(1 - \dfrac{2y}{h}\right)^2$	0
τ_{xy}	$\dfrac{F_s S}{bI}$	$\dfrac{F_s S}{bI}$

为了进一步考查各应力分量的弹性力学解和材料力学解的差异，取 $x=0$ 截面(即梁的中间截面)作为考查截面，弹性力学与材料力学求解结果如表 7.2、图 7.6、图 7.7 所示。

表 7.2 弹性力学和材料力学求解结果对比

跨高比 $\dfrac{2l}{h}$	σ_x/q		σ_y/q	
	弹性力学解	材料力学解	弹性力学解	材料力学解
5	$4\left(\dfrac{y}{h}\right)^3 + 36.9\left(\dfrac{y}{h}\right)$	$37.4\left(\dfrac{y}{h}\right)$	$-\dfrac{1}{2}\left(1 + \dfrac{y}{h}\right)\left(1 - \dfrac{2y}{h}\right)^2$	0
2.5	$4\left(\dfrac{y}{h}\right)^3 + 8.775\left(\dfrac{y}{h}\right)$	$9.375\left(\dfrac{y}{h}\right)$		
1	$4\left(\dfrac{y}{h}\right)^3 + 0.9\left(\dfrac{y}{h}\right)$	$1.5\left(\dfrac{y}{h}\right)$		

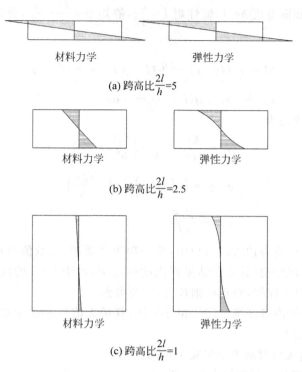

图 7.6　弹性力学和材料力学中 σ_x 求解结果对比

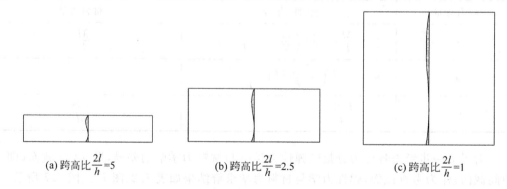

图 7.7　弹性力学和材料力学中 σ_y 求解结果对比

分析可知，σ_x 对于跨高比较大的浅梁而言，弹性力学与材料力学结果基本一致；对于跨高比较小的深梁而言，弹性力学与材料力学结果差异较大。

2. 弹性力学求解结果中各横截面的差异

为反映深梁特性，取 $\dfrac{2l}{h}=1$ 的深梁，分别针对横截面 $x=-\dfrac{l}{2}$，$x=0$，$x=\dfrac{l}{2}$，求解结果如表 7.3、图 7.8 所示。

表 7.3 不同横截面深梁的求解结果对比

	σ_x	σ_y	τ_{xy}
$x=-\dfrac{l}{2}$	$4\left(\dfrac{y}{h}\right)^3-8.475\left(\dfrac{y}{h}\right)$		$\dfrac{7.4q}{h^2}\left(\dfrac{h^2}{4}-y^2\right)$
$x=0$	$4\left(\dfrac{y}{h}\right)^3+0.9\left(\dfrac{y}{h}\right)$	$-\dfrac{1}{2}\left(1+\dfrac{y}{h}\right)\left(1-\dfrac{2y}{h}\right)^2$	0
$x=\dfrac{l}{2}$	$4\left(\dfrac{y}{h}\right)^3-8.475\left(\dfrac{y}{h}\right)$		$-\dfrac{7.4q}{h^2}\left(\dfrac{h^2}{4}-y^2\right)$

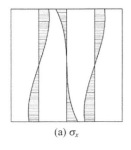 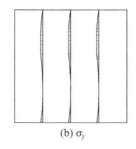 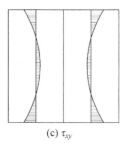

(a) σ_x (b) σ_y (c) τ_{xy}

图 7.8 $\dfrac{2l}{h}=1$,不同横截面深梁的求解结果对比

按照所得应力分量表达式,在梁的左边和右边,有水平面力:

$$\bar{f}_x=\pm\left.\sigma_x\right|_{x=\pm l}=\pm\frac{q}{h}y\left(\frac{4y^2}{h^2}-\frac{3}{5}\right) \tag{7-47}$$

实际上,对于简支梁左右端部不存在此种面力,但由于其在端部横截面内构成平衡力系,根据圣维南原理,对于远离端部区域无影响,因此应力分量公式对于梁的大部分区域都适用。

7.2.5 工程应用

1. 梁的多支点支撑

由式(7-37)可以看出,梁的各应力分量中较大的弯曲正应力 σ_x 正比于梁的跨度 l^2。在工程设计中,为保证梁具有足够的强度储备,通常在梁的跨度方向增加支点数量,以降低梁的应力水平。图 7.9 为典型的采用多支点设计的桥梁结构。

图 7.9 多支点桥梁结构

2. 工字型与 T 字型截面梁

由式(7-37)~式(7-39)可知,在横截面上,正应力关于中性轴成单调分布,距中性轴最远的材料承受最大的拉应力和压应力。对于一般的钢材,由于材料的许用拉应力和许用压应力相等,可以将梁的横截面设计成关于中性轴对称,如工字型截面(图 7.10(a));对于铸铁等脆性材料,由于材料许用压应力高于许用拉应力,可以将横截面设计为关于中性轴非对称,如 T 字型截面,并将较宽侧置于材料受拉一侧(图 7.10(b))。

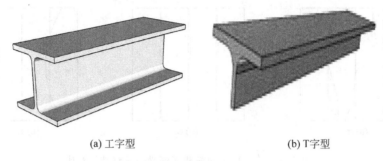

(a) 工字型   (b) T字型

图 7.10 典型的梁截面

3. 等强度梁

在梁结构中,最大正应力位于横截面上弯矩最大、距中性轴最远的各点上。为了充分利用材料,可以在弯矩大的截面,保持较大横截面积;而弯矩较小截面处,减小横截面积,将梁截面设计为沿轴向变化的,即变截面梁。最理想的变截面梁使各个截面的最大正应力基本一致,即等强度梁。图 7.11 为依据等强度梁概念设计的汽车减震用叠板弹簧结构。

图 7.11 汽车减震用叠板弹簧结构

7.3 旋转圆盘应力分布

7.3.1 工程背景

工程结构中的很多圆盘结构在旋转状态下工作,而且工作转速往往很高,离心载荷很大,圆盘破裂后会造成严重甚至灾难性后果,因此,需要对结构的应力分布进行研究,使其满足一定的强度设计准则。常见的圆盘结构有：用来存储文件的光盘，其转速每分钟可以达到几千转；内燃机中的飞轮，工作转速一般在每分钟几千转；燃气轮机中的压气机或涡轮盘，其转速可达每分钟数万转以上，如图 7.12 所示。

(a) 光盘

(b) 内燃机飞轮

压气机　涡轮

压气机盘　　涡轮盘

(c) 航空发动机压气机盘及涡轮盘

图　7.12

　　圆盘结构弹性问题的求解从 20 世纪 60 年代开始。1962 年，英国学者 Johnson W 和 Mellor P B[3] 通过推导得出结论：径向应力在旋转圆盘中心取有限值，并且在自由外圆边界为零。1970 年，美籍俄罗斯力学家铁木辛柯和英国力学家古地尔（James Norman Goodier，1905—1969）[4] 首先给出了外边界自由旋转圆盘的完整弹性解。

7.3.2 物理模型

实际圆盘大多剖面形状较为复杂,而且同时受自身离心、热等多种载荷的共同作用,受力状态较为复杂。此次求解针对等厚度圆盘,且仅受自身的离心载荷,并做以下假设:

(1) 圆盘是薄盘,应力沿厚度方向均匀分布。在等厚度轮盘情况下,当轮盘厚度小于轮盘外径的 1/4 时,可以认为应力在任何半径上沿厚度为均匀分布;

(2) 轮盘处于平面应力状态($\sigma_z = \tau_{zr} = \tau_{z\theta} = 0$)。

在求解和分析中,圆盘分为两类,实心圆盘和空心圆盘。

实心圆盘物理模型:半径为 b,厚度为 $h(h < b/4)$ 的实心圆盘如图 7.13 所示,外边界为自由边界。圆盘工作时绕其中心轴 z(过圆心且垂直与圆盘,即图 7.13 中垂直于纸面的方向)旋转,其角速度为 ω,圆盘材料密度为 ρ。

空心圆盘物理模型:内径为 a,外径为 b,厚度为 $h(h < b/4)$ 的空心圆盘如图 7.14 所示,内孔表面与外边界为自由边界。载荷条件及材料属性与实心圆盘相同。

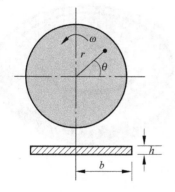
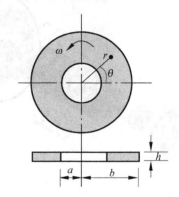

图 7.13 实心圆盘模型   图 7.14 空心圆盘模型

实心圆盘和空心圆盘在求解时,基本方程及其推导过程相同,仅在具体边界条件上会有差异,进而导致求解结果差异。

7.3.3 求解过程

可以看出,旋转圆盘问题为位移轴对称问题,其特征为 $u_\theta = 0$,u_r 只是 r 的函数。

圆盘上任意一点具有大小为 ωr^2 的向心加速度,每单位体积上受到的离心惯性力为 $\rho\omega r^2$。不计圆盘自身重力,则圆盘可以看作是在如下受力作用下处于平衡状态:

$$F_r = \rho r \omega^2, \quad F_Z = 0 \tag{7-48}$$

结合轮盘平面应力状态假设,并将式(7-48)代入平衡微分方程,得

$$\frac{\partial \sigma_r}{\partial r} + \frac{\sigma_r - \sigma_\theta}{r} = -\rho\omega r^2 \tag{7-49}$$

几何方程为

$$\varepsilon_r = \frac{\partial u_r}{\partial r}, \quad \varepsilon_\theta = \frac{u_r}{r}, \quad \gamma_{r\theta} = 0 \tag{7-50}$$

弹性本构方程为

$$\begin{cases} \varepsilon_r = \dfrac{1}{E}(\sigma_r - \nu\sigma_\theta) \\[2mm] \varepsilon_\theta = \dfrac{1}{E}(\sigma_\theta - \nu\sigma_r) \end{cases} \tag{7-51}$$

将式(7-50)代入式(7-51),得到用位移表示的应力分量:

$$\begin{cases} \sigma_r = \dfrac{E}{1-\nu^2}\left(\dfrac{\mathrm{d}u_r}{\mathrm{d}r} + \nu\dfrac{u_r}{r}\right) \\[2mm] \sigma_\theta = \dfrac{E}{1-\nu^2}\left(\dfrac{u_r}{r} + \nu\dfrac{\mathrm{d}u_r}{\mathrm{d}r}\right) \end{cases} \tag{7-52}$$

将式(7-52)代入平衡方程式(7-49)得

$$\frac{\mathrm{d}^2 u_r}{\mathrm{d}r^2} + \frac{1}{r}\frac{\mathrm{d}u_r}{\mathrm{d}r} - \frac{u_r}{r^2} + \frac{1-\nu^2}{E}\rho\omega^2 r = 0 \tag{7-53}$$

解得

$$u_r = C_1 r + \frac{C_2}{r} - \frac{1-\nu^2}{8E}\rho\omega^2 r^2 \tag{7-54}$$

将上式代入式(7-52)得

$$\begin{cases} \sigma_r = C_1 + \dfrac{C_2}{r^2} - \dfrac{3+\nu}{8}\rho\omega^2 r^2 \\[2mm] \sigma_\theta = C_1 - \dfrac{C_2}{r^2} - \dfrac{1+3\nu}{8}\rho\omega^2 r^2 \end{cases}$$

1. 实心圆盘求解结果

考虑实际工作中的实心圆盘,盘心处应力一定为有限值,可得 $C_2=0$。外边界为自由边界,$r=b$ 处无面力:

$$\sigma_r\Big|_{r=b} = F_r = 0$$

由此解得

$$C_1 = \frac{3+\nu}{8}\rho\omega^2 b^2$$

对应的应力分量为

$$\begin{cases} \sigma_r = \dfrac{3+\nu}{8}\rho\omega^2(b^2 - r^2) \\[2mm] \sigma_\theta = \dfrac{3+\nu}{8}\rho\omega^2\left(b^2 - \dfrac{1+3\nu}{3+\nu}r^2\right) \end{cases}$$

2. 空心圆盘求解结果

考虑实际工作中的空心圆盘,内孔表面与外边界为自由边界,即 $r=a$ 处、$r=b$ 处,无面力:

$$\sigma_r\Big|_{r=a} = \sigma_r\Big|_{r=b} = 0$$

由此解得

$$\begin{cases} C_1 = \dfrac{\rho\omega^2}{8(a^2+b^2)}\left[(3+\nu)a^4 + (1+3\nu)b^4\right] \\[3mm] C_2 = \dfrac{\rho\omega^2 a^2 b^2}{8(a^2+b^2)}\left[(3+\nu)a^2 - (1+3\nu)b^2\right] \end{cases}$$

对应的应力分量为

$$\begin{cases} \sigma_r = \dfrac{3+\nu}{8}\rho\omega^2\left(b^2 + a^2 - \dfrac{a^2 b^2}{r^2} - r^2\right) \\[3mm] \sigma_\theta = \dfrac{3+\nu}{8}\rho\omega^2\left(b^2 + a^2 + \dfrac{a^2 b^2}{r^2} - \dfrac{1+3\nu}{3+\nu}r^2\right) \end{cases}$$

7.3.4　结果分析

1. 实心圆盘

由应力分量解析式可得实心圆盘应力分布规律如图 7.15 所示。

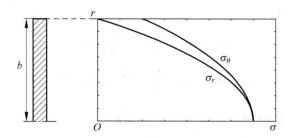

图 7.15　实心圆盘应力分量分布规律

根据应力分量的计算结果可以得到,应力分量的大小随着到中心轴距离 r 而变化,如图 7.15 所示。通过图中曲线,可以明显发现,旋转中的实心圆盘,径向应力和周向应力均在盘心处达到最大值:

$$\begin{cases} \sigma_{r\mathrm{max}}\bigg|_{r=0} = \dfrac{3+\nu}{8}\rho\omega^2 b^2 \\[3mm] \sigma_{\theta\mathrm{max}}\bigg|_{r=0} = \dfrac{3+\nu}{8}\rho\omega^2 b^2 \end{cases} \tag{7-55}$$

2. 空心圆盘

由应力分量解析式可得空心圆盘应力分布规律,与实心圆盘应力分布对比如图 7.16 所示。

实心、空心圆盘应力分量的大小随着到中心轴距离 r 的变化规律如图 7.16 所示。通过图中曲线,可以明显发现,旋转中的空心圆盘,周向应力在孔边处有最大应力:

$$\sigma_{\theta\mathrm{max}}\bigg|_{r=a} = \dfrac{3+\nu}{4}\rho\omega^2\left(b^2 + \dfrac{1-\nu}{3+\nu}a^2\right) \tag{7-56}$$

径向应力在 $r=\sqrt{ab}$ 处有最大应力:

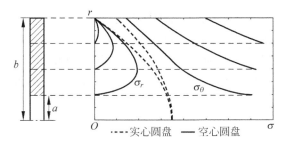

图 7.16　空心圆盘应力分量分布规律

$$\left.\sigma_{r\max}\right|_{r=\sqrt{ab}} = \frac{3+\nu}{8}\rho\omega^2(b-a)^2 \tag{7-57}$$

7.3.5　工程应用

1. 轮毂部位加厚

由式(7-55)和式(7-56)可知,空心盘周向应力比实心盘大,当 $a\approx 0$ 时,空心盘中心周向应力为实心盘中心周向应力的两倍。所以,圆盘中心有孔时,尽管孔的直径很小,其最大周向应力至少比实心盘增大一倍。因此,在设计轮盘等结构时,会针对轮毂高应力的特点,对轮毂部位进行加厚处理(图 7.17(a))。

(a) 轮盘轮毂加厚

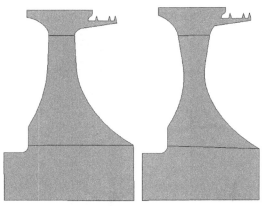

(b) 优化前后涡轮盘几何模型对比图[6]

图 7.17　涡轮盘

对于航空发动机涡轮盘，需要在满足强度要求的前提下，尽量减轻其重量。在设计过程中，以涡轮盘重量为优化目标函数，选取轮盘的几何尺寸作为设计变量，以内外径大小为几何约束条件，以盘心、辐板等部位的强度准则为强度约束条件，采用罚函数法进行迭代计算，可以得到优化后的涡轮盘剖面形状，实现涡轮盘减重的目的。涡轮盘优化前后的剖面形状，如图 7.17(b)所示。

2. 辐板处的应力要求

由式(7-56)和式(7-57)可知，空心圆盘在旋转工作时，最大周向应力出现在盘心，最大径向应力出现在盘心和盘缘之间，即"辐板"部位。因此，涡轮盘在进行强度设计校核时，往往会针对盘心的周向应力和辐板的最大径向应力提出明确的强度设计要求。如斯贝 MK 202 发动机(图 7.18)应力标准(EGD-3)中[7]，关于涡轮盘的强度设计准则中就明确规定：内径处的周向应力必须小于涡轮盘材料 0.1％屈服强度的 95％，最大离心径向应力必须小于涡轮盘材料 0.1％屈服强度的 75％。

图 7.18　斯贝 MK 202 发动机

3. 多轴应力状态

由式(7-52)可知，空心圆盘在旋转时，大部分部位的应力状态是：受互相垂直的周向应力和径向应力的共同作用，为多轴应力状态。为了研究多轴应力下的疲劳寿命，可以通过设计，开展十字形试验件(图 7.19)的疲劳试验，对圆盘结构的多轴受力状态进行模拟。

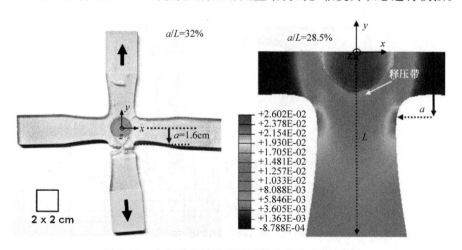

图 7.19　十字形多轴疲劳试验件及其应力分布[8]

7.4 小孔应力集中

7.4.1 工程背景

应力集中[9]是指对于外载荷作用下的结构,当沿受力方向的横截面存在不连续或突变时(如小孔、凹槽、裂纹、尖角等),在截面变化处,局部的应力值远高于该截面平均应力的现象。应力集中系数 K 可以反映局部应力增大的程度,其定义如下:

$$K = \frac{\sigma_{\max}}{\sigma_n} \tag{7-58}$$

式中: σ_n 为名义应力,是指在不考虑应力集中条件下,直接计算力与横截面面积之比求得的应力。 $\sigma_{\max}$ 为最大局部应力。根据应力集中系数 K 的定义可以知道,应力集中系数 K 一定恒大于 1,并且其取值仅与结构本身的具体形状有关,与结构所受外载荷大小无关。显然,应力集中系数 K 值越大,表明该处的应力集中越严重,局部最大应力越大。因此,在实际工程应用中,在不可避免应力集中的情况下,应当采取一切措施使应力集中系数 K 值尽可能降到最低。

应力集中现象在现实生活以及实际工程应用中普遍存在。例如,易拉罐开口处往往会有一道刻痕(图 7.20),这是因为刻痕会引起该处产生应力集中,在外载荷作用下应力水平会显著增高,因此在开启易拉罐时拉环会很轻易地沿着刻痕处撕开。除此之外,在工程结构中,用于定位不同内径零件的阶梯轴的轴肩处(图 7.21(a))、金属平板的铆钉连接孔处(图 7.21(b))、方形门窗结构的拐角处等(图 7.22)都会出现不同程度的应力集中。

图 7.20 易拉罐刻痕处的应力集中

(a)阶梯轴

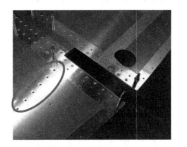

(b) 平板铆接孔

图 7.21 应力集中现象

针对应力集中问题解析理论的研究,最早可以追溯到 19 世纪末。1898 年,德国科学家基尔斯[10]首次推导了带小孔的无限大平板在受均布的单轴拉应力条件下,小孔边缘的应力分布情况以及应力集中的最大应力结果。1907 年和 1914 年,苏联的克罗索夫[11]以及英国工程师因格里斯(Charles Edward Inglis,1875—1952)[12]分别独立地推导了椭圆孔附近应力集中结果,研究结果表明,当椭圆孔短轴与长轴相比越来越小时,椭圆孔短边处的应力集中会越来越大。

7.4.2　物理模型

一般来说,许多工程问题中的应力集中可以简化为带圆孔的平板平面应力问题,本章将应力集中问题简化为带圆孔的无限大平板的平面应力问题。物理模型如图 7.23 所示,圆孔半径为 a,板的特征尺寸远大于 a,并在无限远处受到均匀拉应力 q 的作用。

图 7.22　建筑房屋开窗的应力集中现象

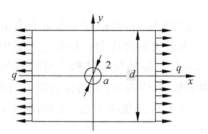

图 7.23　带圆孔的无限大平板在两端受均布载荷拉伸

7.4.3　求解过程

1. 边界条件转化

根据求解问题的几何特点,主要关注小孔附近的应力分布,因此,选用在极坐标系下进行求解。

首先为了便于求解,将边界条件转换到极坐标系下。以孔心为圆心、b(b 远大于 a)为半径作一个圆。因为 b 远大于 a,所以这种转换不会影响孔边的应力状态,那么原问题就转化为无限大圆板中间开一圆孔的问题,如图 7.24 所示。

根据圣维南原理,在图 7.24 的坐标系中,离圆孔较远处局部应力集中的影响将消失,其应力为:$\sigma_x = q$,$\sigma_y = 0$,$\tau_{xy} = 0$。对应力边界条件进行坐标变换,可以得到极坐标系中的边界条件如下:

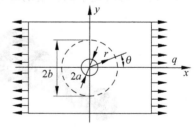

图 7.24　带孔的无限大圆板模型

$$\begin{cases} \sigma_r \big|_{r=a} = 0 \\ \tau_{r\theta} \big|_{r=a} = 0 \end{cases}$$

(7-59)

$$
\begin{cases}
\sigma_r \bigg|_{r=b} = \dfrac{\sigma_x + \sigma_y}{2} + \dfrac{\sigma_x - \sigma_y}{2}\cos2\theta + \tau_{xy}\sin2\theta = \dfrac{q}{2} + \dfrac{q}{2}\cos2\theta \\
\tau_{r\theta} \bigg|_{r=b} = -\dfrac{\sigma_x - \sigma_y}{2}\sin2\theta + \tau_{xy}\cos2\theta = -\dfrac{q}{2}\sin2\theta
\end{cases} \tag{7-60}
$$

上述两式中,式(7-59)为内边界条件,式(7-60)为外边界条件。为了便于求解,把外边界条件分为条件 A 和条件 B,并分别对两种边界条件进行求解后,利用线性叠加原理,将求解结果进行叠加。两种边界条件分别如式(7-61)和式(7-62)所示:

条件 A:

$$
\begin{cases}
\sigma_r \bigg|_{r=b} = \dfrac{q}{2} \\
\tau_{r\theta} \bigg|_{r=b} = 0
\end{cases} \tag{7-61}
$$

条件 B:

$$
\begin{cases}
\sigma_r \bigg|_{r=b} = \dfrac{q}{2}\cos2\theta \\
\tau_{r\theta} \bigg|_{r=b} = -\dfrac{q}{2}\sin2\theta
\end{cases} \tag{7-62}
$$

(1) 求解外边界条件 A 和内边界条件下的应力分布为轴对称问题,根据 6.2.5 节轴对称问题的求解结果式(6-49),可以直接得到该条件下的应力分布如式(7-63)所示:

$$
\begin{cases}
\sigma_{r1} = \dfrac{1 - \dfrac{a^2}{r^2}}{1 - \dfrac{a^2}{b^2}} \dfrac{q}{2} \\
\sigma_{\theta1} = \dfrac{1 + \dfrac{a^2}{r^2}}{1 - \dfrac{a^2}{b^2}} \dfrac{q}{2} \\
\tau_{r\theta1} = 0
\end{cases} \tag{7-63}
$$

(2) 求解外边界条件 B 和内边界条件下的应力分布为非轴对称问题,可以通过半逆解法来进行求解。

2. 应力函数选取

选取应力函数 Φ,根据公式(6-47)应力函数应满足相容条件:

$$
\left(\dfrac{\partial^2}{\partial r^2} + \dfrac{1}{r}\dfrac{\partial}{\partial r} + \dfrac{1}{r^2}\dfrac{\partial^2}{\partial \theta^2} \right)^2 \Phi = 0 \tag{7-64}
$$

根据外边界条件 B 的表达形式以及极坐标下的应力分量表达形式(6-48):

$$
\begin{cases}
\sigma_r = \dfrac{1}{r}\dfrac{\partial \Phi}{\partial r} + \dfrac{1}{r^2}\dfrac{\partial^2 \Phi}{\partial \theta^2} \\
\tau_{r\theta} = -\dfrac{\partial}{\partial r}\left(\dfrac{1}{r}\dfrac{\partial \Phi}{\partial \theta} \right)
\end{cases}
$$

可以假设应力函数的表达式为

$$\Phi = f(r)\cos2\theta \tag{7-65}$$

将式(6-48)和式(7-65)代入式(7-64),得

$$\left(\frac{\mathrm{d}^4 f(r)}{\mathrm{d}r^4} + \frac{2}{r}\frac{\mathrm{d}^3 f(r)}{\mathrm{d}r^3} - \frac{9}{r^2}\frac{\mathrm{d}^2 f(r)}{\mathrm{d}r^2} + \frac{9}{r^3}\frac{\mathrm{d}f(r)}{\mathrm{d}r}\right)\cos2\theta = 0$$

进一步化简得

$$\frac{\mathrm{d}^4 f(r)}{\mathrm{d}r^4} + \frac{2}{r}\frac{\mathrm{d}^3 f(r)}{\mathrm{d}r^3} - \frac{9}{r^2}\frac{\mathrm{d}^2 f(r)}{\mathrm{d}r^2} + \frac{9}{r^3}\frac{\mathrm{d}f(r)}{\mathrm{d}r} = 0 \tag{7-66}$$

令 $r = e^t$,得

$$\frac{\mathrm{d}^4 f(t)}{\mathrm{d}t^4} - 4\frac{\mathrm{d}^3 f(t)}{\mathrm{d}t^3} - 4\frac{\mathrm{d}^2 f(t)}{\mathrm{d}t^2} + 16\frac{\mathrm{d}f(t)}{\mathrm{d}t} = 0 \tag{7-67}$$

可得特征方程:

$$\lambda^4 - 4\lambda^3 + 4\lambda^2 + 16\lambda = 0 \tag{7-68}$$

得到特征根为

$$\lambda_1 = 4, \quad \lambda_2 = 2, \quad \lambda_3 = 0, \quad \lambda_4 = -2 \tag{7-69}$$

则有

$$f(t) = A\mathrm{e}^{4t} + B\mathrm{e}^{2t} + C + D\mathrm{e}^{-2t} \tag{7-70}$$

进一步可得

$$f(r) = Ar^4 + Br^2 + C + D\frac{1}{r^2} \tag{7-71}$$

则应力函数和应力分量分别如式(7-72)和式(7-73):

$$\Phi = \left(Ar^4 + Br^2 + C + D\frac{1}{r^2}\right)\cos2\theta \tag{7-72}$$

$$\begin{cases}
\sigma_{r2} = \dfrac{1}{r}\dfrac{\partial \Phi}{\partial r} + \dfrac{1}{r^2}\dfrac{\partial^2 \Phi}{\partial \theta^2} = -\left(2B + \dfrac{4C}{r^2} + \dfrac{6D}{r^4}\right)\cos2\theta \\[2mm]
\sigma_{\theta2} = \dfrac{\partial^2 \Phi}{\partial r^2} = \left(12Ar^2 + 2B + \dfrac{6D}{r^4}\right)\cos2\theta \\[2mm]
\tau_{r\theta2} = -\dfrac{\partial}{\partial r}\left(\dfrac{1}{r}\dfrac{\partial \Phi}{\partial \theta}\right) = \left(6Ar^2 + 2B - \dfrac{2C}{r^2} - \dfrac{6D}{r^4}\right)\sin2\theta
\end{cases} \tag{7-73}$$

3. 确定系数

将内边界条件(7-59)和外边界条件 B(式(7-62))代入式(7-73),得

$$\begin{cases}
-\left(2B + \dfrac{4C}{a^2} + \dfrac{6D}{a^4}\right)\cos2\theta = 0 \\[2mm]
\left(6Aa^2 + 2B - \dfrac{2C}{a^2} - \dfrac{6D}{a^4}\right)\sin2\theta = 0 \\[2mm]
-\left(2B + \dfrac{4C}{b^2} + \dfrac{6D}{b^4}\right)\cos2\theta = \dfrac{q}{2}\cos2\theta \\[2mm]
\left(6Ab^2 + 2B - \dfrac{2C}{b^2} - \dfrac{6D}{b^4}\right)\sin2\theta = -\dfrac{q}{2}\sin2\theta
\end{cases} \tag{7-74}$$

即

$$\begin{cases} 2B + \dfrac{4C}{a^2} + \dfrac{6D}{a^4} = 0 & (7\text{-}75\text{a}) \\[3mm] 6Aa^2 + 2B - \dfrac{2C}{a^2} - \dfrac{6D}{a^4} = 0 & (7\text{-}75\text{b}) \\[3mm] 2B + \dfrac{4C}{b^2} + \dfrac{6D}{b^4} = -\dfrac{q}{2} & (7\text{-}75\text{c}) \\[3mm] 6Ab^2 + 2B - \dfrac{2C}{b^2} - \dfrac{6D}{b^4} = -\dfrac{q}{2} & (7\text{-}75\text{d}) \end{cases}$$

将式(7-75a)、式(7-75b)相减,式(7-75c)、式(7-75d)相减,得

$$\begin{cases} Aa^2 - \dfrac{C}{a^2} - \dfrac{2D}{a^4} = 0 & (7\text{-}76\text{a}) \\[3mm] Ab^2 - \dfrac{C}{b^2} - \dfrac{2D}{b^4} = 0 & (7\text{-}76\text{b}) \end{cases}$$

式(7-76a)除以 a^2,式(7-76b)除以 b^2 后,再相减,并考虑到 b 远大于 a,得

$$C + \frac{2D}{a^2} = 0 \tag{7-77}$$

将式(7-75a)与式(7-75c)相减,并考虑到 b 远大于 a,得

$$2C + \frac{3D}{a^2} = \frac{qa^2}{4} \tag{7-78}$$

联立式(7-77)与式(7-78),解得

$$C = \frac{qa^2}{2}, \quad D = -\frac{qa^4}{4} \tag{7-79}$$

将式(7-79)代入式(7-76),解得

$$A = 0 \tag{7-80}$$

将式(7-79)与式(7-80)代入式(7-75),解得

$$B = -\frac{q}{4} \tag{7-81}$$

因此,

$$A = 0, \quad B = -\frac{1}{4}q, \quad C = \frac{qa^2}{2}, \quad D = -\frac{qa^4}{4} \tag{7-82}$$

4. 应力分量

将式(7-82)代入式(7-73),得到各应力分量为

$$\begin{cases} \sigma_{r2} = \dfrac{q}{2}\left(1 - \dfrac{a^2}{r^2}\right)\left(1 - \dfrac{3a^2}{r^2}\right)\cos 2\theta \\[3mm] \sigma_{\theta2} = -\dfrac{q}{2}\left(1 + 3\dfrac{a^4}{r^4}\right)\cos 2\theta \\[3mm] \tau_{r\theta2} = \tau_{\theta r} = -\dfrac{q}{2}\left(1 - \dfrac{a^2}{r^2}\right)\left(1 + \dfrac{3a^2}{r^2}\right)\sin 2\theta \end{cases} \tag{7-83}$$

综合对称问题和非对称问题的应力分布,得到小孔应力集中问题的解:

$$\begin{cases} \sigma_r = \dfrac{q}{2}\left(1-\dfrac{a^2}{r^2}\right)+\dfrac{q}{2}\left(1-\dfrac{a^2}{r^2}\right)\left(1-\dfrac{3a^2}{r^2}\right)\cos 2\theta \\[3mm] \sigma_\theta = \dfrac{q}{2}\left(1+\dfrac{a^2}{r^2}\right)-\dfrac{q}{2}\left(1+3\,\dfrac{a^4}{r^4}\right)\cos 2\theta \\[3mm] \tau_{r\theta} = -\dfrac{q}{2}\left(1-\dfrac{a^2}{r^2}\right)\left(1+\dfrac{3a^2}{r^2}\right)\sin 2\theta \end{cases} \tag{7-84}$$

式(7-84)的应力分量解也称作基尔斯(Kirsch)解。若需要考虑直角坐标系下的应力分布情况,可将式(7-84)按下式进行转换:

$$\begin{bmatrix} \sigma_x \\ \sigma_y \\ \tau_{xy} \end{bmatrix} = \begin{bmatrix} \cos^2\theta & \sin^2\theta & -2\sin\theta\cos\theta \\ \sin^2\theta & \cos^2\theta & 2\sin\theta\cos\theta \\ \sin\theta\cos\theta & -\sin\theta\cos\theta & \cos^2\theta-\sin^2\theta \end{bmatrix} \begin{bmatrix} \sigma_r \\ \sigma_\theta \\ \tau_{r\theta} \end{bmatrix} \tag{7-85}$$

其中,$r=\sqrt{x^2+y^2}$,$\theta=\arctan(y/x)$。

7.4.4　结果分析

对于式(7-84)及式(7-85)的计算结果,往往需要关注孔边的应力分布情况,以及不同部位的 x、y 方向正应力和切应力分布情况。

(1) 对于孔边应力,由于 $r=a$,则

$$\sigma_r = \tau_{r\theta} = 0, \quad \sigma_\theta = q - 2q\cos 2\theta$$

可以看出,孔边仅有沿小孔环向的正应力,径向正应力及切应力均为零。小孔环向正应力的分布如图 7.25 所示。可以看出,当 $\theta=90°$ 或 $\theta=270°$ 时,孔边的环向应力最大,最大应力为 $3q$。根据应力集中系数的定义,对于两端受均布载荷的带有圆孔的平板,其圆孔处的应力集中系数 $K=3$。

(2) 对于不同位置的 x 方向的正应力分布如图 7.26 所示。从图中可以看出,随着离圆孔中心的位置越来越远,x 方向正应力的大小趋向于 q。

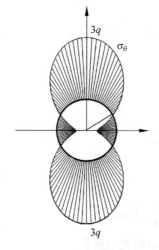

图 7.25　小孔边缘的环向正应力分布

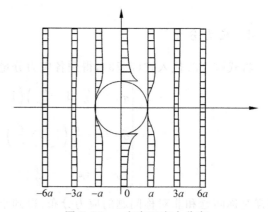

图 7.26　x 方向正应力分布

（3）对于不同位置的 y 方向的正应力分布如图 7.27 所示。从图中可以看出,随着离圆孔中心的位置越来越远,环向正应力的大小逐渐趋向于 0。

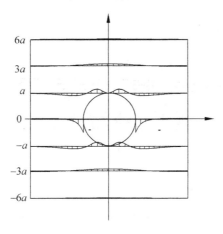

图 7.27 y 方向正应力分布

7.4.5 工程应用

应力集中会使得结构在局部出现应力过大,而这种局部应力过大的现象在实际工程应用中需要有区别地避免或者利用。下面是 3 个应力集中现象的工程应用。

1. 飞机的舷窗结构

1954 年一架英国海外航空公司的"彗星"Ⅰ型客机(图 7.28)在从意大利罗马飞往目的地英国伦敦的途中,在空中解体,坠入地中海,机上所有乘客和机组人员全部遇难。同年,又有两架该型飞机发生解体事故。事故调查结果表明[13],由于该型飞机采用了方形舷窗结构,使得舷窗拐角处出现较大应力集中,飞机在多次起降过程中,造成该处结构破坏。因此,此后飞机舷窗均采用圆形结构或设计有很大的圆角(图 7.29)。

图 7.28 "彗星"Ⅰ型客机

图 7.29 飞机舷窗改进设计

2. 航空发动机机匣结构

由于圆孔的应力集中系数小于其他形式的孔,因此在某些情况下,对出现细小裂纹的结构,在裂纹处可以进行倒圆处理,可以使结构在该处的应力集中现象明显减小,达到止裂的目的。如某型航空发动机机匣,存在一个拐角(如图 7.30),由于原始设计不合理,结构拐角处未采用圆角过渡,导致应力集中明显,易发生裂纹。通过在该拐角处加工内圆角(图 7.31),可以降低该处的应力集中效应,有效阻止裂纹的进一步扩展。

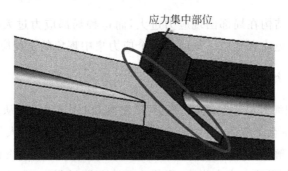

图 7.30 原始机匣拐角处设计

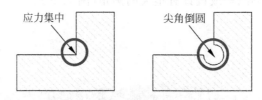

图 7.31 加工内圆角前后的机匣拐角处对比

3. 食品包装袋

实际工程应用中,有时候会利用结构的应力集中,达到结构较易断裂的目的。例如食品包装袋开口处设计成锯齿结构(图 7.32),其目的是利用应力集中现象,使得在撕开包装袋时,用较小的力使锯齿处产生较大应力,从而很容易地撕开包装袋。

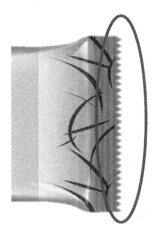

图 7.32　食品包装袋的锯齿封口

7.5　等截面柱体扭转

7.5.1　工程背景

各类旋转机械一般都是通过轴的扭转来实现能量传递的。例如,在航空发动机中,涡轮产生的巨大扭矩通过发动机主轴带动压气机转子高速旋转(图 7.33);在发动机前置、后驱驱动的汽车中,发动机产生的扭矩需要通过传动轴传递到驱动轮,从而驱动汽车前进(图 7.34)。

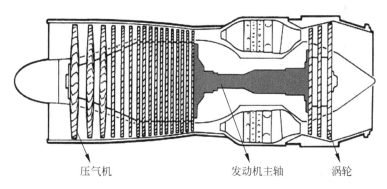

压气机　　　　　　　　　发动机主轴　　　涡轮

图 7.33　航空涡轮喷气发动机结构简图

如第 6 章所述,针对柱体扭转问题的研究经过了漫长的发展过程,直到 1853 年,才由法国科学家圣维南采用半逆解法求解,精确给出了各种截面柱体受扭后求解结果的解析表达式,全面完善了柱体扭转问题求解的理论体系。再到后来普朗特提出扭转问题的薄膜比拟法,使得柱体扭转问题的工程应用变得更加简单、方便[14]。

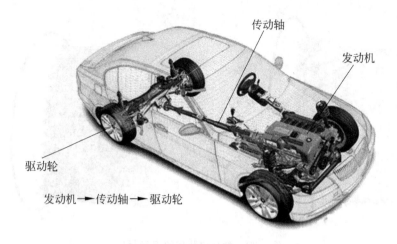

传动轴

发动机

驱动轮

发动机→传动轴→驱动轮

图 7.34　汽车扭矩传递简图

7.5.2　物理模型

如图 7.35 所示,柱体表面自由,不计体力,在端面力矩 M 作用下发生扭转。柱体横截面如图 7.36 所示,椭圆长半轴为 a,短半轴为 b,其边界方程为

$$\frac{x^2}{a^2} + \frac{y^2}{b^2} - 1 = 0$$

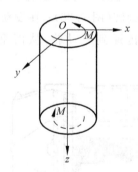

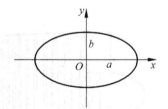

图 7.35　柱体截面柱体及受力情况　　　　图 7.36　柱体截面示意图

7.5.3　求解过程

本节以半逆解法求解椭圆等截面柱体的扭转。

1. 基本假设

如 6.3 节所述,对于柱体扭转问题的求解,除了弹性力学的基本假设之外,还假设:
(1)每个截面在 x-y 面的投影绕中心轴作刚体旋转;(2)旋转量是 z 的线性函数,单位长度旋转角度为 α;(3)变形后横截面发生翘曲,但是翘曲情况与 z 坐标无关,即每个横截面翘曲情况都是一样的,令 $w=\alpha\varphi(x,y)$。根据这些假设,结合几何方程和本构方程可得(详细推导见 6.3 节)

$$\begin{cases} \sigma_x = \sigma_y = \sigma_z = \tau_{xy} = 0 \\ \varepsilon_x = \varepsilon_y = \varepsilon_z = \gamma_{xy} = 0 \end{cases}$$

待求未知量有 $\tau_{zx}, \tau_{zy}, \gamma_{zx}, \gamma_{zy}$。

2. 应力函数确定

因应力函数在横截面的边界上应该等于 0,故可假设应力函数如下:

$$\Phi(x,y) = m\left(\frac{x^2}{a^2} + \frac{y^2}{b^2} - 1\right) \tag{7-86}$$

式中,m 为常数。现在来考查应力函数 $\Phi(x,y)$ 是否可以满足一切条件。

在截面内部,$\Phi(x,y)$ 应满足由平衡方程、应变协调方程推导得来的式(6-81),故将式(7-86)代入式(6-81),得

$$m = -G\alpha\,\frac{a^2 b^2}{a^2 + b^2}$$

将上式代入式(7-86),得到应力函数的表达式:

$$\Phi(x,y) = -G\alpha\,\frac{a^2 b^2}{a^2 + b^2}\left(\frac{x^2}{a^2} + \frac{y^2}{b^2} - 1\right) \tag{7-87}$$

3. 应力、应变求解

求得应力函数的表达式后,根据应力函数定义式(6-77)得到应力分量:

$$\begin{cases} \tau_{zx} = \alpha G\,\dfrac{\partial \Phi}{\partial y} = -\dfrac{2a^2}{a^2 + b^2}\alpha G y \\[3mm] \tau_{zy} = -\alpha G\,\dfrac{\partial \Phi}{\partial x} = \dfrac{2b^2}{a^2 + b^2}\alpha G x \end{cases} \tag{7-88}$$

其中,柱体单位长度上扭转的角度 α 仍未知,现在根据边界条件求之。将应力函数代入式(6-86),得

$$D = -\frac{2a^2 b^2}{a^2 + b^2}\left(\frac{1}{a^2}\iint\limits_R x^2\,\mathrm{d}x\mathrm{d}y + \frac{1}{b^2}\iint\limits_R y^2\,\mathrm{d}x\mathrm{d}y - \iint\limits_R \mathrm{d}x\mathrm{d}y\right) = \frac{\pi a^3 b^3}{a^2 + b^2} \tag{7-89}$$

式(7-89)代入式(6-73),并经过适当变形,得

$$\alpha = \frac{a^2 + b^2}{\pi G a^3 b^3}M \tag{7-90}$$

将式(7-90)代入式(7-88),得到:

$$\begin{cases} \tau_{zx} = -\dfrac{2M}{\pi ab^3}y \\[3mm] \tau_{zy} = \dfrac{2M}{\pi a^3 b}x \\[3mm] \tau = \sqrt{\tau_{zx}^2 + \tau_{zy}^2} = \dfrac{2M}{\pi ab}\sqrt{\dfrac{x^2}{a^4} + \dfrac{y^2}{b^4}} \end{cases} \tag{7-91}$$

根据式(7-91)即可知道柱体内任意一点的应力状态。值得注意的是,由于求解过程中根据圣维南原理假设采用了放松的积分边界条件,因此在远离端面的位置是准确的,在端面误差较大。

根据本构方程,由应力可以得出工程应变:

$$
\begin{cases}
\gamma_{zx} = -\dfrac{2M}{\pi Gab^3}y \\[3mm]
\gamma_{zy} = \dfrac{2M}{\pi Ga^3 b}x
\end{cases}
$$

4. 求解位移

求得应力、应变后,下面考察横截面的翘曲情况。为此,需要建立翘曲函数与应力函数之间的关系,对式(6-80)适当变换并考虑式(7-87),得

$$
\begin{cases}
\dfrac{\partial \varphi}{\partial x} = -\dfrac{a^2 - b^2}{a^2 + b^2}y \\[3mm]
\dfrac{\partial \varphi}{\partial y} = -\dfrac{a^2 - b^2}{a^2 + b^2}x
\end{cases}
\tag{7-92}
$$

对式(7-92)中的两个式子分别积分,得

$$
\begin{cases}
\varphi = -\dfrac{a^2 - b^2}{a^2 + b^2}xy + f_1(y) \\[3mm]
\varphi = -\dfrac{a^2 - b^2}{a^2 + b^2}xy + f_2(x)
\end{cases}
\tag{7-93}
$$

代入式(6-58),得

$$
w = \alpha\varphi(x,y) = -\alpha\frac{a^2 - b^2}{a^2 + b^2}xy + \alpha f_1(y) = -\alpha\frac{a^2 - b^2}{a^2 + b^2}xy + \alpha f_2(x)
\tag{7-94}
$$

可以看出

$$
\alpha f_1(y) = \alpha f_2(x) = w_0
$$

w_0 表示横截面沿 z 方向的刚体位移,对横截面的变形无影响,故忽略之。将式(7-90)代入式(7-94),得到翘曲函数:

$$
w = \alpha\varphi(x,y) = -\alpha\frac{a^2 - b^2}{a^2 + b^2}xy = -\frac{a^2 - b^2}{\pi Ga^3 b^3}Mxy
\tag{7-95}
$$

7.5.4 结果分析

根据求解得到的应力和位移的结果,绘制出应力的分布图和翘曲面的等高线如图 7.37 和图 7.38 所示。图 7.37 展示了剪切应力沿径向线性分布的规律,且越远离形心应力越大,在边界上达到最大;最大剪应力发生在离截面形心最近的边界点。而图 7.38 表示翘曲面的等高线,从 z 轴正方向看去,实线部分表示抛物面上凸,虚线部分表示抛物面下凹。由此可知椭圆截面柱体扭转后会发生翘曲的现象。

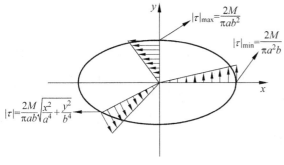

图 7.37 切应力分布

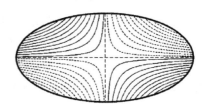

图 7.38 扭转后截面翘曲情况

7.5.5 工程应用

柱体扭转在工程上具有广泛的应用。下面是等截面柱体扭转现象的工程应用。

1. 薄壁筒扭转

薄壁筒在只受到平行于端口横截面的扭矩作用时,薄壁筒中间段所受应力状态就处于纯剪切应力状态[15]。基于薄壁筒扭转的单向应力状态特性,在薄壁筒端同时施加扭矩和拉伸力就可以实现多轴应力状态(图 7.39 所示),据此可开展多轴应力状态下的屈服和破坏试验研究。

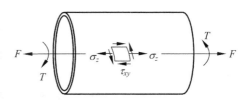

图 7.39 薄壁筒多轴受力状态[16]

2. 圆截面轴

若柱体截面采用圆截面的形式,则式(7-95)中 $a=b$,翘曲恒等于 0,此时柱体在受到扭转载荷作用时就不会发生翘曲,这就能保证轴受扭矩作用后不会因为发生翘曲而变弯。进一步,利用式(7-91)计算可以发现,相同截面积的椭圆柱体和圆柱体在承受相同扭矩的情况下,椭圆柱体的最大应力要比圆柱体的最大应力高。因此在使用相同材料的情况下,圆柱轴承受扭矩的能力更强。所以工程结构受扭时多设计成圆截面轴。如图 7.40 所示,机械加工机床上使用的旋转型刀具多为圆截面轴设计[17]。

图 7.40 机械加工刀具

3. 空心轴

由图 7.38 知,轴在远离形心的位置应力较大,在靠近截面形心的位置应力水平很低,靠近形心材料的性能没有被充分利用。因此应当将材料分布到离形心较远的地方,提高材料的利用效率,减轻轴的重量。所以空心轴是比较合理的一种结构形式,在工程上得到了广泛应用,像前面提到的汽车传动轴就是空心轴。航空发动机主轴更是采用了空心轴套空心轴的形式,构成了独特的多转子结构(图 7.41)。

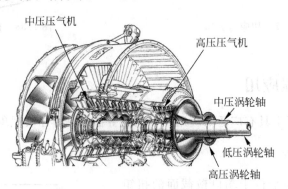

图 7.41　某航空发动机涡轮轴

7.6　重点概念阐释及知识延伸

7.6.1　强度理论

根据本章几个例题的求解结果可知,一般情况下,结构上危险点的应力往往是复杂应力状态,为了判断危险点的应力状态是否能够满足工作条件下的强度需要,工程上常用的强度理论包括 4 个:最大拉应力理论(第一强度理论)、最大拉应变理论(第二强度理论)、最大切应力理论(第三强度理论)和形状改变比能理论(第四强度理论)。其中前两个理论是针对断裂失效的理论,后两个理论是针对屈服失效的理论。

第一强度理论:最大拉应力理论,认为最大拉应力是引起断裂的主要因素。对应的表达式为

$$\sigma_{r1} = \sigma_1 \leqslant [\sigma]$$

式中 σ_{r1} 为当量应力, σ_1 为第一主应力, $[\sigma]$ 为材料的许用应力。

第二强度理论:最大拉应变理论,认为最大伸长正应变是引起构件断裂的主要原因。对应的表达式为

$$\sigma_{r2} = \sigma_1 - \nu(\sigma_2 + \sigma_3) \leqslant [\sigma]$$

第三强度理论:最大切应力理论,认为最大切应力是引起构件屈服的主要原因。对应的表达式为

$$\sigma_{r3} = \sigma_1 - \sigma_3 \leqslant [\sigma]$$

第四强度理论：形状改变比能理论，认为形状改变比能是引起构件屈服的主要原因。对应的表达式为

$$\sigma_{r4} = \frac{1}{\sqrt{2}} \sqrt{(\sigma_1 - \sigma_2)^2 + (\sigma_2 - \sigma_3)^2 + (\sigma_3 - \sigma_1)^2} \leqslant [\sigma]$$

7.6.2 结构静强度设计

一般工程结构的静强度设计过程主要包括 3 个基本步骤：(1)物理模型建立；(2)数学方程求解；(3)结构强度评估。

以某型航空发动机涡轮叶片静强度设计为例来说明以上流程。某型航空发动机的涡轮叶片结构，其工作时主要受到气动力、离心力、热应力等载荷的作用，建立对应的物理模型及边界条件如图 7.42 所示。根据叶片所受的载荷，采用有限元方法计算得到叶片的应力分布云图如图 7.43 所示。根据计算结果，再利用公式(7-96)可以计算叶片各个部位的安全储备系数。

$$n_{b/t} = \frac{\sigma_{b/t}^T}{\sigma_{\text{TOTmax}}} \tag{7-96}$$

式中 $\sigma_{b/t}^T$ 为材料的持久强度($\sigma_{b/t}^T$ 表示在温度 T 下 t 小时内 $b\%$ 的蠕变强度)，σ_{TOTmax} 为危险截面的最大合成应力。

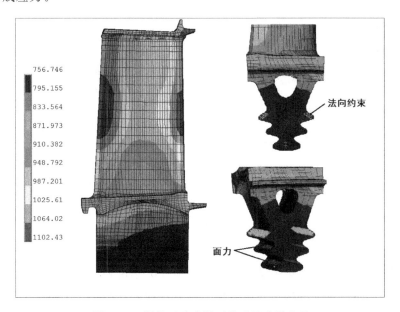

图 7.42 涡轮叶片有限元模型及边界条件

表 7.4 给出了叶片不同部位安全储备系数的许用值，只要设计的叶片各个部位的安全储备系数满足许用值要求，就认为叶片设计满足静强度要求。

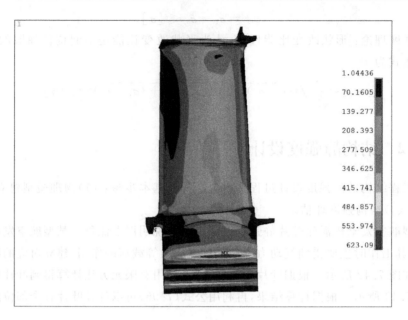

图 7.43　涡轮叶片应力分布云图（单位：MPa）

表 7.4　涡轮叶片安全储备系数要求[18]

部位和应力	储备系数
叶冠弯曲应力 叶冠挤压应力	$n_{b/t} \geqslant 1.30$ $n_{b/t} \geqslant 1.56$
叶身局部合成应力（拉＋弯＋热） 无冠、冷却叶片 有冠、冷却叶片	 $n_{b/t} \geqslant 1.30$ $n_{b/t} \geqslant 1.25$
有冠叶片枞树形榫头第一喉部合成应力（拉＋弯） 铸造合金	$n_{b/t} \geqslant 2.6$
枞树形榫头剪切应力	$n_{b/t} = \dfrac{0.6\sigma_{b/t}^{T}}{\tau} \geqslant 2.0$

7.6.3　应力集中手册

对于一些简单结构，应力集中系数可以通过弹性力学解析理论进行求解。在实际工程应用中，很多复杂结构无法解析求出应力集中系数。因此，为了方便实际工程应用，可以针对常见的典型结构，综合采用解析计算、实验分析等手段，获得应力集中系数与结构关键尺寸间的关系曲线，在此基础上，编写成应力集中手册。

应力集中手册为工程师在结构设计过程中提供了很大的便利。图 7.44 和图 7.45 给出了两类典型结构的应力集中系数曲线[19]。

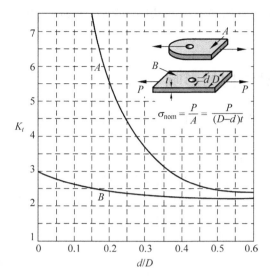

图 7.44　带孔平板受拉力时的应力集中系数

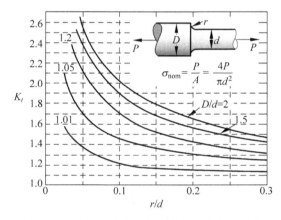

图 7.45　阶梯轴受轴向拉力时的应力集中系数

7.6.4　断裂力学：结构缺陷/裂纹描述

　　弹性力学的一个重要假设是连续性假设,在此假设下,表征物体变形和内力的量就可以表示为坐标的连续函数。如果弹性体或者结构存在裂纹,如图 7.46 所示的椭圆孔应力集中问题,则根据下式的椭圆孔最大应力公式[14],可以看出,当 b 趋于零时,椭圆孔可以近似看做裂纹。

$$(\sigma_\theta)_{\max} = q\left(1 + \frac{2a}{b}\right)$$

　　此时若根据弹性力学解析解,即使结构所受载荷很小,也会在裂纹尖端处产生趋于无穷大的应力,不符合实际情况。为了解决这一问题,英国航空工程师格里菲斯等人创立了断裂力学。在断裂力学中,通常采用应力

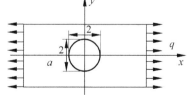

图 7.46　带椭圆孔的无限大平板模型

强度因子 K、J 积分等参数来描述裂纹和缺陷的特性,并研究裂纹扩展规律、裂纹起始及其失稳判据等内容。

7.6.5　温度对结构的影响

本章在求解弹性力学解析问题时,仅考虑了结构所受的机械载荷,而未考虑温度对结构应力的影响。温度对结构应力分布的影响,主要体现在由于温度而引起的热应力以及材料在不同温度下强度有差异两个方面。

热应力是指由于固体内部不同部位因为其所处的温度不同而引起结构的膨胀或收缩差异,从而引起的应力。图 7.47 是某叶片的温度场与热应力分布图[21]。

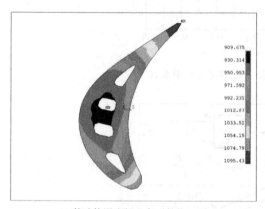 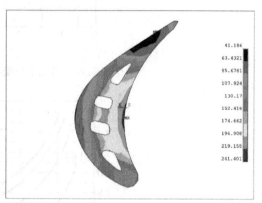

　　　(a) 某叶片温度场分布（单位：K）　　　　　　　　(b) 叶片热应力分布（单位：MPa）

图 7.47　叶片温度场与热应力

温度对材料强度方面的影响,主要表现为:对于金属材料,材料强度一般会随着温度的升高而降低,材料的塑性会随着温度的升高而增加。如表 7.5 所示,15 号钢室温 20℃时的极限强度 σ_b 为 422MPa,断面收缩率 ψ 为 69.5%;当温度升高至 450℃时,σ_b 降低为 294MPa,而 ψ 升高为 75%。

表 7.5　材料性能参数随温度变化[22]

温度 θ/℃	σ_b/MPa	$\sigma_{0.2}$/MPa	δ_5/%	ψ/%
20	422	216	33.0	69.5
200	402	196	24.0	68.0
300	422	172	24.0	63.0
400	378	152	32.5	71.0
450	294	162	35.0	75.0
500	235	147	36.0	75.0
550	172	132	30.0	75.5
600	137	98	34.5	76.0

思 考 题

7.1 在使用玻璃刀切割玻璃的过程中,应力集中现象是如何体现的。

7.2 试列举应力集中现象在实际工程应用中的具体体现。

7.3 对比说明深梁和材料力学中梁的应力分布有何差异。

7.4 请说明工程中打孔止裂的力学原理。

7.5 工程应用中,常根据梁的受载情况,依据梁理论对截面进行优化,例如,工字型、T字型截面梁、等强度梁,请再举出此类应用实例。

7.6 实际工作时,涡轮盘除了承受离心载荷,还会承受温度载荷,往往盘缘温度高,盘心温度低,这样的温度载荷对盘缘和盘心的周向应力的大小会分别产生怎样的影响?

7.7 工程上使用的花键在工作中会产生翘曲吗?试简述理由。

7.8 薄壁筒扭转时筒中间段处于纯剪切应力状态,那么厚壁筒扭转时筒中间段处于什么应力状态?

习 题

7.1 如图 7.48 所示的阶梯轴,其材料的强度极限为 427MPa,试求轴两端所能施加的最大拉力。

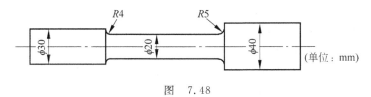

图　7.48

7.2 请在图 7.33 的基础上,了解航空发动机的工作原理,分析航空发动机主轴的受力状态,在此基础上,画出主轴上微元体的应力状态。

7.3 分析图 7.34 汽车传动轴的受力,其微元体应力状态和航空发动机主轴的差异是什么?

7.4 根据 7.4.5 节介绍,实际工程中承扭结构多为空心结构。对于空心椭圆截面轴(图 7.49),其对应的初始假设的应力函数仍为式(7-87)的形式,试推导空心圆截面柱体扭转的应力分布公式。

7.5 试用所学知识求解如图 7.50 所示矩形截面的扭转最大切应力和扭角。

7.6 试确定应力函数 $\varphi = cr^2(\cos 2\theta - \cos 2\alpha)$ 中的常数 c 值以满足图 7.51 的条件: (1)在 $\theta = \alpha$ 面上,$\sigma_\theta = 0$,$\tau_{r\theta} = s$;(2)在 $\theta = -\alpha$ 面上,$\sigma_\theta = 0$,$\tau_{r\theta} = -s$,并证明楔顶没有集中力与力偶作用。

7.7 设单位厚度的悬臂梁在左端受到集中力和力矩作用,体力可以不计,$l \gg h$,如图 7.52 所示,试用应力函数 $\Phi = Axy + By^2 + Cy^3 + Dxy^3$ 求解应力分量。

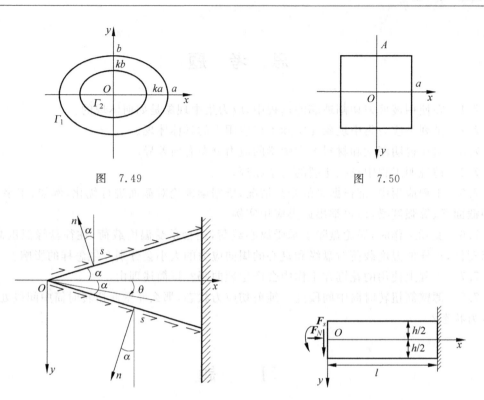

图 7.49   图 7.50

图 7.51   图 7.52

7.8   采用逆解法,考查以下应力分布满足何种二维问题的求解结果:

$$\sigma_x = Axy, \quad \tau_{xy} = B + Cy^2, \quad \sigma_y = 0$$

其中,A、B、C 均为常数。(1)证明 $C=-A/2$;(2)假设平面直角坐标系中的梁,其范围可表示为 $0<x<l,-h<y<h$,证明上述应力分布为梁在某种端部载荷作用下的求解结果。

7.9   工程中设计实心轮盘型面时,为了达到最小重量,将轮盘设计成等强度的剖面型式,在一定的转速下有等强度条件:

$$\sigma_r = \sigma_\theta = \sigma = \text{const}$$

设旋转圆盘的厚度 h 为 r 的函数,$r=0$ 时厚度为 h_0,试根据微元体平衡方程:

$$r\frac{\mathrm{d}(h\sigma_r)}{h\,\mathrm{d}r} + \sigma_r - \sigma_\theta + \rho\omega^2 r^2 = 0$$

推导厚度 h 的函数表达式。

7.10   如图 7.53 所示的带孔圆盘,厚度为 6mm,内孔边与轴固定,并与轴一起绕 O 点旋转。盘材料的强度极限为 427MPa,试求轴能旋转的最大转速。

7.11   如图 7.54 所示,两个耳片通过铆钉固连在一起,耳片两端分别施加有 $q=500\text{N/m}$ 的均布载荷。试分别求耳片铆钉孔和铆钉的最大应力。

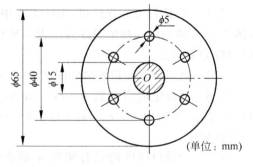

(单位: mm)

图   7.53

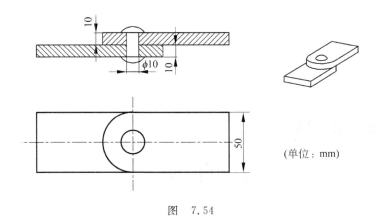

图　7.54

参 考 文 献

[1]　M. H. Sadd. Elasticity Theory Applications and Numerics[M]. Academic Press,2009.

[2]　Timoshenko. Strength of Materials[M]. 3rd ed,Krieger Publishing Company,1976.

[3]　Johnson W. Plasticity for Mechanical Engineers[M]. D. Van Nostrand Company,1962.

[4]　Timoshenko,Goodier. Theory of Elasticity[M]. 3rd ed. McGraw-Hill,1970.

[5]　Gamer U. Elastic-plastic deformation of the rotating solid disk[J]. Ingenieur-Archiv,1984.

[6]　裴月. 涡轮盘结构概率设计体系研究[R]. 北京航空航天大学,2007.

[7]　国际航空编辑部. 斯贝 MK202 发动机应力标准(EGD-3)[S]. 国际航空编辑部,1979.

[8]　Lamkanfi E,Van Paepegem W,Degrieck J. Shape optimization of a cruciform geometry for biaxial testing of polymers[J]. Polymer Testing,2014.

[9]　Pilkey W D. Formulas for Stress,Strain,and Structural Matrices[M]. Wiley,2005.

[10]　Kirsch G. Theory of Elasticity and Application in Strength of Materials[M]. Zeitschrift des Vereins Deutscher Ingenieure,1898.

[11]　Kolosov G. On an Application of Complex Function Theory to a Plane Problem of the Mathematical Theory of Elasticity[M]. Yuriev,1909.

[12]　Inglis C. Some special cases of two-dimensional stress and strain[J]. Trans. Inst. Naval Arch,1922.

[13]　G. B. C. Office. Report of the Public Inquiry into the Causes and Circumstances of an Accident which Occurred on 13th March,1954 to the Constellation Aircraft G-ALAM[M]. Published for the Colonial Office by H. M. Stationery Office,1954.

[14]　Timoshenko. History of Strength of Materials[M]. McGraw-Hill,1953.

[15]　单辉祖. 材料力学[M]. 北京：高等教育出版社,1999.

[16]　赵萍. 航空发动机单晶叶片的多轴低周疲劳研究[R]. 中南大学,2011.

[17]　中国化工机械. http://www. chemm. cn/business/info332625. html.

[18]　航空发动机设计手册总编委会. 航空发动机设计手册第 18 册[M]. 北京：航空工业出版社,2001.

[19]　航空工委会. 应力集中系数手册[M]. 北京：高等教育出版社,1990.

[20]　杨桂通. 弹性力学[M]. 北京：高等教育出版社,1998.

[21]　闫晓军,等. 某型发动机疲劳寿命研究[R]. 北京航空航天大学课题研究报告,2014.

[22]　航空发动机设计用材料数据手册编委会. 航空发动机设计用材料数据手册[M]. 北京：航空航天工业部第六零六研究所,1990.

第8章
数 值 方 法

8.1 概　　述

第 5~7 章介绍了弹性力学求解的解析方法,其优点是:可以直接得到一个问题的显式解,在结构设计和优化中应用非常方便。对于很多实际工程问题,由于研究对象的几何形状和受力情况都很复杂,很难、甚至不可能采用弹性力学解析方法来求解,因此,寻求数值解法就成为弹性力学的一个研究领域,并且随着计算机和信息技术的发展,这方面的研究将发挥越来越重要的作用。

利用数值方法求解弹性力学问题的优势有:(1)能够适应复杂几何构型或复杂边界条件问题;(2)在数学上有严格的理论基础和等效方法证明;(3)能够借助计算机进行高效、快速计算。

弹性力学中主要的数值解法包括有限单元法、有限差分法、变分法以及边界元法等。对于非线性问题,有限单元法更为有效。目前,已经出现了许多通用的有限元商业软件,有限元法已成为工程分析中应用非常广泛的一种数值计算方法。

8.2 有限单元法

有限单元法,简称为有限元法,是一种求解微分方程的数值解法,现已广泛应用于各种工程结构的设计与分析中。有限元法的概念,首先出现于 1943 年柯朗等人的论文中。在20 世纪 50 年代,克劳夫等人建立了平面问题的有限元法,应用于航空结构的分析,并于20 世纪 60 年代,提出了有限元法的名称(Finite Element Method,FEM)。此后,有限元法开始广泛应用于各种复杂的力学问题,成为分析大型、复杂工程结构的强有力手段。20 世纪 80 年代,随着计算机技术的发展,各类通用的有限元计算软件大量涌现并投入工程应用。到目前为止,此类软件已逐渐趋于成熟,不仅具有强大的分析计算功能,还具有完善的前后处理功能。

在有限元法求解过程中,以位移作为未知数,其典型的求解步骤如下:

(1) 结构离散化:首先把连续的固体离散为数目、大小有限的"单元",每个"单元"具有有限个"节点",节点和节点之间存在力的传递和相互作用。

(2) 位移场表达:取各个节点的位移作为未知数,通过插值方法,将单元内任意点的位移表达为单元节点位移的函数。

(3) 应力应变的位移表达:通过几何方程,将单元应变通过单元节点位移来表达;然后利用本构方程,将单元的应力也通过单元节点位移进行表达。

(4) 单元分析:根据虚功原理,表达出每个单元节点的位移与所受的力的关系,得到单元刚度矩阵。

(5) 整体分析:列出各节点的平衡方程,表达出整体节点位移向量、整体节点刚度矩阵和整体节点载荷向量的关系,形成整体刚度方程。

(6) 边界条件及求解:引入位移边界条件,求解整体刚度方程。可求得每个节点的位移;通过节点位移,求出所有点的位移场;通过几何方程,求出单元应变;再通过物理方程,求出单元应力。

下面以平面问题的有限元分析为例,详细介绍有限单元法的整个求解过程。

8.2.1 结构离散化

结构离散化就是将所要分析的结构体分割成数目、大小有限的单元体(对于平面问题为多边形,对于空间问题为多面体)。这些多边形或多面体,称为有限单元,简称"单元",其顶点则称为节点。各单元之间通过节点相连,使得相邻单元的有关参数具有一定的连续性,并构成一个单元的集合体,用此集合体来代替原来的结构。

对于平面问题,为了简化计算公式以及方便应用,一般会选取三角形或四边形单元(图 8.1)进行分析。

在划分单元时,单元的大小(即网格的疏密)要根据精度的要求和计算机的速度及容量来确定。误差分析表明[2],应力的误差与单元的尺寸成正比,位移的误差与单元的尺寸平方成正比。可见单元分得越小,计算结果越精确。但另一方面,单元越多,计算时间越长,要求的计算机容量也越大。

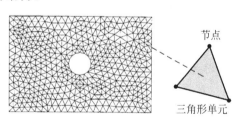

图 8.1 对结构采用有限单元进行离散

8.2.2 位移场表达

在结构离散化之后,整个求解区域就被离散为仅靠公共节点连接的单元,而每一单元本身被视为光滑的连续体。此时,假定单元内任意点的位移是坐标的某种简单的插值函数,这种函数就称为**位移函数**。在有限元法的具体应用中,通常采用多项式形式的位移函数。

在平面问题中,对于三节点三角形单元 ijm(图 8.2),一般假定位移分量是坐标的线性函数,即

$$\begin{cases} u(x,y) = c_1 + c_2 x + c_3 y \\ v(x,y) = c_4 + c_5 x + c_6 y \end{cases} \quad (8\text{-}1)$$

其中,c_i 为待定系数,可用单元的节点位移来表示。下面仅以 x 方向的位移 u 作为研究对象。

将 3 个节点坐标$(x_i,\ y_i)$、$(x_j,\ y_j)$、$(x_m,\ y_m)$代入式(8-1)得到:

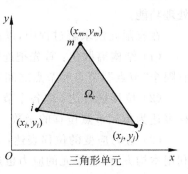

图 8.2 三角形单元及插值函数

$$\begin{cases} u(x_i, y_i) = u_i = c_1 + c_2 x_i + c_3 y_i \\ u(x_j, y_j) = u_j = c_1 + c_2 x_j + c_3 y_j \\ u(x_m, y_m) = u_m = c_1 + c_2 x_m + c_3 y_m \end{cases} \quad (8\text{-}2)$$

利用克莱姆法则,可解出待定常数:

$$\begin{cases} c_1 = \dfrac{1}{2A}(\alpha_i u_i + \alpha_j u_j + \alpha_m u_m) \\[2mm] c_2 = \dfrac{1}{2A}(\beta_i u_i + \beta_j u_j + \beta_m u_m) \\[2mm] c_3 = \dfrac{1}{2A}(\gamma_i u_i + \gamma_j u_j + \gamma_m u_m) \end{cases} \quad (8\text{-}3)$$

式(8-3)中,A 为单元面积,表示为如下形式:

$$A = \frac{1}{2} \begin{vmatrix} 1 & x_i & y_i \\ 1 & x_j & y_j \\ 1 & x_m & y_m \end{vmatrix} \quad (8\text{-}4)$$

而系数 α,β,γ,为

$$\alpha_i = x_j y_m - x_m y_j, \quad \beta_i = y_j - y_m, \quad \gamma_i = x_m - x_j (i,j,m) \quad (8\text{-}5)$$

其中(i,j,m)表示按顺序下标轮换,如 $i \to j, j \to m, m \to i$。

将式(8-3)代入式(8-1)中,整理后可得

$$u(x,y) = \frac{1}{2A}\big[(\alpha_i u_i + \alpha_j u_j + \alpha_m u_m) + (\beta_i u_i + \beta_j u_j + \beta_m u_m)x + (\gamma_i u_i + \gamma_j u_j + \gamma_m u_m)y\big]$$

$$= \psi_i u_i + \psi_j u_j + \psi_m u_m \quad (8\text{-}6)$$

其中,

$$\begin{cases} \psi_i(x,y) = \dfrac{1}{2A}(\alpha_i + \beta_i x + \gamma_i y) \\[2mm] \psi_j(x,y) = \dfrac{1}{2A}(\alpha_j + \beta_j x + \gamma_j y) \\[2mm] \psi_m(x,y) = \dfrac{1}{2A}(\alpha_m + \beta_m x + \gamma_m y) \end{cases} \quad (8\text{-}7)$$

ψ_i,ψ_j,ψ_m 称为三角形单元的**插值函数**。它表明了单元的位移形态,即位移在单元内的

变化规律,且只与单元的形状、节点的配置及插值方式有关,因而也称为**形态函数**,简称为**形函数**。

8.2.3　应力应变的位移表达

得到了由单元的节点位移表示的单元位移函数之后,还可以利用几何方程和物理方程将单元中的应力和应变也用节点位移来表示。

对于平面三角形单元,每个节点只有 x, y 方向的两个位移分量 u, v,根据式(8-6):

$$\begin{cases} u(x,y) = \psi_i(x,y)u_i + \psi_j(x,y)u_j + \psi_m(x,y)u_m \\ v(x,y) = \psi_i(x,y)v_i + \psi_j(x,y)v_j + \psi_m(x,y)v_m \end{cases} \tag{8-8}$$

其中 $\psi_i(x,y)$, $\psi_j(x,y)$, $\psi_m(x,y)$ 由式(8-7)来确定。由于应变与位移梯度相关,这种插值函数的选择结果会使得单元应变分量为常数,因此,三角形单元也称为常应变单元;相应的应力分量也为常数。

式(8-8)可写成矩阵形式为

$$\begin{bmatrix} u \\ v \end{bmatrix} = \begin{bmatrix} \psi_i & 0 & \psi_j & 0 & \psi_m & 0 \\ 0 & \psi_i & 0 & \psi_j & 0 & \psi_m \end{bmatrix} \begin{bmatrix} u_i \\ v_i \\ u_j \\ v_j \\ u_m \\ v_m \end{bmatrix} = \boldsymbol{\psi}\boldsymbol{\Delta} \tag{8-9}$$

其中 $\boldsymbol{\Delta}$ 为单元节点位移向量。由平面问题的几何方程式(3-61),单元应变可由单元节点位移表示为

$$\boldsymbol{\varepsilon} = \begin{bmatrix} \varepsilon_x \\ \varepsilon_y \\ \gamma_{xy} \end{bmatrix} = \begin{bmatrix} \partial/\partial x & 0 \\ 0 & \partial/\partial y \\ \partial/\partial y & \partial/\partial x \end{bmatrix} \begin{bmatrix} u \\ v \end{bmatrix} = \begin{bmatrix} \partial/\partial x & 0 \\ 0 & \partial/\partial y \\ \partial/\partial y & \partial/\partial x \end{bmatrix} \boldsymbol{\psi}\boldsymbol{\Delta} = \boldsymbol{B}\boldsymbol{\Delta} \tag{8-10}$$

其中,

$$\boldsymbol{B} = \begin{bmatrix} \dfrac{\partial \psi_i}{\partial x} & 0 & \dfrac{\partial \psi_j}{\partial x} & 0 & \dfrac{\partial \psi_m}{\partial x} & 0 \\[2mm] 0 & \dfrac{\partial \psi_i}{\partial y} & 0 & \dfrac{\partial \psi_j}{\partial y} & 0 & \dfrac{\partial \psi_m}{\partial y} \\[2mm] \dfrac{\partial \psi_i}{\partial y} & \dfrac{\partial \psi_i}{\partial x} & \dfrac{\partial \psi_j}{\partial y} & \dfrac{\partial \psi_j}{\partial x} & \dfrac{\partial \psi_m}{\partial y} & \dfrac{\partial \psi_m}{\partial x} \end{bmatrix}$$

$$= \frac{1}{2A} \begin{bmatrix} \beta_i & 0 & \beta_j & 0 & \beta_m & 0 \\ 0 & \gamma_i & 0 & \gamma_j & 0 & \gamma_m \\ \gamma_i & \beta_i & \gamma_j & \beta_j & \gamma_m & \beta_m \end{bmatrix} = \begin{bmatrix} \boldsymbol{B}_i & \boldsymbol{B}_j & \boldsymbol{B}_m \end{bmatrix} \tag{8-11}$$

再由广义胡克定律式(4-3),得到用单元节点位移表示的单元应力:

$$\boldsymbol{\sigma} = \boldsymbol{C}\boldsymbol{\varepsilon} = \boldsymbol{C}\boldsymbol{B}\boldsymbol{\Delta} \tag{8-12}$$

其中 $\boldsymbol{C}$ 为材料本构关系的弹性矩阵,满足:

$$C = \begin{bmatrix} C_{11} & C_{12} & 0 \\ C_{21} & C_{22} & 0 \\ 0 & 0 & C_{33} \end{bmatrix} \tag{8-13}$$

对于各向同性材料的平面问题而言,有

$$\begin{cases} C_{11} = C_{22} = \begin{cases} \dfrac{E}{1-\nu^2} & \text{平面应力问题} \\[3mm] \dfrac{E(1-\nu)}{(1+\nu)(1-2\nu)} & \text{平面应变问题} \end{cases} \\[10mm] C_{12} = C_{21} = \begin{cases} \dfrac{E\nu}{1-\nu^2} & \text{平面应力问题} \\[3mm] \dfrac{E\nu}{(1+\nu)(1-2\nu)} & \text{平面应变问题} \end{cases} \\[10mm] C_{33} = G = \dfrac{E}{2(1+\nu)} & \text{平面应力、应变问题} \end{cases} \tag{8-14}$$

8.2.4　单元分析

下面需要通过单元分析导出单元刚度矩阵和单元节点载荷向量。

对每个单元来说,都会受到外力的载荷以及节点对单元的作用力,即节点力。为了研究方便,假设将单元和节点切开,把单元作为一个独立的整体进行考虑,如图 8.2 所示。因此,单元本身所受到的外力仅有节点力:

$$\boldsymbol{F}^e = (\boldsymbol{F}_i \quad \boldsymbol{F}_j \quad \boldsymbol{F}_m)^{\mathrm{T}} = (F_{ix} \quad F_{iy} \quad F_{jx} \quad F_{jy} \quad F_{mx} \quad F_{my})^{\mathrm{T}} \tag{8-15}$$

其中上标 e 表示的是单元受力,下文类似。

假设单元在节点 i,j,m 处发生了虚位移$(\boldsymbol{\Delta}^*)^e$,

$$(\boldsymbol{\Delta}^*)^e = [u_i^* \quad v_i^* \quad u_j^* \quad v_j^* \quad u_m^* \quad v_m^*]^{\mathrm{T}} \tag{8-16}$$

由式(8-10),虚位移引起的相应的虚应变为

$$\boldsymbol{\varepsilon}^* = \boldsymbol{B}(\boldsymbol{\Delta}^*)^e \tag{8-17}$$

根据虚功原理,即节点力在虚位移上的所做的虚功等于应力在虚应变上所做的虚功,可以写出:

$$[(\boldsymbol{\Delta}^*)^e]^{\mathrm{T}} \boldsymbol{F}^e = \iint_A (\boldsymbol{\varepsilon}^*)^{\mathrm{T}} \sigma \mathrm{d}x \mathrm{d}yt \tag{8-18}$$

将式(8-10)及式(8-12)代入式(8-18),得

$$[(\boldsymbol{\Delta}^*)^e]^{\mathrm{T}} \boldsymbol{F}^e = \iint_A [\boldsymbol{B}(\boldsymbol{\Delta}^*)^e]^{\mathrm{T}} \boldsymbol{C}\boldsymbol{B}\boldsymbol{\Delta}^e \mathrm{d}x \mathrm{d}yt$$

$$= \iint_A [(\boldsymbol{\Delta}^*)^e]^{\mathrm{T}} \boldsymbol{B}^{\mathrm{T}} \boldsymbol{C}\boldsymbol{B}\boldsymbol{\Delta}^e \mathrm{d}x \mathrm{d}yt \tag{8-19}$$

其中,t 是二维体的厚度。注意到等式两边都有常数项$(\boldsymbol{\Delta}^*)^e$,将等式右边积分号中的 $[(\boldsymbol{\Delta}^*)^e]^{\mathrm{T}}$ 提到积分号之前,$\boldsymbol{\Delta}^e$ 提到积分号之外,则可以得到:

$$\boldsymbol{F}^e = \iint_A \boldsymbol{B}^{\mathrm{T}} \boldsymbol{C}\boldsymbol{B} \mathrm{d}x \mathrm{d}yt \boldsymbol{\Delta}^e \tag{8-20}$$

式(8-20)中，令 $\iint\limits_{A}\boldsymbol{B}^{\mathrm{T}}\boldsymbol{C}\boldsymbol{B}\mathrm{d}x\mathrm{d}yt$ 为 $\boldsymbol{K}^e$ ，可以写为

$$\boldsymbol{F}^e = \boldsymbol{K}^e\boldsymbol{\Delta} \tag{8-21}$$

其中，$\boldsymbol{K}^e$ 称为**单元刚度矩阵**。它的表达式为

$$\boldsymbol{K}^e = \iint\limits_{A}\boldsymbol{B}^{\mathrm{T}}\boldsymbol{C}\boldsymbol{B}\,\mathrm{d}x\mathrm{d}yt \tag{8-22}$$

对于三角形单元来说，$\boldsymbol{B}$、$\boldsymbol{C}$ 都是常数矩阵，且 $\iint\limits_{A}\mathrm{d}x\mathrm{d}y = A$ ，因此，式(8-22)可以写为

$$\boldsymbol{K}^e = \boldsymbol{B}^{\mathrm{T}}\boldsymbol{C}\boldsymbol{B}tA \tag{8-23}$$

将式(8-11)及式(8-13)代入式(8-23)，可以导出平面应力问题中 $\boldsymbol{K}^e$ 的表达式，用分块矩阵形式表示为

$$\boldsymbol{K}^e = \boldsymbol{B}^{\mathrm{T}}\boldsymbol{C}\boldsymbol{B}tA = \begin{bmatrix} \boldsymbol{K}_{ii}^e & \boldsymbol{K}_{ij}^e & \boldsymbol{K}_{im}^e \\ \boldsymbol{K}_{ji}^e & \boldsymbol{K}_{jj}^e & \boldsymbol{K}_{jm}^e \\ \boldsymbol{K}_{mi}^e & \boldsymbol{K}_{mj}^e & \boldsymbol{K}_{mm}^e \end{bmatrix} \tag{8-24}$$

它的任一子块可表示为

$$\boldsymbol{K}_{rs}^e = \boldsymbol{B}_r^{\mathrm{T}}\boldsymbol{C}\boldsymbol{B}_s tA = \frac{Et}{4(1-\nu^2)A}\begin{bmatrix} \beta_r\beta_s + \dfrac{1-\nu}{2}\gamma_r\gamma_s & \nu\beta_r\gamma_s + \dfrac{1-\nu}{2}\gamma_r\beta_s \\ \nu\gamma_r\beta_s + \dfrac{1-\nu}{2}\beta_r\gamma_s & \gamma_r\gamma_s + \dfrac{1-\nu}{2}\beta_r\beta_s \end{bmatrix} \quad (r,s=i,j,m) \tag{8-25}$$

而对于平面应变问题，根据式(8-14)，则要将 E 换为 $\dfrac{E}{1-\nu^2}$ ，ν 换为 $\dfrac{\nu}{1-\nu}$ 。

上文所描述的节点力 $\boldsymbol{F}^e$ 实际上是单元边界上的应力向节点移置而得到的。下面简要介绍节点载荷向量。对于外力载荷，将单元所受的外力(集中力、体力或面力)按照静力等效的原则移置到节点上所得到的等效载荷称为**节点载荷**。同样，可通过虚功原理，即由节点载荷的虚功等于原载荷的虚功，求出单元的节点载荷的大小为

$$\begin{aligned} \boldsymbol{F}_{\mathrm{L}}^e &= (\boldsymbol{F}_{\mathrm{L}i} \quad \boldsymbol{F}_{\mathrm{L}j} \quad \boldsymbol{F}_{\mathrm{L}m})^{\mathrm{T}} \\ &= (F_{\mathrm{L}ix} \quad F_{\mathrm{L}iy} \quad F_{\mathrm{L}jx} \quad F_{\mathrm{L}jy} \quad F_{\mathrm{L}mx} \quad F_{\mathrm{L}my})^{\mathrm{T}} \end{aligned} \tag{8-26}$$

8.2.5 整体分析

在得到了单元刚度矩阵之后，需要对结构进行整体分析，建立整体刚度方程。

由前述分析，对于任意一个节点 i，其上都会作用有两组作用力。一是将外力通过静力等效原则移置在节点上形成的等效载荷 $\boldsymbol{F}_{\mathrm{L}i}$ ；二是单元对节点的反作用力，根据牛顿第三定律，该反作用力可以表示为 $-\boldsymbol{F}_i$ 。

对节点 i 列平衡方程，得到：

$$\sum_e \boldsymbol{F}_i = \sum_e \boldsymbol{F}_{\mathrm{L}i} \tag{8-27}$$

其中，$\displaystyle\sum_e$ 是环绕节点 i 的单元求和。

对于平面问题，作用力和载荷向量可以表示为

$$\boldsymbol{F}_i = \begin{bmatrix} F_{ix} \\ F_{iy} \end{bmatrix}, \quad \boldsymbol{F}_{\mathrm{L}i} = \begin{bmatrix} F_{\mathrm{L}ix} \\ F_{\mathrm{L}iy} \end{bmatrix} \tag{8-28}$$

因此,式(8-27)也可以写为如下形式:

$$\sum_e F_{ix} = \sum_e F_{\mathrm{L}ix}, \quad \sum_e F_{iy} = \sum_e F_{\mathrm{L}iy} \tag{8-29}$$

上述分析仅仅是针对任一单元的任一节点 i 所做出的。若对整个结构所有单元的所有节点做类似的分析,可以得到节点平衡方程组。若整体节点编号为 $1,2,3,\cdots,n$,对于平面问题,该方程组为 $2n$ 阶线性方程组,用矩阵形式表示为

$$\boldsymbol{K}\boldsymbol{\Delta} = \boldsymbol{F}_{\mathrm{L}} \tag{8-30}$$

上式为**整体刚度方程**。其中 $\boldsymbol{K}$ 称为**整体刚度矩阵**,而 $\boldsymbol{F}_{\mathrm{L}}$ 称为**整体节点载荷向量**,$\boldsymbol{\Delta}$ 称为**整体节点位移向量**。对于 n 个节点的情况,$\boldsymbol{K}$、$\boldsymbol{\Delta}$ 和 $\boldsymbol{F}_{\mathrm{L}}$ 的表达形式分别为

$$\boldsymbol{K} = \begin{bmatrix} \boldsymbol{K}_{11} & \boldsymbol{K}_{12} & \cdots & \boldsymbol{K}_{1n} \\ \boldsymbol{K}_{21} & \boldsymbol{K}_{22} & \cdots & \boldsymbol{K}_{2n} \\ \vdots & \vdots & & \vdots \\ \boldsymbol{K}_{n1} & \boldsymbol{K}_{n2} & \cdots & \boldsymbol{K}_{nn} \end{bmatrix} \tag{8-31}$$

$$\boldsymbol{\Delta} = \begin{bmatrix} \boldsymbol{\Delta}_1 & \boldsymbol{\Delta}_2 & \cdots & \boldsymbol{\Delta}_n \end{bmatrix}^{\mathrm{T}} = \begin{bmatrix} u_1 & v_1 & u_2 & v_2 \cdots u_n & v_n \end{bmatrix}^{\mathrm{T}} \tag{8-32}$$

$$\boldsymbol{F}_{\mathrm{L}} = \begin{bmatrix} \boldsymbol{F}_{\mathrm{L}1} & \boldsymbol{F}_{\mathrm{L}2} & \cdots & \boldsymbol{F}_{\mathrm{L}n} \end{bmatrix}^{\mathrm{T}} = \begin{bmatrix} \boldsymbol{F}_{\mathrm{L}1x} & \boldsymbol{F}_{\mathrm{L}1y} & \boldsymbol{F}_{\mathrm{L}2x} & \boldsymbol{F}_{\mathrm{L}2y} & \cdots & \boldsymbol{F}_{\mathrm{L}nx} & \boldsymbol{F}_{\mathrm{L}ny} \end{bmatrix}^{\mathrm{T}} \tag{8-33}$$

整体刚度方程 $\boldsymbol{K}\boldsymbol{\Delta} = \boldsymbol{F}_{\mathrm{L}}$ 可以表示为

$$\begin{bmatrix} \boldsymbol{K}_{11} & \boldsymbol{K}_{12} & \cdots & \boldsymbol{K}_{1n} \\ \boldsymbol{K}_{21} & \boldsymbol{K}_{22} & \cdots & \boldsymbol{K}_{2n} \\ \vdots & \vdots & & \vdots \\ \boldsymbol{K}_{n1} & \boldsymbol{K}_{n2} & \cdots & \boldsymbol{K}_{nn} \end{bmatrix} \begin{Bmatrix} \boldsymbol{\Delta}_1 \\ \boldsymbol{\Delta}_2 \\ \vdots \\ \boldsymbol{\Delta}_n \end{Bmatrix} = \begin{Bmatrix} \boldsymbol{F}_{\mathrm{L}1} \\ \boldsymbol{F}_{\mathrm{L}2} \\ \vdots \\ \boldsymbol{F}_{\mathrm{L}n} \end{Bmatrix} \tag{8-34}$$

可以看到,$\boldsymbol{K}$ 为按分块形式写成的 $n \times n$ 矩阵,对应于 $\boldsymbol{\Delta}$ 和 $\boldsymbol{F}_{\mathrm{L}}$ 的 n 项向量形式。实际上,参考式(8-25)可以知道,$\boldsymbol{K}$ 的每一个子块都是一个 2×2 的矩阵。若将子块展开,$\boldsymbol{K}$ 将成为一个 $2n \times 2n$ 的矩阵,对应于 $\boldsymbol{\Delta}$ 和 $\boldsymbol{F}_{\mathrm{L}}$ 的 $2n$ 项向量形式。

整体刚度矩阵 $\boldsymbol{K}$ 的元素 K_{rs} 是表示节点按整体编码时,节点 s 沿 x 或 y 方向有单位位移而在节点 r 的 x 或 y 方向引起的节点力。由于节点 r、s 可能同时属于不同的单元,不同单元的单元刚度矩阵 $\boldsymbol{K}^e$ 都会对整体刚度矩阵有贡献,因此,整体刚度矩阵的元素 K_{rs} 是由所有下标为 r、s 的单元刚度矩阵元素 K_{rs}^e 叠加而得到的,即

$$\boldsymbol{K}_{rs} = \sum_e \boldsymbol{K}_{rs}^e \tag{8-35}$$

在完成了上述整体刚度矩阵的叠加工作,形成了整体阵之后,即可建立整体刚度方程。

8.2.6 边界条件及求解

上述分析完成后,已经得到整体刚度矩阵 $\boldsymbol{K}$ 和整体刚度方程,但是这个时候还不能直接求解。原因是在建立整体刚度方程的分析过程中,假定结构不受约束,因此结构处于自由状态。自由状态下,结构可能由于节点载荷的作用而产生任意的刚体位移,求解得到的节点位移 $\boldsymbol{\Delta}$ 也不是唯一的。为了能够唯一地解出满足条件的节点位移 $\boldsymbol{\Delta}$,必须对结构施加足够

的位移约束,从而消除结构的刚体位移。

一般来说,有限元法所研究问题的边界条件是以在若干个节点上给定位移值的形式来给出的。这里的位移值可以是零,也可以是非零值。完成了上述步骤之后,即可直接进行求解整体刚度方程(8-30)。

例题 8.1 如图 8.3 所示,取一个各向同性弹性薄板,厚度为 1,其右边界承受 x 向均布拉伸载荷 T,左边界固定,平板所受体力为零。试用有限元法求解结构应力、应变及位移。

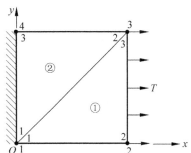

解:(1)结构离散化

为了使分析过程简便,在进行结构离散时,将平板离散为两个三角形单元组成的离散化结构,如图 8.3 所示。图中三角形单元内数字(1,2,3)代表单个单元局部节点编号,平板外数字 1~4 代表整体节点编号。

(2)位移场表达

分析时,首先根据前面所描述的理论,建立插值函数,进行位移场表达。

图 8.3 承受均布力平面薄板的有限元分析

对于单元 1,可知单元几何参数 $\alpha_1=1,\alpha_2=0,\alpha_3=0,\beta_1=-1,\beta_2=1,\beta_3=0,\gamma_1=0,\gamma_2=-1,\gamma_3=1$ 及 $A_1=1/2$。因此对于单元 1,写出插值函数为

$$\psi_1^{(1)} = 1-x, \quad \psi_2^{(1)} = x-y, \quad \psi_3^{(1)} = y \tag{8-36}$$

然后写出利用节点位移表示的单元 1 中任意一点的位移:

$$u^{(1)} = \psi_1^{(1)}u_1^{(1)} + \psi_2^{(1)}u_2^{(1)} + \psi_3^{(1)}u_3^{(1)} = (1-x)u_1^{(1)} + (x-y)u_2^{(1)} + yu_3^{(1)} \tag{8-37}$$

同样对于单元 2 有 $\alpha_1=1,\alpha_2=0,\alpha_3=0,\beta_1=0,\beta_2=1,\beta_3=-1,\gamma_1=-1,\gamma_2=0,\gamma_3=1$,$A_1=1/2$。插值函数为

$$\psi_1^{(2)} = 1-y, \quad \psi_2^{(2)} = x, \quad \psi_3^{(2)} = -x+y \tag{8-38}$$

然后写出利用节点位移表示的单元 2 中任意一点的位移:

$$\begin{aligned} u^{(2)} &= \psi_1^{(2)}u_1^{(2)} + \psi_2^{(2)}u_2^{(2)} + \psi_3^{(2)}u_3^{(2)} \\ &= (1-y)u_1^{(2)} + xu_2^{(2)} + (-x+y)u_3^{(2)} \end{aligned} \tag{8-39}$$

(3)应力应变的位移表达

该问题显然为平面应力问题,因此可以写出该问题的弹性矩阵为

$$\boldsymbol{C} = E \begin{bmatrix} \dfrac{1}{1-\nu^2} & \dfrac{\nu}{1-\nu^2} & 0 \\[2mm] \dfrac{\nu}{1-\nu^2} & \dfrac{1}{1-\nu^2} & 0 \\[2mm] 0 & 0 & \dfrac{1}{2(1+\nu)} \end{bmatrix} \tag{8-40}$$

对于单元 1:

$$\boldsymbol{B}^{(1)} = \frac{1}{2A} \begin{bmatrix} \beta_1 & 0 & \beta_2 & 0 & \beta_3 & 0 \\ 0 & \gamma_1 & 0 & \gamma_2 & 0 & \gamma_3 \\ \gamma_1 & \beta_1 & \gamma_2 & \beta_2 & \gamma_3 & \beta_3 \end{bmatrix} = \begin{bmatrix} -1 & 0 & 1 & 0 & 0 & 0 \\ 0 & 0 & 0 & -1 & 0 & 1 \\ 0 & -1 & -1 & 1 & 1 & 0 \end{bmatrix} \tag{8-41}$$

$$\varepsilon^{(1)} = \boldsymbol{B}^{(1)} \boldsymbol{\Delta}^{(1)} = \begin{bmatrix} -1 & 0 & 1 & 0 & 0 & 0 \\ 0 & 0 & 0 & -1 & 0 & 1 \\ 0 & -1 & -1 & 1 & 1 & 0 \end{bmatrix} \begin{Bmatrix} u_1^{(1)} \\ v_1^{(1)} \\ u_2^{(1)} \\ v_2^{(1)} \\ u_3^{(1)} \\ v_3^{(1)} \end{Bmatrix} = \begin{Bmatrix} -u_1^{(1)} + u_2^{(1)} \\ -v_2^{(1)} + v_3^{(1)} \\ -v_1^{(1)} - u_2^{(1)} + v_2^{(1)} + u_3^{(1)} \end{Bmatrix}$$

$$(8\text{-}42)$$

$$\sigma^{(1)} = \boldsymbol{C}\varepsilon^{(1)} \tag{8-43}$$

对于单元 2：

$$\boldsymbol{B}^{(2)} = \frac{1}{2A} \begin{bmatrix} \beta_1 & 0 & \beta_2 & 0 & \beta_3 & 0 \\ 0 & \gamma_1 & 0 & \gamma_2 & 0 & \gamma_3 \\ \gamma_1 & \beta_1 & \gamma_2 & \beta_2 & \gamma_3 & \beta_3 \end{bmatrix} = \begin{bmatrix} 0 & 0 & 1 & 0 & -1 & 0 \\ 0 & -1 & 0 & 0 & 0 & 1 \\ -1 & 0 & 0 & 1 & 1 & -1 \end{bmatrix} \tag{8-44}$$

$$\varepsilon^{(2)} = \boldsymbol{B}^{(2)} \boldsymbol{\Delta}^{(2)} = \begin{bmatrix} 0 & 0 & 1 & 0 & -1 & 0 \\ 0 & -1 & 0 & 0 & 0 & 1 \\ -1 & 0 & 0 & 1 & 1 & -1 \end{bmatrix} \begin{Bmatrix} u_1^{(2)} \\ v_1^{(2)} \\ u_2^{(2)} \\ v_2^{(2)} \\ u_3^{(2)} \\ v_3^{(2)} \end{Bmatrix} = \begin{bmatrix} u_2^{(2)} - u_3^{(2)} \\ -v_1^{(2)} + v_3^{(2)} \\ -u_1^{(2)} + v_2^{(2)} + u_3^{(2)} - v_3^{(2)} \end{bmatrix}$$

$$(8\text{-}45)$$

$$\sigma^{(2)} = \boldsymbol{C}\varepsilon^{(2)} \tag{8-46}$$

（4）单元分析

下面进行单元分析，写出单元刚度矩阵。对于单元 1：

$$\boldsymbol{K}^{e(1)} = \begin{bmatrix} \boldsymbol{K}_{11}^e & \boldsymbol{K}_{12}^e & \boldsymbol{K}_{13}^e \\ \boldsymbol{K}_{21}^e & \boldsymbol{K}_{22}^e & \boldsymbol{K}_{23}^e \\ \boldsymbol{K}_{31}^e & \boldsymbol{K}_{32}^e & \boldsymbol{K}_{33}^e \end{bmatrix}^{(1)} = \begin{bmatrix} K_{11}^e & K_{12}^e & K_{13}^e & K_{14}^e & K_{15}^e & K_{16}^e \\ K_{21}^e & K_{22}^e & K_{23}^e & K_{24}^e & K_{25}^e & K_{26}^e \\ K_{31}^e & K_{32}^e & K_{33}^e & K_{34}^e & K_{35}^e & K_{36}^e \\ K_{41}^e & K_{42}^e & K_{43}^e & K_{44}^e & K_{45}^e & K_{46}^e \\ K_{51}^e & K_{52}^e & K_{53}^e & K_{54}^e & K_{55}^e & K_{56}^e \\ K_{61}^e & K_{62}^e & K_{63}^e & K_{64}^e & K_{65}^e & K_{66}^e \end{bmatrix}^{(1)}$$

$$= \frac{E}{2(1-\nu^2)} \begin{bmatrix} 1 & 0 & -1 & \nu & 0 & -\nu \\ * & \dfrac{1-\nu}{2} & \dfrac{1-\nu}{2} & -\dfrac{1-\nu}{2} & -\dfrac{1-\nu}{2} & 0 \\ * & * & \dfrac{3-\nu}{2} & -\dfrac{1+\nu}{2} & -\dfrac{1-\nu}{2} & \nu \\ * & * & * & \dfrac{3-\nu}{2} & \dfrac{1-\nu}{2} & -1 \\ * & * & * & * & \dfrac{1-\nu}{2} & 0 \\ * & * & * & * & * & 1 \end{bmatrix} \tag{8-47}$$

单元 1 上节点力与节点位移之间的关系为

$$\frac{E}{2(1-\nu^2)}\begin{bmatrix} 1 & 0 & -1 & \nu & 0 & -\nu \\ * & \dfrac{1-\nu}{2} & \dfrac{1-\nu}{2} & -\dfrac{1-\nu}{2} & -\dfrac{1-\nu}{2} & 0 \\ * & * & \dfrac{3-\nu}{2} & -\dfrac{1+\nu}{2} & -\dfrac{1-\nu}{2} & \nu \\ * & * & * & \dfrac{3-\nu}{2} & \dfrac{1-\nu}{2} & -1 \\ * & * & * & * & \dfrac{1-\nu}{2} & 0 \\ * & * & * & * & * & 1 \end{bmatrix}\begin{bmatrix} u_1^{(1)} \\ v_1^{(1)} \\ u_2^{(1)} \\ v_2^{(1)} \\ u_3^{(1)} \\ v_3^{(1)} \end{bmatrix} = \begin{bmatrix} T_{1x}^{(1)} \\ T_{1y}^{(1)} \\ T_{2x}^{(1)} \\ T_{2y}^{(1)} \\ T_{3x}^{(1)} \\ T_{3y}^{(1)} \end{bmatrix} \qquad (8\text{-}48)$$

对于单元 2：

$$\boldsymbol{K}^{e(2)} = \begin{bmatrix} \boldsymbol{K}_{11}^e & \boldsymbol{K}_{12}^e & \boldsymbol{K}_{13}^e \\ \boldsymbol{K}_{21}^e & \boldsymbol{K}_{22}^e & \boldsymbol{K}_{23}^e \\ \boldsymbol{K}_{31}^e & \boldsymbol{K}_{32}^e & \boldsymbol{K}_{33}^e \end{bmatrix}^{(2)} = \begin{bmatrix} K_{11}^e & K_{12}^e & K_{13}^e & K_{14}^e & K_{15}^e & K_{16}^e \\ K_{21}^e & K_{22}^e & K_{23}^e & K_{24}^e & K_{25}^e & K_{26}^e \\ K_{31}^e & K_{32}^e & K_{33}^e & K_{34}^e & K_{35}^e & K_{36}^e \\ K_{41}^e & K_{42}^e & K_{43}^e & K_{44}^e & K_{45}^e & K_{46}^e \\ K_{51}^e & K_{52}^e & K_{53}^e & K_{54}^e & K_{55}^e & K_{56}^e \\ K_{61}^e & K_{62}^e & K_{63}^e & K_{64}^e & K_{65}^e & K_{66}^e \end{bmatrix}^{(2)}$$

$$= \frac{E}{2(1-\nu^2)}\begin{bmatrix} \dfrac{1-\nu}{2} & 0 & 0 & -\dfrac{1-\nu}{2} & -\dfrac{1-\nu}{2} & \dfrac{1-\nu}{2} \\ * & 1 & -\nu & 0 & \nu & -1 \\ * & * & 1 & 0 & -1 & \nu \\ * & * & * & \dfrac{1-\nu}{2} & \dfrac{1-\nu}{2} & -\dfrac{1-\nu}{2} \\ * & * & * & * & \dfrac{3-\nu}{2} & -\dfrac{1-\nu}{2} \\ * & * & * & * & * & \dfrac{3-\nu}{2} \end{bmatrix} \qquad (8\text{-}49)$$

单元 2 上节点力与节点位移之间的关系为

$$\frac{E}{2(1-\nu^2)}\begin{bmatrix} \dfrac{1-\nu}{2} & 0 & 0 & -\dfrac{1-\nu}{2} & -\dfrac{1-\nu}{2} & \dfrac{1-\nu}{2} \\ * & 1 & -\nu & 0 & \nu & -1 \\ * & * & 1 & 0 & -1 & \nu \\ * & * & * & \dfrac{1-\nu}{2} & \dfrac{1-\nu}{2} & -\dfrac{1-\nu}{2} \\ * & * & * & * & \dfrac{3-\nu}{2} & -\dfrac{1-\nu}{2} \\ * & * & * & * & * & \dfrac{3-\nu}{2} \end{bmatrix}\begin{bmatrix} u_1^{(2)} \\ v_1^{(2)} \\ u_2^{(2)} \\ v_2^{(2)} \\ u_3^{(2)} \\ v_3^{(2)} \end{bmatrix} = \begin{bmatrix} T_{1x}^{(2)} \\ T_{1y}^{(2)} \\ T_{2x}^{(2)} \\ T_{2y}^{(2)} \\ T_{3x}^{(2)} \\ T_{3y}^{(2)} \end{bmatrix} \qquad (8\text{-}50)$$

（5）整体分析

将这些单个单元方程相结合进行整体分析来求解整个平板。该结构一共划分了 2 个单元，共 4 个节点，因此其整体刚度矩阵可按照整体编号写成分块矩阵的形式为

$$K = \begin{bmatrix} K_{11} & K_{12} & K_{13} & K_{14} \\ K_{21} & K_{22} & K_{23} & K_{24} \\ K_{31} & K_{32} & K_{33} & K_{34} \\ K_{41} & K_{42} & K_{43} & K_{44} \end{bmatrix} \tag{8-51}$$

下面以式(8-51)中 K_{13} 为例,说明整体刚度矩阵如何由式(8-47)和式(8-49)所示的单元刚度矩阵组成。

K_{13} 表示整体节点 3 上有单位位移而在节点 1 处产生的力,由图 8.3 可知,节点 1 同时属于单元①、②,因此 $K_{13} = [K_{13}^{e(1)} + K_{13}^{e(2)}]$(注意,此处的下标均为整体编号)。

由于在单元①中,整体编号与单元编号一致,而在单元②中,其整体编号与单元编号不一致,对应关系为:1→1,3→2,4→3。因此 K_{23} 可改写成 $K_{13} = [K_{13}^{e(1)} + K_{12}^{e(2)}]$,根据式(8-49)可得

$$K_{13} = \begin{bmatrix} K_{15}^{e(1)} & K_{16}^{e(1)} \\ K_{25}^{e(1)} & K_{26}^{e(1)} \end{bmatrix} + \begin{bmatrix} K_{13}^{e(2)} & K_{14}^{e(2)} \\ K_{23}^{e(2)} & K_{24}^{e(2)} \end{bmatrix} = \begin{bmatrix} K_{15}^{e(1)} + K_{13}^{e(2)} & K_{16}^{e(1)} + K_{14}^{e(2)} \\ K_{25}^{e(1)} + K_{23}^{e(2)} & K_{26}^{e(1)} + K_{24}^{e(2)} \end{bmatrix} \tag{8-52}$$

用同样的方法,可得到整体刚度矩阵为

$$\begin{bmatrix} K_{11}^{e(1)} + K_{11}^{e(2)} & K_{12}^{e(1)} + K_{12}^{e(2)} & K_{13}^{e(1)} & K_{14}^{e(1)} & K_{15}^{e(1)} + K_{13}^{e(2)} & K_{16}^{e(1)} + K_{14}^{e(2)} & K_{15}^{e(1)} & K_{16}^{e(2)} \\ * & K_{22}^{e(1)} + K_{22}^{e(2)} & K_{23}^{e(1)} & K_{24}^{e(1)} & K_{25}^{e(1)} + K_{23}^{e(2)} & K_{26}^{e(1)} + K_{24}^{e(2)} & K_{25}^{e(1)} & K_{26}^{e(2)} \\ * & * & K_{33}^{e(1)} & K_{34}^{e(1)} & K_{35}^{e(1)} & K_{36}^{e(1)} & 0 & 0 \\ * & * & * & K_{44}^{e(1)} & K_{45}^{e(1)} & K_{46}^{e(1)} & 0 & 0 \\ * & * & * & * & K_{55}^{e(1)} + K_{33}^{e(2)} & K_{56}^{e(1)} + K_{34}^{e(2)} & K_{35}^{e(2)} & K_{36}^{e(2)} \\ * & * & * & * & * & K_{66}^{e(1)} + K_{44}^{e(2)} & K_{45}^{e(2)} & K_{46}^{e(2)} \\ * & * & * & * & * & * & K_{55}^{e(2)} & K_{56}^{e(2)} \\ * & * & * & * & * & * & * & K_{66}^{e(2)} \end{bmatrix} \tag{8-53}$$

根据式(8-30)写出结构的整体刚度方程为

$$\begin{bmatrix} K_{11}^{e(1)} + K_{11}^{e(2)} & K_{12}^{e(1)} + K_{12}^{e(2)} & K_{13}^{e(1)} & K_{14}^{e(1)} & K_{15}^{e(1)} + K_{13}^{e(2)} & K_{16}^{e(1)} + K_{14}^{e(2)} & K_{15}^{e(1)} & K_{16}^{e(2)} \\ * & K_{22}^{e(1)} + K_{22}^{e(2)} & K_{23}^{e(1)} & K_{24}^{e(1)} & K_{25}^{e(1)} + K_{23}^{e(2)} & K_{26}^{e(1)} + K_{24}^{e(2)} & K_{25}^{e(1)} & K_{26}^{e(2)} \\ * & * & K_{33}^{e(1)} & K_{34}^{e(1)} & K_{35}^{e(1)} & K_{36}^{e(1)} & 0 & 0 \\ * & * & * & K_{44}^{e(1)} & K_{45}^{e(1)} & K_{46}^{e(1)} & 0 & 0 \\ * & * & * & * & K_{55}^{e(1)} + K_{33}^{e(2)} & K_{56}^{e(1)} + K_{34}^{e(2)} & K_{35}^{e(2)} & K_{36}^{e(2)} \\ * & * & * & * & * & K_{66}^{e(1)} + K_{44}^{e(2)} & K_{45}^{e(2)} & K_{46}^{e(2)} \\ * & * & * & * & * & * & K_{55}^{e(2)} & K_{56}^{e(2)} \\ * & * & * & * & * & * & * & K_{66}^{e(2)} \end{bmatrix} * \begin{bmatrix} U_1 \\ V_1 \\ U_2 \\ V_2 \\ U_3 \\ V_3 \\ U_4 \\ V_4 \end{bmatrix}$$

$$= \begin{bmatrix} T_{1x}^{(1)} + T_{1x}^{(2)} \\ T_{1y}^{(1)} + T_{1y}^{(2)} \\ T_{2x}^{(1)} \\ T_{2y}^{(1)} \\ T_{3x}^{(1)} + T_{2x}^{(2)} \\ T_{3y}^{(1)} + T_{2y}^{(2)} \\ T_{3x}^{(2)} \\ T_{3y}^{(2)} \end{bmatrix} \tag{8-54}$$

其中 U_i、V_i 为整体的 x、y 方向节点位移,$K_{ij}^{e(1)}$ 以及 $K_{ij}^{e(2)}$ 分别为单元 1、2 的单元刚度矩阵的分量,在式(8-47)和式(8-49)中已给定。

(6) 边界条件及求解

接下来应用边界条件化简式(8-54),由于平板左端固定,则有 $U_1=V_1=U_4=V_4=0$;对于右边界均布力情况,可得到 $T_{2x}^{(1)}=T/2$,$T_{2y}^{(1)}=0$、$T_{3x}^{(1)}+T_{2x}^{(2)}=T/2$、$T_{3y}^{(1)}+T_{2y}^{(2)}=0$,则式(8-54)可简化为

$$\begin{bmatrix} K_{33}^{(1)} & K_{34}^{(1)} & K_{35}^{(1)} & K_{36}^{(1)} \\ * & K_{44}^{(1)} & K_{45}^{(1)} & K_{46}^{(1)} \\ * & * & K_{55}^{(1)}+K_{33}^{(2)} & K_{56}^{(1)}+K_{34}^{(2)} \\ * & * & * & K_{66}^{(1)}+K_{44}^{(2)} \end{bmatrix} \begin{Bmatrix} U_2 \\ V_2 \\ U_3 \\ V_3 \end{Bmatrix} = \begin{Bmatrix} T/2 \\ 0 \\ T/2 \\ 0 \end{Bmatrix} \tag{8-55}$$

对于材料特性取 $E=207\text{GPa}$、$\nu=0.25$ 时,由式(8-55)可计算得到未知节点 2、3 的位移为

$$\begin{bmatrix} U_2 \\ V_2 \\ U_3 \\ V_3 \end{bmatrix} = \begin{bmatrix} 0.492 \\ 0.081 \\ 0.441 \\ -0.030 \end{bmatrix} T \times 10^{-11} \text{m} \tag{8-56}$$

注意到上述计算结果,节点 2、3 的位移并没有如理论预期那样具有对称性,这主要是由于在结构离散时,只将原结构离散为两个三角形单元,这两个单元并没有关于整体平板结构对称轴对称,因此计算结果存在误差。如果选取其他对称性网格划分方案,则节点 2、3 位移计算结果将会趋于对称。在后处理过程中,节点 1、4 的受力情况可通过将式(8-56)结果代入式(8-54)计算得到。

下面求各单元中的应变和应力。对于单元 1:

$$\begin{bmatrix} u_1^{(1)} \\ v_1^{(1)} \\ u_2^{(1)} \\ v_2^{(1)} \\ u_3^{(1)} \\ v_3^{(1)} \end{bmatrix} = \begin{bmatrix} U_1 \\ V_1 \\ U_2 \\ V_2 \\ U_3 \\ V_3 \end{bmatrix} = \begin{Bmatrix} 0 \\ 0 \\ 0.492 \\ 0.081 \\ 0.441 \\ -0.030 \end{Bmatrix} T \times 10^{-11} \text{m} \tag{8-57}$$

$$\boldsymbol{\varepsilon}^{(1)} = \begin{bmatrix} -u_1^{(1)}+u_2^{(1)} \\ -v_2^{(1)}+v_3^{(1)} \\ -v_1^{(1)}-u_2^{(1)}+v_2^{(1)}+u_3^{(1)} \end{bmatrix} = \begin{Bmatrix} 0.492 \\ -0.111 \\ 0.030 \end{Bmatrix} T \times 10^{-11} \tag{8-58}$$

$$\boldsymbol{\sigma}^{(1)} = \boldsymbol{C}\boldsymbol{\varepsilon}^{(1)} = 207 \times \begin{bmatrix} 1.067 & 0.267 & 0 \\ 0.267 & 1.067 & 0 \\ 0 & 0 & 0.4 \end{bmatrix} \begin{Bmatrix} 0.492 \\ -0.111 \\ 0.030 \end{Bmatrix} T \times 10^{-2} \text{Pa} = \begin{Bmatrix} 1.025 \\ -0.027 \\ 0.025 \end{Bmatrix} \text{Pa} \tag{8-59}$$

对于单元 2:

$$\begin{bmatrix} u_1^{(2)} \\ v_1^{(2)} \\ u_2^{(2)} \\ v_2^{(2)} \\ u_3^{(2)} \\ v_3^{(2)} \end{bmatrix} = \begin{bmatrix} U_1 \\ V_1 \\ U_3 \\ V_3 \\ U_4 \\ V_4 \end{bmatrix} = \begin{bmatrix} 0 \\ 0 \\ 0.441 \\ -0.030 \\ 0 \\ 0 \end{bmatrix} T \times 10^{-11}\,\mathrm{m} \tag{8-60}$$

$$\boldsymbol{\varepsilon}^{(2)} = \begin{bmatrix} u_2^{(2)} - u_3^{(2)} \\ -v_1^{(2)} + v_3^{(2)} \\ -u_1^{(2)} + v_2^{(2)} + u_3^{(2)} - v_3^{(2)} \end{bmatrix} = \begin{Bmatrix} 0.441 \\ 0 \\ -0.030 \end{Bmatrix} T \times 10^{-11} \tag{8-61}$$

$$\boldsymbol{\sigma}^{(2)} = \boldsymbol{C}\boldsymbol{\varepsilon}^{(2)} = 207 \times \begin{bmatrix} 1.067 & 0.267 & 0 \\ 0.267 & 1.067 & 0 \\ 0 & 0 & 0.4 \end{bmatrix} \begin{Bmatrix} 0.441 \\ 0 \\ -0.030 \end{Bmatrix} T \times 10^{-2}\,\mathrm{Pa} = \begin{Bmatrix} 0.974 \\ 0.244 \\ -0.025 \end{Bmatrix}\mathrm{Pa}$$
$$\tag{8-62}$$

8.3　有限差分法

有限差分法，简称差分法，它是把弹性力学的基本方程和边界条件（一般均为微分方程）近似地改用差分方程（代数方程）来表示，把求解微分方程的问题改换成为求解代数方程的问题，属于数学上的近似。因此，在讲述差分法之前，有必要对弹性力学中常用的一些导数的差分公式进行推导，以便用来建立弹性力学的差分方程。

对于差分公式的推导，首先在弹性体上用相隔等间距 h 且平行于坐标轴的两组平行线组成网格（图 8.4），该网格称为差分网格。网格线的交点称为节点（结点），网格间距称为步长。

设函数 $f = f(x, y)$ 为弹性体内的某个函数，如应力分量、位移分量、应力函数 $\varPhi$ 或者温度等。可以导出一阶及二阶导数在节点 0 处的差分公式：

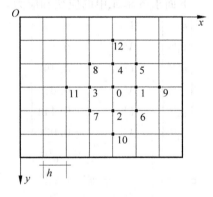

图 8.4　差分网格示例

$$\left(\frac{\partial f}{\partial x}\right)_0 = \frac{f_1 - f_3}{2h} \tag{8-63}$$

$$\left(\frac{\partial^2 f}{\partial x^2}\right)_0 = \frac{f_1 + f_3 - 2f_0}{2h^2} \tag{8-64}$$

同样的方法，在网格线 4-0-2 上，类似于 x 方向的求解方法，可获得 y 方向一阶及二阶导数的差分公式：

$$\left(\frac{\partial f}{\partial y}\right)_0 = \frac{f_2 - f_4}{2h} \tag{8-65}$$

$$\left(\frac{\partial^2 f}{\partial y^2}\right)_0 = \frac{f_2 + f_4 - 2f_0}{2h^2} \tag{8-66}$$

式（8-63）～式（8-66）称为基本差分公式。通过基本差分公式，可以导出其他阶导数的

差分公式。如混合二阶导数的差分公式为

$$\left(\frac{\partial^2 f}{\partial x \partial y}\right)_0 = \left[\frac{\partial}{\partial x}\left(\frac{\partial f}{\partial y}\right)\right]_0 = \frac{\left(\frac{\partial f}{\partial y}\right)_1 - \left(\frac{\partial f}{\partial y}\right)_3}{2h}$$

$$= \frac{\frac{f_6 - f_5}{2h} - \frac{f_7 - f_8}{2h}}{2h} = \frac{1}{4h^2}\left[(f_6 + f_8) - (f_5 + f_7)\right] \quad (8\text{-}67)$$

进一步可以导出四阶偏导数的差分方程为

$$\left(\frac{\partial^4 f}{\partial x^4}\right)_0 = \frac{1}{h^4}\left[6f_0 - 4(f_1 + f_3) + (f_9 + f_{11})\right] \quad (8\text{-}68)$$

$$\left(\frac{\partial^4 f}{\partial x^2 \partial y^2}\right)_0 = \frac{1}{h^4}\left[4f_0 - 2(f_1 + f_2 + f_3 + f_4) + (f_5 + f_6 + f_7 + f_8)\right] \quad (8\text{-}69)$$

$$\left(\frac{\partial^4 f}{\partial y^4}\right)_0 = \frac{1}{h^4}\left[6f_0 - 4(f_2 + f_4) + (f_{10} + f_{12})\right] \quad (8\text{-}70)$$

其中，f_i 表示函数 f 在节点 i 处的值。在得到了基本差分公式之后，下面我们通过平面问题应力函数的求解为例来介绍差分法求解过程。

8.3.1　建立差分方程

当不计体力时，弹性力学平面问题归结为在给定边界条件下求解双调和方程式(6-22)的问题。因此，使用差分法求解平面问题时，首先应将双调和方程变换为差分方程，而后进行求解。

在不计体力的情况下，平面问题的应力分量 σ_x，σ_y，τ_{xy} 可以用应力函数 φ 的表示如下：

$$\sigma_x = \frac{\partial^2 \varphi}{\partial y^2}, \quad \sigma_y = \frac{\partial^2 \varphi}{\partial x^2}, \quad \tau_{xy} = -\frac{\partial^2 \varphi}{\partial x \partial y} \quad (8\text{-}71)$$

如果按照图 8.4 在弹性体上划分网格，则利用差分公式(8-64)、(8-66)、(8-67)将任一节点 0 处的应力分量表示为

$$\begin{cases} (\sigma_x)_0 = \left(\frac{\partial^2 \varphi}{\partial y^2}\right)_0 = \frac{1}{h^2}\left[(\varphi_2 + \varphi_4) - 2\varphi_0\right] \\ (\sigma_y)_0 = \left(\frac{\partial^2 \varphi}{\partial x^2}\right)_0 = \frac{1}{h^2}\left[(\varphi_1 + \varphi_3) - 2\varphi_0\right] \\ (\tau_{xy})_0 = \left(-\frac{\partial^2 \varphi}{\partial x \partial y}\right)_0 = \frac{1}{4h^2}\left[(\varphi_5 + \varphi_7) - (\varphi_6 + \varphi_8)\right] \end{cases} \quad (8\text{-}72)$$

可见，一旦求得弹性体全部节点的 φ 值后，就可按应力分量差分公式(对节点 0)算得弹性体各节点的应力。

为求得弹性体边界内各节点处的 φ 值，需利用应力函数的双调和方程 $(\nabla^4 \varphi)_0 = 0$，即

$$\left(\frac{\partial^4 \varphi}{\partial x^4}\right)_0 + 2\left(\frac{\partial^4 \varphi}{\partial x^2 \partial y^2}\right)_0 + \left(\frac{\partial^4 \varphi}{\partial y^4}\right)_0 = 0 \quad (8\text{-}73)$$

利用式(8-68)、式(8-69)、式(8-70)将双调和方程变换为差分方程：

$$20\varphi_0 - 8(\varphi_1 + \varphi_2 + \varphi_3 + \varphi_4) + 2(\varphi_5 + \varphi_6 + \varphi_7 + \varphi_8)$$
$$+ (\varphi_9 + \varphi_{10} + \varphi_{11} + \varphi_{12}) = 0 \quad (8\text{-}74)$$

对于弹性体边界以内的每一个节点,都可以建立这样一个差分方程。联立求解这些线性代数方程,就能求得各弹性体边界内节点处的值。

8.3.2　边界应力函数求解

一般地说,建立和求解差分方程,在数学上不会遇到很大困难。但是,当对于边界内一行的(距边界为 h 的)节点,建立差分方程还将涉及边界上各节点处的 φ 值,并包含边界外一行的节点处的 φ 值。这种为了方便建立差分方程而在边界外一行假设的,实际上并不存在的节点,称为**虚节点**。

为了求得边界上各节点处的 φ 值,须要应用应力边界条件,即

$$\begin{cases} l_1\sigma_x + l_2\tau_{xy} = p_x \\ l_1\tau_{xy} + l_2\sigma_y = p_y \end{cases} \tag{8-75}$$

利用式(8-71)表示成偏微分形式为

$$\begin{cases} l_1\left(\dfrac{\partial^2\varphi}{\partial y^2}\right) - l_2\left(\dfrac{\partial^2\varphi}{\partial x\partial y}\right) = p_x \\ -l_1\left(\dfrac{\partial^2\varphi}{\partial x\partial y}\right) + l_2\left(\dfrac{\partial^2\varphi}{\partial x^2}\right) = p_y \end{cases} \tag{8-76}$$

由图 8.5 可见,沿边界正方向移动 $\mathrm{d}s$ 长度时,相应 x、y 方向的位移分别为 $-\mathrm{d}x$、$\mathrm{d}y$,由此可见:

$$\begin{cases} l_1 = \cos(N,x) = \cos\alpha = \mathrm{d}y/\mathrm{d}s \\ l_2 = \cos(N,y) = \sin\alpha = -\mathrm{d}x/\mathrm{d}s \end{cases} \tag{8-77}$$

因此,式(8-76)可改写为

$$\begin{cases} \dfrac{\mathrm{d}y}{\mathrm{d}s}\left(\dfrac{\partial^2\varphi}{\partial y^2}\right) + \dfrac{\mathrm{d}x}{\mathrm{d}s}\left(\dfrac{\partial^2\varphi}{\partial x\partial y}\right) = p_x \\ -\dfrac{\mathrm{d}y}{\mathrm{d}s}\left(\dfrac{\partial^2\varphi}{\partial x\partial y}\right) - \dfrac{\mathrm{d}x}{\mathrm{d}s}\left(\dfrac{\partial^2\varphi}{\partial x^2}\right) = p_y \end{cases} \tag{8-78}$$

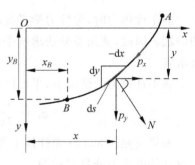

图 8.5　边界条件示意图

由此得

$$\begin{cases} \dfrac{\mathrm{d}}{\mathrm{d}s}\left(\dfrac{\partial\varphi}{\partial y}\right) = p_x \\ -\dfrac{\mathrm{d}}{\mathrm{d}s}\left(\dfrac{\partial\varphi}{\partial x}\right) = p_y \end{cases} \tag{8-79}$$

关于边界上任一点处的 $\dfrac{\partial\varphi}{\partial x}$、$\dfrac{\partial\varphi}{\partial y}$ 的值,可将上式从 A 点到 B 点对 s 积分得到

$$\begin{cases} \left(\dfrac{\partial\varphi}{\partial y}\right)_A^B = \displaystyle\int_A^B p_x\,\mathrm{d}s \\ -\left(\dfrac{\partial\varphi}{\partial x}\right)_A^B = \displaystyle\int_A^B p_y\,\mathrm{d}s \end{cases} \tag{8-80}$$

或写成:

$$\begin{cases} \left(\dfrac{\partial \varphi}{\partial y}\right)_B = \left(\dfrac{\partial \varphi}{\partial y}\right)_A + \displaystyle\int_A^B p_x \mathrm{d}s \\ \left(\dfrac{\partial \varphi}{\partial x}\right)_B = \left(\dfrac{\partial \varphi}{\partial x}\right)_A - \displaystyle\int_A^B p_y \mathrm{d}s \end{cases} \tag{8-81}$$

由高等数学知识可知

$$\frac{\mathrm{d}\varphi}{\mathrm{d}s} = \frac{\partial \varphi}{\partial x} \cdot \frac{\mathrm{d}x}{\mathrm{d}s} + \frac{\partial \varphi}{\partial y} \cdot \frac{\mathrm{d}y}{\mathrm{d}s} \tag{8-82}$$

将此式从 A 点到 B 点沿 s 进行积分,就得到边界上任一点 B 处的值,为此利用分部积分法可得

$$(\varphi)_A^B = \left(x\frac{\partial \varphi}{\partial x}\right)_A^B - \int_A^B x\frac{\mathrm{d}}{\mathrm{d}s}\left(\frac{\partial \varphi}{\partial x}\right)\mathrm{d}s + \left(y\frac{\partial \varphi}{\partial y}\right)_A^B - \int_A^B y\frac{\mathrm{d}}{\mathrm{d}s}\left(\frac{\partial \varphi}{\partial y}\right)\mathrm{d}s \tag{8-83}$$

将式(8-79)、式(8-81)代入上式,整理得到:

$$\varphi_B = \varphi_A + (x_B - x_A)\left(\frac{\partial \varphi}{\partial x}\right)_A + (y_B - y_A)\left(\frac{\partial \varphi}{\partial y}\right)_A + \int_A^B (y_B - y)p_x\mathrm{d}s + \int_A^B (x - x_B)p_y\mathrm{d}s \tag{8-84}$$

由式(8-81)、式(8-84)可以看出,设固定点 A 的 φ_A、$\left(\dfrac{\partial \varphi}{\partial x}\right)_A$、$\left(\dfrac{\partial \varphi}{\partial y}\right)_A$ 为已知,即可根据面力分量及导数求得任一点 B 的 φ_B、$\left(\dfrac{\partial \varphi}{\partial x}\right)_B$、$\left(\dfrac{\partial \varphi}{\partial y}\right)_B$。

由前面第 6 章内容可知,把应力函数加上一个线性函数,并不影响应力。因此,可设想把应力函数加上 $a+bx+cy$,然后调整 a、b、c 三个数值,使得 $\varphi_A=0$,$\left(\dfrac{\partial \varphi}{\partial x}\right)_A=0$,$\left(\dfrac{\partial \varphi}{\partial y}\right)_A=0$,如此一来,式(8-81)、式(8-84)可简化为

$$\left(\frac{\partial \varphi}{\partial y}\right)_B = \int_A^B p_x\mathrm{d}s \tag{8-85}$$

$$\left(\frac{\partial \varphi}{\partial x}\right)_B = -\int_A^B p_y\mathrm{d}s \tag{8-86}$$

$$\varphi_B = \int_A^B (y_B - y)p_x\mathrm{d}s + \int_A^B (x - x_B)p_y\mathrm{d}s \tag{8-87}$$

从图 8.5 可以看出,式(8-85)右边的积分式表示边界上 A、B 两点间的 x 方向面力之和;式(8-86)右边的积分式表示边界上 A、B 两点间的 y 方向面力之和;式(8-87)右边的积分式表示边界上 A、B 两点间面力对 B 点的矩。力矩的正负号由坐标系确定,图 8.5 中以顺时针为正。

8.3.3 虚节点应力函数求解

至此,我们解决了怎样计算边界上各节点上的 φ、$\dfrac{\partial \varphi}{\partial x}$、$\dfrac{\partial \varphi}{\partial y}$ 值的问题。至于边界外一行虚节点处 φ 的值,则可用应力函数 φ 在边界上的导数和边界内一行各节点的 φ 值表示。例如,对于图 8.6 中的虚节点 13,14,由于存在:

$$\left(\frac{\partial \varphi}{\partial x}\right)_A = \frac{\varphi_{13} - \varphi_9}{2h}, \quad \left(\frac{\partial \varphi}{\partial y}\right)_B = \frac{\varphi_{14} - \varphi_{10}}{2h} \tag{8-88}$$

可以求得

$$\varphi_{13} = \varphi_9 + 2h\left(\frac{\partial\varphi}{\partial x}\right)_A, \quad \varphi_{14} = \varphi_{10} + 2h\left(\frac{\partial\varphi}{\partial y}\right)_B \tag{8-89}$$

当求出全部节点上的 φ 值以后,就可按应力分量的差分公式(8-72)计算应力分量。

例题 8.2 设长为 $4h$,宽为 $2h$ 的矩形梁,如图 8.7 所示,上边正中心 h 长之处受有竖直向下的均布载荷 $4q$,下边受有竖直向上的均布载荷 q,试用差分法计算图示基础梁的最大拉应力。

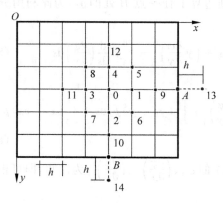

图 8.6 含虚节点的差分网格示例

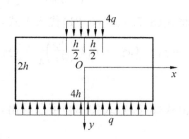

图 8.7 矩形梁受力情况

解: 取坐标轴如图 8.7 所示,由于梁结构以及受载情况对称,因此,只需计算梁的一半,本例取左一半进行计算。先划分差分网格、编节点号;取网格间距为 h,则网格划分结果及节点编号如图 8.8 所示。

(1) 建立差分方程

对边界内节点建立差分方程。利用差分方程式(8-74)可得

对于节点 1 有

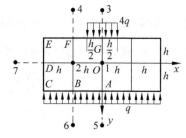

图 8.8 矩形梁差分网格

$$20\varphi_1 - 8(\varphi_2 + \varphi_A + \varphi_2 + \varphi_G) + 2(\varphi_F + \varphi_B + \varphi_B + \varphi_F)$$
$$+ (\varphi_D + \varphi_5 + \varphi_D + \varphi_3) = 0 \tag{8-90}$$

其中 $\varphi_A = \varphi_F = 0, \varphi_G = \frac{3}{2}qh^2, \varphi_B = -\frac{1}{2}qh^2, \varphi_B = -2qh^2, \varphi_3 = \varphi_5 = \varphi_1$,则式(8-90)可简化为

$$22\varphi_1 - 16\varphi_2 = 18qh^2 \tag{8-91}$$

同样,对于节点 2 有

$$20\varphi_2 - 8(\varphi_1 + \varphi_B + \varphi_D + \varphi_F) + 2(\varphi_G + \varphi_A + \varphi_C + \varphi_E)$$
$$+ (\varphi_2 + \varphi_6 + \varphi_7 + \varphi_4) = 0 \tag{8-92}$$

其中 $\varphi_B = -\frac{1}{2}qh^2, \varphi_D = -2qh^2, \varphi_A = \varphi_F = 0, \varphi_G = \frac{3}{2}qh^2, \varphi_C = \varphi_E = -2qh^2, \varphi_4 = \varphi_6 = \varphi_2, \varphi_7 = \varphi_2 - 4qh^2$,则式(8-92)可简化为

$$-8\varphi_1 + 24\varphi_2 = -11qh^2 \tag{8-93}$$

联立式(8-91)、式(8-93)可得

$$\varphi_1 = 0.64qh^2, \quad \varphi_2 = -0.245qh^2 \tag{8-94}$$

（2）边界应力函数求解

为了反映对称性，取梁底节点 A 作为基点，取 $\varphi_A = \left(\dfrac{\partial \varphi}{\partial x}\right)_A = \left(\dfrac{\partial \varphi}{\partial y}\right)_A = 0$，计算边界上所有各节点处的 φ 值及其导数值如表 8.1 所示。

表 8.1　各节点 φ 值及其导数值计算结果

节点	A	B	C	D	E	F	G
$\dfrac{\partial \varphi}{\partial x}$	0	—	—	$2qh$	—	—	—
$\dfrac{\partial \varphi}{\partial y}$	0	0	—	—	—	0	0
φ	0	$-\dfrac{qh^2}{2}$	$-2qh^2$	$-2qh^2$	$-2qh^2$	0	$-\dfrac{3qh^2}{2}$

（3）虚节点应力函数求解

将边界外一行的虚节点的 φ 值用边界内一行节点的 φ 值表示。

由于在上下边有 $\dfrac{\partial \varphi}{\partial y} = 0$，因此有

$$\begin{cases} \varphi_3 = \varphi_1 - 2h\left(\dfrac{\partial \varphi}{\partial y}\right)_G = \varphi_1, & \varphi_4 = \varphi_2 - 2h\left(\dfrac{\partial \varphi}{\partial y}\right)_F = \varphi_2 \\ \varphi_5 = \varphi_1 + 2h\left(\dfrac{\partial \varphi}{\partial y}\right)_A = \varphi_1, & \varphi_6 = \varphi_2 + 2h\left(\dfrac{\partial \varphi}{\partial y}\right)_B = \varphi_2 \end{cases} \tag{8-95}$$

在左边有 $\dfrac{\partial \varphi}{\partial x} = 2qh$，因此有

$$\varphi_7 = \varphi_2 - 2h\left(\dfrac{\partial \varphi}{\partial x}\right)_D = \varphi_2 - 4qh^2 \tag{8-96}$$

由式（8-94）、式（8-95）、式（8-96）可得

$$\begin{cases} \varphi_3 = \varphi_5 = \varphi_1 = 0.64qh^2 \\ \varphi_4 = \varphi_6 = \varphi_2 = -0.245qh^2 \\ \varphi_7 = \varphi_2 - 4qh^2 = -4.245qh^2 \end{cases} \tag{8-97}$$

下面计算各节点应力值。由式（8-72）可得

$$(\sigma_x)_G = \left(\dfrac{\partial^2 \varphi}{\partial y^2}\right)_G = \dfrac{1}{h^2}[(\varphi_1 + \varphi_3) - 2\varphi_G]$$

$$= \dfrac{1}{h^2}\left[(0.64qh^2 + 0.64qh^2) - 2 \times \dfrac{3}{2}qh^2\right] = -1.72q \tag{8-98}$$

$$(\sigma_x)_1 = \left(\dfrac{\partial^2 \varphi}{\partial y^2}\right)_1 = \dfrac{1}{h^2}[(\varphi_G + \varphi_A) - 2\varphi_1]$$

$$= \dfrac{1}{h^2}\left[\left(\dfrac{3}{2}qh^2 + 0\right) - 2 \times 0.64qh^2\right] = 0.22q \tag{8-99}$$

$$(\sigma_x)_A = \left(\dfrac{\partial^2 \varphi}{\partial y^2}\right)_A = \dfrac{1}{h^2}[(\varphi_1 + \varphi_5) - 2\varphi_A]$$

$$= \dfrac{1}{h^2}[(0.64qh^2 + 0.64qh^2) - 2 \times 0] = 1.28q \tag{8-100}$$

计算表明，最大拉应力位于梁下边界中点 A，大小为 $1.28q$。梁的中线 GA 上所受弯曲应力 σ_x 变化规律如图 8.9 所示。

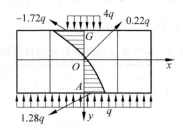

图 8.9　梁中心 σ_x 应力分布

8.4　重点概念阐释及知识延伸

8.4.1　有限元法的单元类型

有限元法对于单元类型的选择主要取决于所要求解结构的几何特征以及计算精度等因素。

单元类型可从是否具有内节点的角度分为低阶和高阶单元。图 8.10、图 8.11 分别给出只具有端节点和同时具有端节点和内节点的一维、二维和三维单元。一维单元可简单地是一条直线，也可以是一曲线；二维单元可以是三角形或四边形；三维单元可以是四面体、五面体或六面体。一般情况下，具有内节点的单元称为高阶非线性单元，在计算中具有较高的精度；而不具有内节点的单元称为低阶单元。在使用的过程中，可以根据问题的实际精度的要求和设备的运算能力进行单元类型的选择。

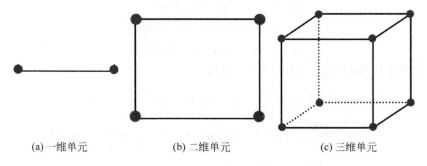

(a) 一维单元　　　　　(b) 二维单元　　　　　(c) 三维单元

图 8.10　只有端节点的单元

另外，单元类型可从几何形状的角度分为四面体单元和六面体单元。在之前所描述的平面单元中，三角形单元适用性较强，可应用于几何拓扑复杂的情况，而四边形单元适用性相对来说就要弱一点。同样，在三维实体单元的选择中，四面体单元(图 8.12)具有较好的适用性，适用于任意几何拓扑的实体模型；而六面体单元(图 8.13)则适合于几何拓扑相对较为规则的情况，而且对于不同曲面相交等特殊的复杂情况，六面体可能是无法实现的。通

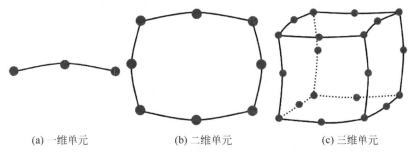

(a) 一维单元 (b) 二维单元 (c) 三维单元

图 8.11 高阶单元

常,对于较为复杂的实体分析一般采用六面体和四面体相结合的方法,在大部分区域采用六面体单元而局部过渡则采用四面体单元。

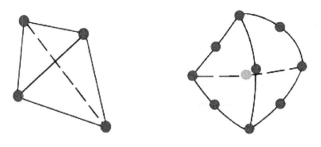

图 8.12 四面体实体单元

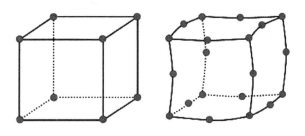

图 8.13 六面体实体单元

8.4.2 有限元法的用户材料子程序

有限元法的用户材料子程序是商业有限元程序开放给用户、用来定义材料属性的程序,如 ABAQUS、ANSYS 等为用户提供的材料本构模型定义程序。用户材料子程序的开发流程包括:(1)发展能够精确描述材料力学行为的本构模型;(2)结合商业有限元软件的接口要求,编写用户子程序;(3)采用单个单元验证用户子程序;(4)建立简单构件模型,验证用户子程序的计算效率、收敛性能以及精确性。

以形状记忆合金的例子来说明用户材料子程序的具体应用。形状记忆合金(shape memory alloy,SMA)材料的本构模型不仅需要描述其应力、应变关系,还要考虑温度对应力应变关系的影响。现有商用有限元软件很少内嵌这种材料的本构模型。图 8.14 为 SMA

材料用户子程序对 SMA 构件的计算结果图,图 8.15 为用户子程序计算结果与试验结果的对比。

图 8.14　用户材料子程序计算结果(单位:MPa)

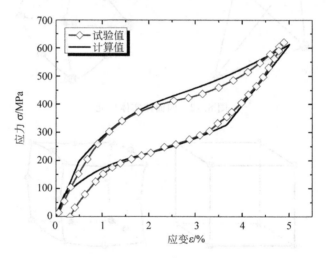

图 8.15　用户材料子程序和试验结果对比图

8.4.3　经典例题的有限元方法求解

在第 7 章经典例题的求解中,采用弹性力学解析方法对深梁弯曲、旋转圆盘、小孔应力集中、等截面柱体扭转几个问题进行了求解。下面采用商业有限元软件对上述几个问题进行求解,并与解析结果进行对比。

1. 深梁弯曲问题

(1) 几何尺寸

对于 7.2 节中的深梁弯曲问题的模型,选取 $l=1.5\text{m}$、$h=1\text{m}$。

(2) 网格划分

选取平面四边形网格对模型进行分网,如图 8.16 所示。

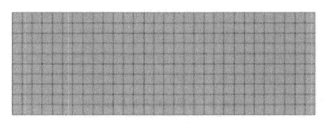

图 8.16 深梁弯曲有限元模型

（3）边界条件

根据简支梁的边界条件，对梁左边界中心进行 x、y 方向的位移约束，对右边界中心进行 y 向约束，同时在梁上边界施加压力 $p=100\text{kPa}$。

（4）结果及对比

有限元计算结果如下：图 8.17、图 8.18、图 8.19 分别为梁 x、y 方向以及切向的应力分布云图。

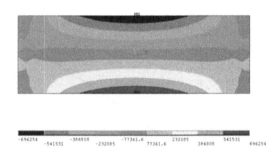

图 8.17 x 方向应力 σ_x 分布云图（单位：Pa）

图 8.18 y 方向应力 σ_y 分布云图（单位：Pa）

图 8.19 切应力 τ_{xy} 分布云图（单位：Pa）

　　提取部分节点的有限元计算结果与解析结果对比如表 8.2 所示,由曲线表示的两者变化规律的对比如图 8.20 所示。可以看出:在远离左右边界的区域的数值结果与解析结果相符合,在边界部分结果差别比较大,这是因为解析解在边界部分运用了圣维南原理。在远离左右边界的区域,有限元解与解析精确解的误差都在 1% 以内。

表 8.2　有限元解与解析解对比　　　　　　　　　　单位:Pa

坐标	σ_x 数值	σ_x 解析	误差	σ_y 数值	σ_y 解析	误差	τ_{xy} 数值	τ_{xy} 解析	误差
0,0	2.2E-6	0	≈0%	−50000	−50000	0%	7.5E-6	0	≈0%
0,0.25	328532	328750	0.06%	−15712	−15625	0.55%	6.0E-6	0	≈0%
0,−0.5	−696254	−695000	0.18%	−100640	−100000	0.64%	4.4E-7	0	≈0%
0,−0.25	−328533	−328750	0.07%	−84290	−84375	0.10%	6.0E-6	0	≈0%
0.1,−0.1	−127512	−128800	1.0%	−64209	−64800	0.92%	14100	14400	2.08%
0.2,−0.1	−125723	−127000	1.0%	−64200	−64800	0.93%	28210	28800	2.05%
1.4,0.3	59112	45000	31.36%	−160000	−10400	1438%	96271	134400	28.4%

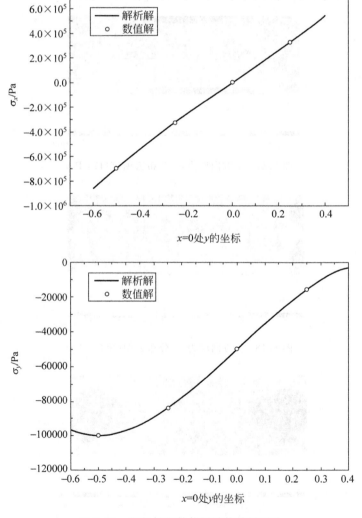

图 8.20　解析解和数值解计算结果对比

2. 旋转圆盘应力分布

（1）几何尺寸

对于 7.3 节中的旋转圆盘应力分布问题的结构模型，选取 $a=0.1\text{m}$、$b=0.3\text{m}$。

（2）网格划分

选用平面四边形网格对模型进行离散，分网结果如图 8.21 所示。

（3）边界条件

圆盘结构离散之后，根据圆盘具体边界条件，对圆盘内各节点施加周向约束，同时对圆盘施加沿 z 轴角速度为 1000rad/s 的转速。

（4）结果及对比

利用有限元软件获得圆盘的应力分布。其中图 8.22、图 8.23 分别为圆盘的径向应力 σ_r 与周向应力 σ_θ 的分布云图。

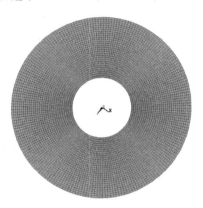

图 8.21　旋转圆盘有限元模型

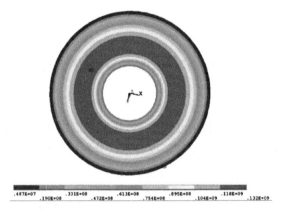

图 8.22　圆盘径向应力 σ_r 分布云图（单位：Pa）

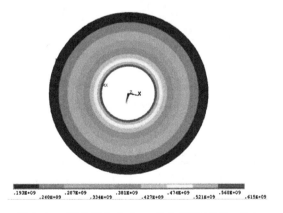

图 8.23　圆盘周向应力 σ_θ 分布云图（单位：Pa）

　　提取圆盘径向节点的数值计算结果,与第 7 章解析计算所获得的圆盘径向应力 σ_r 与周向应力 σ_θ 随半径 r 变化规律进行对比,在图 8.24 上画出两者的曲线图,可以看出数值计算结果与理论解析结果一致。

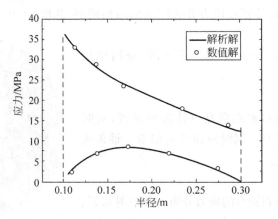

图 8.24　解析解和数值解计算结果对比

3. 小孔应力集中

(1) 几何尺寸

　　对 7.4 节中给定的小孔应力集中问题的模型,选取平板长为 0.2m,宽 0.1m,中心小孔半径 $r=5\text{mm}$。

(2) 网格划分

　　结合模型对称性特点,建立平板的 1/4 模型,选取平面四边形网格对结构进行离散,在应力集中区域进行网格细化,以保证所需的精度要求。分网后的有限元模型如图 8.25 所示。

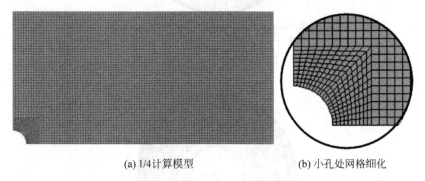

(a) 1/4计算模型　　　　　　　　　　　(b) 小孔处网格细化

图 8.25　小孔应力集中有限元模型

(3) 边界条件

　　边界条件约束,对两个对称边界进行约束,x 轴对称边进行 y 向位移约束,y 轴对称面进行 x 向位移约束,并在短边边界上施加沿 x 轴的大小为 $q=1000\text{Pa}$ 的均布压力。

(4) 结果和对比

　　图 8.26、图 8.27、图 8.28 分别为小孔应力集中模型有限元计算所获得的 x、y 方向正应力 σ_x、σ_y 以及切应力 τ_{xy} 的分布云图。提取模型中部分节点在柱坐标系下的有限元计算

结果与解析解进行对比(如表 8.3、表 8.4 所示),由曲线表示的两者变化规律的对比如图 8.29 所示。可以看出有限元结果与解析结果基本一致,且圆孔周围出现了应力集中现象,应力集中系数为 3,最大应力和最小应力都出现在圆孔周围。最大应力误差为 2.77%。且由表 8.4 可以看出,在远离孔边时,平板应力急剧趋于均布载荷 $q=1000\text{Pa}$。

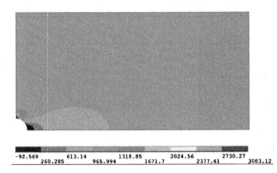

图 8.26 x 方向应力 σ_x 分布云图(单位:Pa)

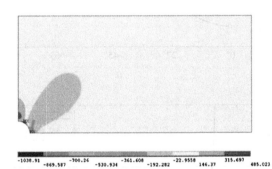

图 8.27 y 方向应力 σ_y 分布云图(单位:Pa)

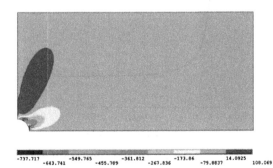

图 8.28 切应力 τ_{xy} 分布云图(单位:Pa)

表 8.3 圆孔边的环向正应力 σ_θ 分布　　　　　　　　　单位:Pa

θ	$0°$	$27°$	$45°$	$63°$	$90°$
解析解	-1000	-175.57	1000	2175.6	3000
数值解	-1038.9	-165.95	1018.4	2213.1	3083.1
误差	3.89%	5.48%	1.84%	1.72%	2.77%

表 8.4　y 轴上的环向正应力 σ_θ 分布　　　　　　　　　　　　　　　　单位：Pa

r/m	0.005	0.01	0.015	0.02	0.04
解析解	3000	1218.75	1074.07	1037.11	1008.18
数值解	3083.1	1230.2	1084.6	1046.6	1009.5
误差	2.77%	0.94%	0.98%	0.92%	0.13%

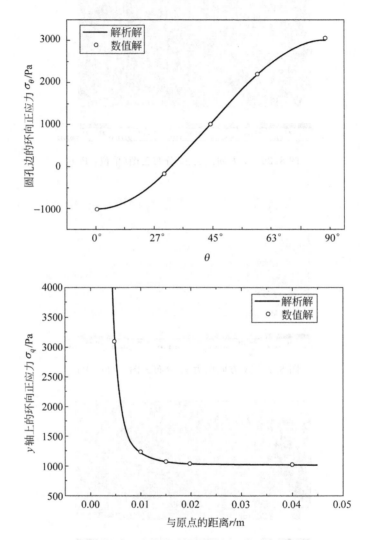

图 8.29　解析解和数值解计算结果对比

4. 等截面柱体的扭转

（1）几何尺寸

在 7.5 节等截面柱体扭转问题的结构模型中，取 $a=0.02\text{m}$、$b=0.01\text{m}$、柱长 $h=0.2\text{m}$。

（2）网格划分

选取六面体网格对柱体模型进行离散，分网后的有限元模型如图 8.30 所示。

图 8.30　柱体扭转有限元模型

（3）边界条件

根据柱体边界条件，对柱体一端进行全位移约束，另一端施加扭矩 $M = 1000\text{N} \cdot \text{m}$。

（4）结果与对比

选取中心 $z = 0$ 截面，其有限元计算结果如图 8.31、图 8.32 所示，与第 7 章所得的解析结果（图 8.33、图 8.34）相对比，可以看出切应力分布云图以及位移分布云图结果一致。

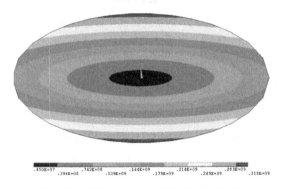

图 8.31　切应力合力分布云图（单位：Pa）

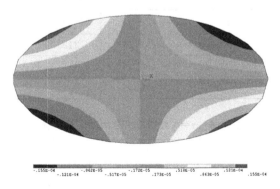

图 8.32　位移分布云图（单位：m）

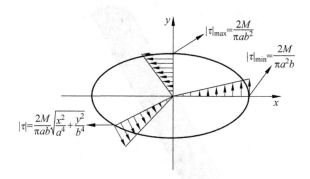

图 8.33　解析获得的应力分布图

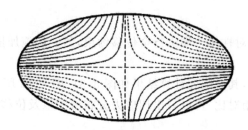

图 8.34　解析获得的位移分布图

将以上数值代入解析解式(7-91)可得,横截面内任一点的剪切应力合力为 $|\tau|=\dfrac{100000}{\pi}\sqrt{\dfrac{x^2}{16}+y^2}$ MPa,最大值为 318.47MPa,有限元计算的最大应力值结果 318MPa,二者非常接近。

提取模型中部分节点的有限元计算结果与解析解进行对比(如表 8.5、表 8.6 所示),由曲线表示的两者变化规律的对比如图 8.35 所示。可以看出有限元结果与解析结果基本一致。

表 8.5　$x=0$ 处切应力合力随 y 的变化　　　　　　　　　　单位：MPa

y	1.667	3.333	5	6.667	8.333	10
解析解	53.062	106.93	159.15	212.22	265.25	318.31
数值解	53.593	106.92	160.16	213.21	266.02	318.54
误差	1.00%	0.01%	0.63%	0.47%	0.29%	0.07%

表 8.6　$y=0$ 处切应力合力随 x 的变化　　　　　　　　　　单位：MPa

x	5	10	12.5	15	17.5	20
解析解	39.789	79.577	99.472	119.36	139.26	159.15
数值解	37.806	76.251	95.833	116.29	137.25	163.59
误差	4.98%	4.18%	3.66%	2.57%	1.44%	2.79%

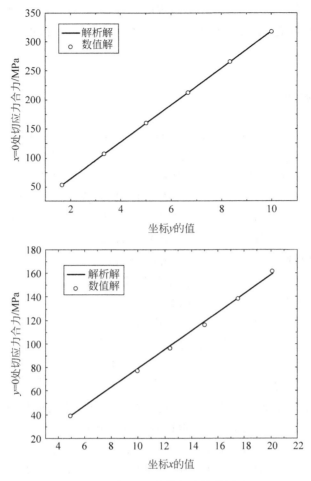

图 8.35 解析解和数值解计算结果对比

8.4.4 变分法

变分法是数学分析的一个分支,它是研究依赖于某些未知函数的积分型泛函极值的一门学科。简言之,变分法就是求泛函极值的方法。变分法最早出现在克莱罗(Alexis Claude de Clairault,1713—1765)1733 年发表的论文《论极大极小的某些问题》。而欧拉于 1744 年发表的著作《寻求具有某种极大或极小性质的曲线的技巧》标志着变分法的诞生。他在 1756 年的一篇论文中正式提出变分法(the Calculus of Variation)一词,变分法这门学科的命名由此而来。

变分法求解弹性力学问题的基本原理,就是要把弹性力学基本方程的定解问题,变为求泛函的极值(或驻值)问题。而在求问题的近似解时,泛函的极值(或驻值)问题又进而变成函数的极值(或驻值)问题。因此,最后把问题归结为求解线性代数方程组。简而言之,变分法就是求能量(功)的极值,在求极值时得到弹性问题的解,变分问题的直接法使我们比较方便地得到近似解。

与有限差分法一样,变分法也是较早出现的一种解决弹性力学问题的有效的数值解法,可以解决相对复杂的问题,然而当弹性力学边界条件过于复杂时,用变分法求出解答仍是比较困难的[4]。

8.4.5 边界元法

边界元法(Boundary Element Method,BEM)也是一种求解弹力力学问题的有效数值分析方法。1978 年,布莱比亚(Carlos A. Brebbia)用加权余量法推导出了边界积分方程,初步形成了边界元法的理论体系。随后,经过近 40 年的研究和发展,在数学方面进一步克服了由于积分奇异性造成的困难,同时又对收敛性、误差分析以及各种不同的边界元法形式进行了统一的数学分析,为边界元法的可行性和可靠性提供了理论基础。同时,发展了具有前后处理功能、可以解决多种问题的边界元法软件,推动了边界元法的工程应用。

边界元法基本原理:采用边界元法求解问题时,无须对区域进行离散(不同于有限元法),它是根据积分定理,将区域内的微分方程转换成边界上的积分方程。然后,对边界进行离散(图 8.36),将边界分割成为有限大小的边界元素,成为边界单元,把边界积分方程离散成代数方程,从而将求解微分方程的问题变换成求解关于节点未知量代数方程的问题。

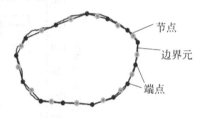

图 8.36 区域边界离散

边界元法的主要优点是,它可以降低问题求解的空间维数,同时可以通过降低方程组的阶数,使输入数据量减少。另外,它还非常适合处理开域问题,并具有较高的计算精度。但是,边界元法与有限元法相比较,具有一些明显的不足之处。它的系数矩阵为非对称性的满阵,导致用边界元法时难以应用计算机求解大型离散方程组;不仅如此,它的系数矩阵元素值需经数值积分处理,这样会消耗大量的计算机时。另外,它的应用以存在相应微分算子的基本解为前提,对于非均匀介质等问题难以应用。基于上述几点,边界元法的适用范围远不如有限元法广泛[5]。

思 考 题

8.1 分别举出解析和数值方法的优缺点。

8.2 什么叫有限元法?为什么说它是一种近似方法,它的近似性体现在哪里?

8.3 提高有限元法数值计算精度的措施有哪些?

8.4 有限元法在单元选择时应综合考虑哪几方面的因素?

8.5 有限元法的单元有几类?选择单元类型的依据是什么?

8.6 有限元法与有限差分法的区别是什么?各有什么优势?

8.7 有限差分法中应力函数 φ 及其导数的物理意义是什么?

习　　题

8.1　利用有限元一般线性关系式(8-1)证明插值关系式(8-6)和式(8-7)。

8.2　四节点矩形单元的位移函数可取

$$\begin{cases} u(x,y) = b_1 + b_2 x + b_3 y + b_4 xy \\ v(x,y) = b_5 + b_6 x + b_7 y + b_8 xy \end{cases}$$

试求它的插值函数,并证明它们满足插值函数的基本要求。

8.3　对于有限元方法实例中,证明例题中给定的各向同性状况下的单元刚度矩阵式(8-48)和式(8-50),并验证节点位移计算结果式(8-56)。

8.4　用差分法计算图 8.37 中 A 和 B 点的应力分量。

8.5　设一正方形的混凝土深梁(边长 $6h$),上边界受有均布压力 q,下角点处的两反力维持平衡,如图 8.38 所示。试由应力函数的差分解法,求各节点的应力分量。

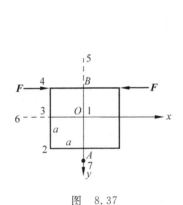

图　8.37

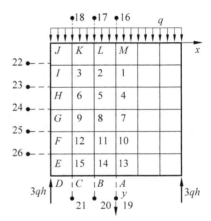

图 8.38　混凝土深梁示意图

参 考 文 献

[1]　Sadd,Martin H. Elasticity:Theory,Applications,and Numeric[M]. Academic Press,2009.

[2]　王勖成.有限单元法[M].北京:清华大学出版社,2003.

[3]　薛守义.有限单元法[M].北京:中国建材工业出版社,2005.

[4]　Struwe,M. Variational Methods[M]. Springer,1990.

[5]　姚振汉.边界元法[M].北京:高等教育出版社,2010.

[6]　徐芝纶.弹性力学简明教程[M].北京:高等教育出版社,2002.

第 9 章
实 验 方 法

9.1 概　　述

　　实验方法通过不同的测试原理和手段,可以得到结构在不同外力作用下的应力或应变,与解析方法、数值方法互为对照和补充,共同促进了弹性力学的发展。本章将从诸多实验测量方法中,重点选取应变片测量、光弹性测量、数字图像相关法等实验方法,介绍其测量原理和实现方法,同时也简单介绍与弹性力学相关的其他实验测试方法。

9.2 应变片测量

　　应变片测量技术于1938年由麻省理工学院的亚瑟教授(Arthur,1905—2000)和加州理工学院的爱德华教授(Edward,1911—2004)分别独立发明,现已成为重要的实验应力分析手段。应变片测量技术可测量频率较高的动态应变,测量范围较大,系统误差小、精度高,能适应复杂或恶劣的测量环境,易于实现数字化、自动化并能进行远距离测量及远程控制。应变片测量技术的不足之处:测量的应变为构件表面的局部应变,未测量部分需采用数据处理方法得到应变值,存在一定误差;当应变梯度较大时,测量精度较低。

9.2.1 测量原理

　　应变片测量技术是通过应变片测量构件表面的应变,再根据应力-应变关系确定构件表面应力状态的一种实验应力分析方法。其基本原理是将金属电阻的应变转化为电阻变化,通过测量电阻变化值,得到测量点的应变值。

由于应变片在测量时电阻的变化量(ΔR)一般很小,所以在应变片测量技术中,大都采用能精确测量微小电阻变化的惠斯通电桥电路。如图 9.1 所示,惠斯通电桥电路由四个桥臂 R_1、R_2、R_3 和 R_4 组成,其中任何一个都可以作为应变片,AC 两端接电源,称为电源端,BD 两端为输出端(测量端)[1]。

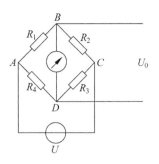

图 9.1 电桥应变测量电路

BD 输出端电压可表示为

$$U_{BD} = U_{BC} - U_{DC} = \frac{UR_2}{R_1 + R_2} - \frac{UR_3}{R_3 + R_4}$$

$$= \frac{U(R_2R_4 - R_1R_3)}{(R_1 + R_2)(R_3 + R_4)} \qquad (9\text{-}1)$$

可以看出,当满足 $R_1R_3 = R_2R_4$ 时,电桥平衡,输出为零。常用的电桥形式包括等臂桥和半等臂桥,在等臂桥中,$R_1 = R_2 = R_3 = R_4 = R$;在半等臂桥中,$R_1 = R_2 = R'$,$R_3 = R_4 = R''$,而 $R' \neq R''$。

下面仅以等臂桥为例进行讨论。为满足不同的测量精度和可操作性,常用的等臂桥测量电路包括单臂电桥电路、半桥电路、全桥电路等三种形式,其测量精度依次增高,而安装依次趋于复杂。

单臂电桥电路如图 9.2 所示,电路中仅有一个电桥电阻为应变片,因而在试件上只需焊接或粘贴一处应变片,可操作性最强,但测量精度最低。针对单臂电桥,四个桥臂中只有 R_4 是应变片,其余为电阻。应变片阻值变化为 ΔR,则有

$$U_{BD} = \frac{U[R_2R_4 - (R_1 + \Delta R)R_3]}{(R_1 + \Delta R + R_2)(R_3 + R_4)} = \frac{U[R^2 - (R^2 + R\Delta R)]}{4R^2 + 2R\Delta R} = -\frac{U\Delta R}{4R + 2\Delta R} \qquad (9\text{-}2)$$

略去小量 ΔR 得

$$U_{BD} \approx \frac{U\Delta R}{4R} = \frac{UK\varepsilon}{4} \qquad (9\text{-}3)$$

其中,电桥灵敏度系数 K、电源端电压 U 为已知,只要测出 U_{BD},即可得应变 ε。

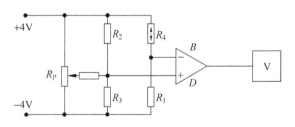

图 9.2 单臂电桥电路示意图

半桥电路如图 9.3 所示。在半桥电路中,有两个电桥电阻 R_1、R_4 为应变片,焊接或粘贴于试件表面,使两个应变片变形方向相反,即 R_1 为拉伸,R_4 为压缩,从而使测量精度较单臂电桥有所提升。

全桥电路如图 9.4 所示。在全桥电路中,四个电桥电阻均被替换为应变片,焊接或粘贴于试件表面,使四个应变片变形方向两两相同,即 R_1、R_3 为拉伸,R_2、R_4 为压缩,此种电桥操作最为复杂,但测量精度最高。

在上述等臂桥测量电路中,为消除温度差异导致的应变偏差,通常采用温度补偿电路,

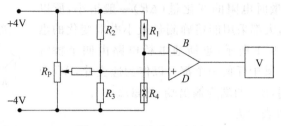

图 9.3 半桥电路示意图

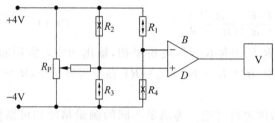

图 9.4 全桥电路示意图

用补偿片是应变电桥温度补偿方法中的一种。如图 9.5 所示,工作片 $R_1 = R'$ 与补偿片 $R_2 = R''$ 阻值相等。当温度变化时,两应变片的电阻变化值也相等,即 $\Delta R_1 = \Delta R_2$,仍满足电桥平衡条件。

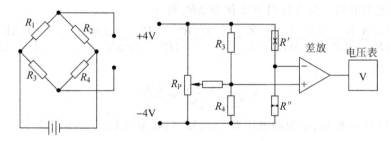

图 9.5 温度补偿电路示意图

9.2.2 测量系统

电阻应变片测量试验系统如图 9.6 所示,系统由电阻应变片、安装结构、数据采集系统、显示输出四部分组成。

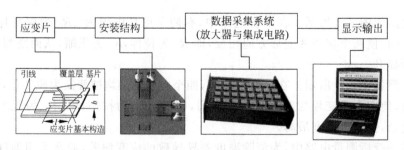

图 9.6 电阻应变片测量试验系统

电阻应变片由基片、覆盖层、引线组成,测量时应变片上加有一定电压,从而使应变片上通过一定电流。为了防止电流过大,要求应变片具有一定电阻,而为了尽量减小应变片面积,通常将其做成栅状结构。

应变片通过安装结构(如焊接或粘贴)固定于被测试件表面,根据所需测量的应变值采用不同的安装结构。图 9.6 为测量多轴应变的应变花的安装结构。

数据采集系统由放大器与集成电路构成,用以采集各应变片输出的电压信号,并将其进行转换放大后输出至计算机,计算机完成显示输出。

显示输出由计算机系统组成,可以显示实验参数的实时变化情况。使用者可以设定需要显示的参数,对数据保存、输出。

9.2.3 测量实例

本节以第 7 章所讨论的旋转轮盘应力分布为测量实例进行说明[2]。在旋转轮盘应变的测量过程中,将应变片牢固粘贴于轮盘表面的待测点上,当轮盘旋转受离心力产生变形时,应变片和轮盘一起变形,其电阻则相应发生变化。

轮盘在旋转过程中产生变形,应变片的电阻变化通过电桥电路转换成电压变化,将电阻应变片引出的导线经过滑环式引电器引出后,接入多点接线箱和电阻应变仪,最后可以从电阻应变仪的显示屏上直接读取应变的数值。

实验中以直流电动机为传动装置,通过计算机调节直流输出电压,从而调节直流电机的转速,并经过增速器增速驱动轮盘转动,实验设备装置和测试系统如图 9.7 所示。轮盘试件为周边开缝式圆盘,如图 9.8 所示。整理实验测得的应变数据并按胡克定律换算成应力值,试验结果与理论计算结果对比如图 9.9 所示。

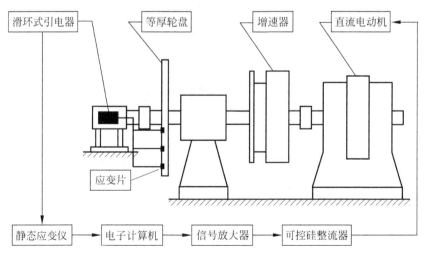

图 9.7 实验设备和测试系统

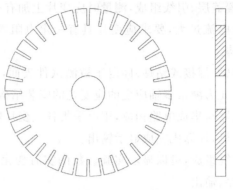

图 9.8 轮盘试件

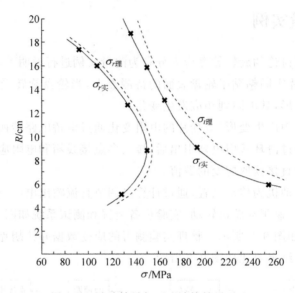

图 9.9 试验结果与理论计算结果对比

9.3 光弹性测量

1816 年,大卫·布儒斯特(David Brewster,1781—1868)发现了人工双折射原理:一些原本是光学各向同性的非晶体透明材料受力后会变成光学各向异性,且呈现出类似于晶体的光学特性,在白光或单色光的照射下,可观察到彩色或黑白图案;当应力去除后材料恢复各向同性。光弹性测量就是利用人工双折射原理实现的。目前,光弹性测量在航空航天、汽车、土建水利、生物力学、机械制造等领域都有着广泛的应用[1]。

9.3.1 测量原理

光弹性测量是一种用光学方法测量受力模型上各点应力状态的实验方法。采用具有双折射性的透明材料制成与实际构件形状相似的模型,施加与实际构件相同的载荷后,将其置于偏振光场中,模型承载后会呈现出光学干涉条纹,根据光学原理从而得到模型的应力分布。对于各向同性材料的简单构件,在拉伸、压缩、扭转和弯曲等弹性变形下的应力分布与材料无关,因此可以使用光弹材料通过实验获得真实构件的应力分布[3]。下面介绍光弹性测量技术涉及的光学原理。

1. 光学定律

当平面偏振光垂直入射透明的平面应力模型时,由于模型的光学各向异性,光波沿入射点的两个主应力方向也会分解为两束振动方向相互垂直的平面偏振光 o 光和 e 光,它们在模型中的传播速度不同,因此产生光程差 Δ:

$$\Delta = Ch(\sigma_1 - \sigma_2) \tag{9-4}$$

其中,C 为应力光学常数,与材料有关;h 为模型厚度;σ_1、σ_2 为两个主应力,且 $\sigma_1 > \sigma_2$。该式表明,如果模型的厚度和材料一定,经过模型上任意一点透射来的两束平面偏振光的光程差与该点的主应力差成正比。这样,通过测量模型各点处的光程差就可得到模型各点的主应力差。

2. 等差线和等倾线

光弹性测量技术主要是基于模型上的等倾线和等差线条纹进行分析的。模型上主应力差值都相同的点构成等差线,根据等差线可以定性判断模型上各点主应力的大小;而一系列主应力倾角都相同的点构成等倾线,用等倾线可以求出模型上各点主应力的方向。

如图 9.10 所示,将两块偏振片放置在平行光场的光路中,来自光源的自然光,通过第一个偏振片后,变成一束振动平面与偏振片主轴一致的平面偏振光。因为它使自然光变成平面偏振光,所以称为起偏镜,以 P 来表示,它的主轴称为起偏轴。转动第二个偏振片,就可以发现视场时亮时暗,这说明第二个偏振片对来自起偏镜的平面偏振光有检查的作用,所以称之为检偏镜,以 A 表示,其主轴称为检偏轴。当 A 垂直于 P,视场达到最暗,这一视场称为正交平面偏振场(或称暗场)。若 A 平行于 P,则视场达到最亮,这时的视场称为平行平面偏振场(或称亮场)。在实验时,常常使用这两种偏振场。将上述二个光学元件装配起来,就是一台偏光弹性仪的主体。再在仪器的偏振场中安装一个加载架,并对模型施加载荷,就可以进行实验了。

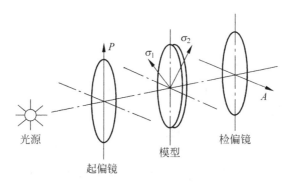

图 9.10 受力模型在正交平面偏振光场中

当光程差 Δ 为光波波长 λ 的整数倍，即 $\Delta = n\lambda\,(n = 0,1,2,\cdots)$ 时，到达检偏镜 A 时产生消光干涉，呈现黑点，这些黑点形成一条深暗色的等差线。根据式(9-4)，可得

$$\sigma_1 - \sigma_2 = \frac{n\lambda}{hC} = \frac{nf}{h} \tag{9-5}$$

其中，$f = \lambda/C$ 称为材料条纹值。由此可知，等差线上各点主应力差相同，对应不同的 n 有 0 级等差线、1 级等差线、2 级等差线……，如图 9.11 所示。

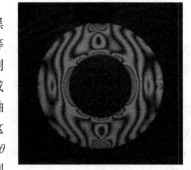

当应力主轴与偏振轴重合时，也产生消光干涉，呈现黑点，模型上应力主轴与偏振轴重合的各点形成黑线，称为等倾线。同一条等倾线上各点的两个主应力方向相同，分别与此时起偏镜和检偏镜的光轴方向重合。选取垂直方向或者水平方向为基准方向，先使起偏镜 P 或检偏镜 A 的光轴与基准方向重合，得到的等倾线称为 0° 等倾线。然后从这个方向开始，逆时针同步转动起偏镜 P 和检偏镜 A，转过 θ 时（θ 为等倾线上各点主应力方向与基准方向的夹角）得到的等倾线称为 θ 等倾线。图 9.12 所示的是对径受压圆环 0°～90°等倾线。

图 9.11　对径受压圆环的等差线

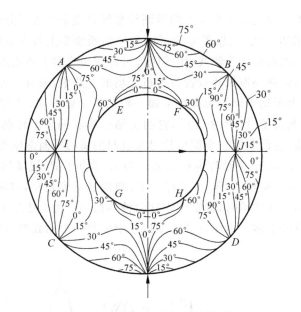

图 9.12　对径受压圆环的等倾线

在正交平面偏振光中，同时存在等倾线和等差线。为了消除等倾线，以便获得清晰的等差线图，在两偏振片之间加入一对 1/4 波片，且两波片的快轴（或慢轴）相互正交。当起偏轴 P 与检偏轴 A 相互正交时，称为双正交圆偏振光场，如图 9.13 所示。

光弹性测量原理基于光学定律，根据模型上的等倾线和等差线条纹进行应力分析。光弹性实验方法的特点是直观性强，用它不但可以准确地解决二维模型的应力分析问题，而且也可以有效地解决三维模型的应力分析问题，为强度设计提供比较完善的资料。这个方法尤其对从强度观点寻求结构（或零件）的合理设计和确定应力集中系数更为有效。这对承受

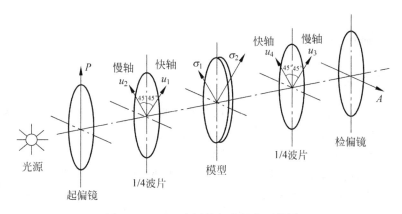

图 9.13 双正交圆偏振光场布置简图

重复应力作用的零件的设计和制造具有重要的实际意义。迄今,各种零件设计中的应力集中系数的图表,差不多都是用光弹性实验方法获得的。

9.3.2 测量系统

光弹性测量系统由光源(包括单色光源和白光光源)、一对偏振镜、一对 1/4 波片、透镜和屏幕组成,模型 M 放在中间的加载架上。光弹性测量系统原理示意图如图 9.14 所示,测量系统如图 9.15 所示。用平面偏振光通过图 9.14 所示的模型,模型在光路承载后于成像系统的显示屏上可看到干涉条纹。

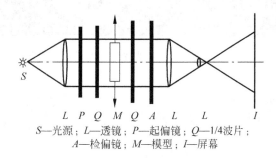

L P Q M Q A L L I

S—光源; L—透镜; P—起偏镜; Q—1/4波片;
A—检偏镜; M—模型; I—屏幕

图 9.14 光弹性测量系统原理示意图

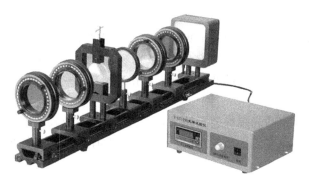

图 9.15 F-GT1190(B)光弹性测量系统

9.3.3   测量实例

1. 简支梁三点弯曲

图 9.16 为载荷 P 作用下的简支梁三点弯曲试验系统。将光弹性测量仪器调整为正交圆偏振光场，并在梁上画出支座、载荷 P 的位置线。在加载梁上安装试件后，逐级压缩加载，可观察到动态的等差线条纹；然后将检偏镜 A 单独旋转 90°，得到半级数条纹图案，标明级数，记下载荷 P。卸下 1/4 波片，将光路调整为正交平面偏振光场，适当减少载荷，同步反时针方向转动二偏振镜，观察等倾线变化规律。

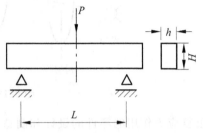

图 9.16   简支梁三点弯曲光弹性
测量示意图

简支梁三点弯曲光弹性测量结果如图 9.17 所示，三点接触的部位呈现较为明显的明暗条纹，说明该处有较大的应力梯度，存在应力集中现象。图 9.18 为有限元分析结果，两者结果相吻合。

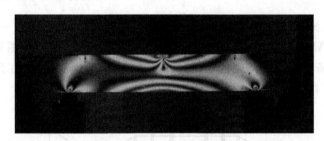

图 9.17   简支梁三点弯曲光弹性测量等差线条纹

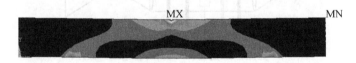

图 9.18   简支梁三点弯曲有限元分析 von Mises 应力云图

2. 小孔应力集中

由第 7 章可知，小孔处会出现应力集中现象。本实验用光弹性法测定带圆孔板的孔边应力集中系数。将光弹仪调整成为正交圆偏振光场，把图 9.19 试件置于加载架上，对试件逐级拉伸加载，即可观察等差线的变化规律；当孔边出现 4～5 级条纹时，记录条纹图案，记下此时的载荷。

图 9.20 为小孔部位的光弹性测量结果，在孔边部位呈现较为明显的明暗条纹，说明该处有较大的应力梯度，存在应力集中现象。图 9.21 为有限元分析结果，实验与有限元分析结果相符合。

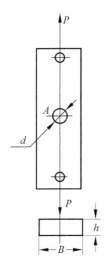

图 9.19 小孔应力集中试件示意图

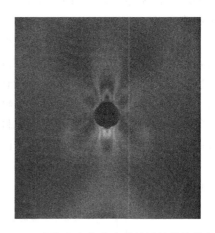

图 9.20 小孔应力集中光弹性测量等差线条纹

图 9.21 小孔应力集中有限元分析 von Mises 应力云图

9.4 数字图像相关法

数字图像相关法(Digital Image Correlation Method,DICM)是一种基于计算机视觉技术的图像测量方法,又称数字散斑相关法(Digital Speckle Correlation Method,DSCM),该方法于 20 世纪 80 年代由日本的 Yamaguchi 和美国的 W. H. Peters 分别独立提出,是一种用于全场应变测量的非接触式测量方法。由于其简单易用、自动化高、可全场测量、实用性强等技术优点,目前已广泛应用于工程实践。

9.4.1 测量原理

物体在变形过程中,其表面随机分布的粒子的反射光强度会随着变形过程而发生改变,通过计算机分析变形前后反射光强度或灰度的相对变化,可以得到被测物体表面的位移场,这就是 DICM 的基本原理。在得到位移场的基础上,通过后续处理,即可得到被测物体的应力场和应变场。

由于被测物体表面散斑点分布的随机性,每点周围一个小的区域内的斑点分布是各不相同的,考虑到待测区域所包含的散斑点信息较多,可以将待测区域划分为若干正方形小区域,通过分析每个小区域的变形,从而得到整个待测区域的变形情况,这样的小区域通常也被称为子区。如图 9.22 所示,对于被测物体表面的任意一点,其变形情况可以通过以该点为中心的子区的移动和变形来完成。在材料变形后,被测表面不同的标记点将产生不同大小和方向的位移,利用插值思想,选用不同的位移插值模式,可以描述被测表面不同的变形情况。图 9.22 给出了以点 P 为中心,由点 P 及其周围像素组成的子区在变形前后形状和灰度的变化情况。

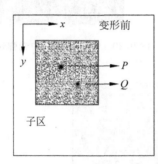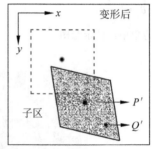

图 9.22 子区变形示意图

得到被测表面各点变形前后的对应关系后,即可得到网格点位移值,进而得到待测表面的位移场,结合几何方程(3-61),通过求导运算可得到应变场,再代入本构方程(4-3)就可得应力场。所以,DICM 的实质在于通过数字图像技术得到被测物体表面变形前后的位移场,然后根据已有弹性理论计算得到相应的应变和应力场。

9.4.2 测量系统

DICM 测试系统由于要实现对试件的加载,对试验过程及图像的观测以及对数据的采集、分析等,通常由多个子系统组成,一般包括加载、观测、处理三个子系统,如图 9.23 所示。

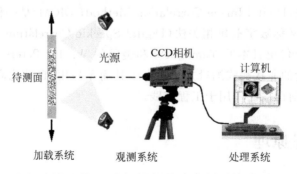

图 9.23 DICM 测试系统示意图

加载系统主要实现试件的装卡以及载荷的施加,根据所研究的问题不同,加载系统的组成也不同,例如单轴拉伸、三点弯曲、旋转轮盘应力分布等。对于一些特定场合,可直接利用DICM实时测量工程结构的变形或应变场,并不需要专门的加载系统,例如,工作状态下齿轮的应变场测量、汽车车门撞击试验、肩胛皮肤运动测量等。加载系统中需要在试件的待测面上喷涂散斑,还需要辅助光源照射,以保证观测系统拍摄清晰。

观测系统主要负责采集变形过程中被测表面数字散斑图像。对于平面测量可采用单个CCD相机;若采用两个或多个组成一定角度的CCD相机,可以进行三维重构,其测量原理与人眼功能类似;对于微观结构的变形,如微机械电子系统(MEMS),可采用扫描电子显微镜(SEM)采集图像;对于高速运动的物体,如振动中的叶片、旋转的轮盘等,可采用高速相机采集图像。

处理系统主要通过DICM分析软件对采集图像进行分析处理,完成待测区域位移场的计算以及后处理的显示工作。数字图像技术的相关运算是DICM的关键,选取合适的子区大小、计算步长和相关算法是影响速度和精度的主要因素。

9.4.3 测量实例

1. 简支梁三点弯曲

本节采用DICM观测等截面梁三点弯曲过程中梁平面应变分布及弹塑性转变过程。如图9.24所示,等截面梁材料选用304不锈钢,对试件进行表面喷漆处理,得到符合要求的表面散斑,梁两端支撑,中间受压。

图 9.24 三点弯曲试件散斑处理及加载方案

试验装置如图9.25所示。调整左右两个相机的高度、角度、焦距和光圈,使待测区域清晰呈现在屏幕中央,保证左右相机对应的中心线对准被测区域的同一位置,选择合适的校准板进行校准,校准通过后,启动试验机,进行等截面梁三点弯曲试验,设置CCD相机采样频率,采集试件变形过程中的散斑图像。

图 9.25 DICM 等截面梁三点弯曲测试试验装置

等截面梁三点弯曲弹性阶段梁平面应变场分布如图 9.26 所示,与有限元分析结果类似,最大应变出现在压头和梁下方中点位置,梁上方压头处与两支撑处受压(深色区域),梁下方中间位置受拉(深色区域)。

图 9.26　等截面梁三点弯曲梁面 ε_{xx} 分布云图

2. 小孔应力集中

如图 9.27 所示,带孔试件采用 45♯钢材质,对试件进行表面喷漆处理,得到符合要求的表面散斑,试件通过上下销钉孔装卡和加载。

图 9.27　带孔平板散斑处理及加载方案

试验系统如图 9.28 所示,调整左右两个相机,选择合适的校准板进行校准,校准通过后,对试件进行拉伸加载,设置 CCD 相机采样频率,采集试件变形过程中的散斑图像。

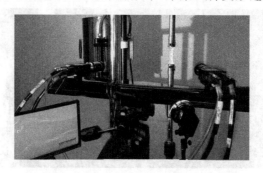

图 9.28　DICM 小孔应力集中测试试验系统

　　带孔平板弹性阶段孔边应变场分布如图 9.29 所示,与有限元分析结果类似,孔边表现出明显的应力(变)集中现象,远离孔边应力(变)集中迅速衰减,当平板上下两侧受拉时,小孔上下两端受压,小孔左右两侧受拉。

DICMε_{yy}测试结果

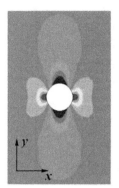

有限元ε_{yy}计算结果

图 9.29　带孔平板受拉时孔边 ε_{yy} 分布云图

9.5　重点概念阐释及知识延伸

9.5.1　云纹干涉法

　　云纹是指两个空间频率相差不大的光栅叠加在一起所产生的明暗交错的条纹图案。云纹在生活中也很常见,如图 9.30 所示,将两把梳子成一定角度叠放在一起,可观测到类似的明暗交错条纹。云纹干涉法是一种应用高密度衍射光栅和激光干涉技术进行位移和应变测量的现代光测力学方法。如图 9.31 所示[4],在试件被测表面布置光栅(试件栅),当两束准直光 A、B 对称入射试件栅时,将会得到沿试件表面法线方向传播的 A 的正一级衍射光波 A' 和 B 的负一级衍射光波 B',若试件处于空载状态,试件栅规则排列,A'、B' 均为平面光波,不出现干涉条纹,若试件受载发生变形,试件表面的试件栅随之发生改变,在成像系统出现明暗相间的干涉条纹,通过测量衍射光波干涉条纹的间距和方向就可计算得到试件表面的位移场。

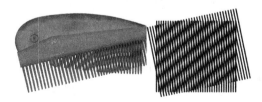

图 9.30　云纹形成示意图

　　图 9.32 给出了三维云纹干涉系统的示意图,单束激光通过分光光栅转化为四路准直光,通过四面反射镜将四束光转化为两组对称入射光,根据前面所述的云纹干涉原理,就可以得到试件表面不同方向的位移场。

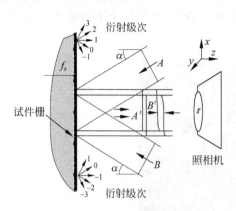

图 9.31   云纹干涉原理图

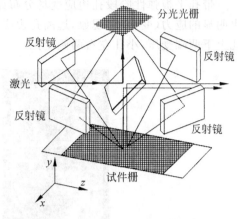

图 9.32   三维云纹干涉系统示意图

举例：云纹干涉法测量等截面梁三点弯曲时的应变$(\varepsilon_x,\varepsilon_y,\tau_{xy})$分布。图 9.33 给出了等截面梁三点弯曲时梁平面 u 场和 v 场干涉云纹分布情况。条纹的实质是给定方向的位移等值线，位移等值线上某点的梯度大小或条纹间距对应应变的大小。对于 u 场云纹图，条纹级数沿 x 方向的梯度反映了沿 x 方向的应变 ε_x，同理 v 场云纹图沿 y 方向的梯度则反映了 y 方向的应变 ε_y，若结合 u 场云纹沿 y 向的梯度和 v 场位移沿 x 向的梯度，则可得到考核点的剪应变 τ_{xy}。在图 9.33 所示的 u 场条纹图中，中性面条纹的走向与 x 方向重合，梯度为 0，即中性面沿 x 方向 $\varepsilon_x=0$，这与梁弯曲假设是相符的。

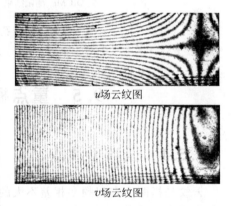

u 场云纹图

v 场云纹图

图 9.33   梁三点弯曲梁平面云纹分布图

9.5.2   激光散斑干涉法

激光散斑干涉法是通过记录散斑随物体变形或运动前后的图像，分析散斑图在激光照射下得到的干涉条纹从而获得待测表面位移场的光测实验力学方法。如图 9.34 所示，一束激光（相干光）入射漫反射表面或透明散射体（如毛玻璃），若反射光波相位差满足相长干涉条件，则在空间形成亮点，若反射光波相位差满足相消干涉条件，则在空间形成暗点，最后在散射表面或附近的光场中会出现随机分布的亮斑和暗斑，这些斑点也称为激光散斑[5]。散斑的分布规律取决于照射的光源以及被照射物体表面的结构，若入射光源保持不变，散斑图的信息则反映了待测表面的特征。如果试件表面发生微小变形，散斑也会随之发生变化，将变形前后得到的散斑图记录在同一张底板上，

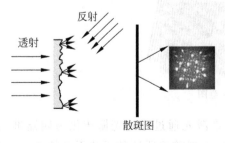

图 9.34   激光散斑形成原理图

由于变形微小,前后两次散斑成对出现,可以得到无数对方向一致,孔距大体相等的双孔,双孔的取向和间距对应各点的位移,在激光的照射下会发生双孔衍射,进而形成杨氏干涉[6]条纹,条纹的分布和间距即反映了试件表面的位移场信息。

图 9.35 为典型的激光散斑干涉法测量系统,主要由散斑记录部分以及散斑图分析部分组成。单束激光通过快门后形成相干光束,当激光入射待测物时,由于物体表面的漫反射,在附近空间形成明暗不同的散斑,通过成像系统可在照相底板上记录待测物变形前后的散斑图。将得到的散斑图置于分析光路中,在激光的照射下,根据双孔衍射原理,在屏幕上会呈现明暗相间的杨氏干涉条纹,分析条纹的方向和间距,即可得到待测表面的位移场。

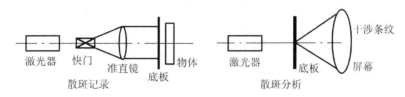

图 9.35 激光散斑干涉法测量系统

举例:激光散斑干涉法测定焊接接头处沿加载方向应变场[7]。如图 9.36 所示,铝合金拉伸试件中部经焊接连接且焊缝处存在凸起,将试件置入图 9.35 所示的光路图中,试件两端施加拉伸载荷,记录接头及附近区域加载前后对应的散斑图,通过散斑分析系统,可以获得明暗相间的干涉条纹,若对条纹进一步进行分析处理,可以得到焊接接头处沿加载方向的应变场。如图 9.36 所示,云图从左到右表示测试区域逐渐远离焊接接头处,其中,A 区域代表高应变分布区域,B 区域表示低应变分布区域,可以看出,由于焊缝的存在,试件接头处应变场存在较大的梯度,越靠近焊缝接头,应变值越大,远离焊缝接头,应变值逐渐减小。

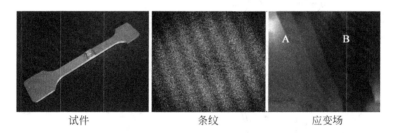

图 9.36 激光散斑干涉法测量焊接接头处沿加载方向应变场

9.5.3 全息干涉法

全息干涉法是利用全息照相原理获得物体变形前后所对应光波波阵面的干涉条纹,通过分析干涉条纹的分布情况来测量物体的变形或振动的一种光测实验方法。如图 9.37 所示,全息干涉法原理分为全息图记录和全息图再现两部分。激光发生器发出的一束激光,经过分光镜之后分为两束相干光,其中一束入射物体表面,经过物体反射(或透射)后向全息底板传播,另一束通过反射镜后直接射向全息底板,两束光(物光和参考光)在全息底板上相遇并发生干涉,形成复杂的干涉条纹(全息图),这些条纹反映了物体表面的信息;全息图再现只需用参考光入射已记录信息的全息底片即可,这就是全息照相的原理。在全息图记录过程中,若在物体变形前后两次进行曝光,则同一张全息底板上记录了物体表面变形前后的信息,用参考光入射得到的全息图,会衍射出对应变形前后的两束物光波,这两束光波会在空间干涉并形成干涉条纹,干涉条纹即反映了物体表面变形的情况。

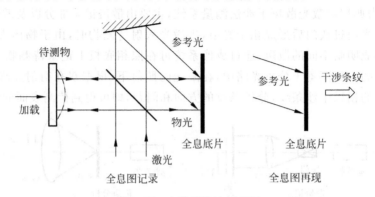

图 9.37 全息干涉法原理图

针对上述的测试原理,全息干涉法测量系统也可分为全息干涉记录系统和全息干涉再现系统。全息干涉记录系统如图 9.38(a)所示,氦氖激光器发出的激光经分束镜后一分为二,其中一束经反射镜和扩束镜后直接入射全息底片(参考光),另一束经反射镜和扩束镜后入射待测物体表面,经待测物体反射后射向全息底片(物光),两束光波在全息底片上发生干涉并由全息底片记录试件表面信息。全息干涉再现系统如图 9.38(b)所示,参考光经反射镜和扩束镜后入射经全息干涉记录系统记录的全息底片,此时两束物光波在空间发生干涉并形成干涉条纹,通过分析条纹间距,即可以得到被测区域的位移场或应变场。

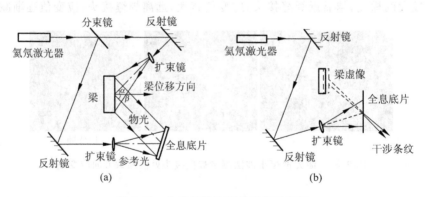

图 9.38 全息干涉法测量系统示意图

举例:全息干涉法测量悬臂梁微小位移。如图 9.39 所示,带刻度的金属悬臂梁通过螺栓固定在支座上,悬臂梁左侧固定一个定滑轮,悬臂梁顶部开一小孔用以连接带砝码的细绳,砝码重力通过滑轮对悬臂梁进行加载[8]。将实验装置置于图 9.37 所示的光路中,在未添加砝码时进行第一次曝光,记录悬臂梁初始状态的全息图;通过添加砝码对悬臂梁加载,使悬臂梁发生微小变形,稳定后进行第二次曝光,在同一全息干板上记录金属梁受力变形后的全息图。将参考光照射在全息图上,衍射产生的两束物光波发生干涉,形成干涉条纹。如图 9.39 所示,通过分析第 k 级明(暗)条纹其所在的位置及有关参量就可以得到金属悬臂梁的微小变形。

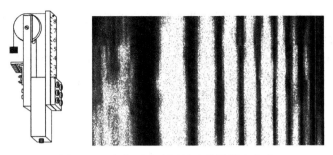

图 9.39　全息干涉法测量悬臂梁微小位移

思　考　题

9.1　在什么实验条件下,电阻应变的测量方法受到限制?

9.2　用应变片测量时,为什么必须采用温度补偿措施?

9.3　光弹性实验中偏振片和 1/4 波片的摆放顺序及原因?

9.4　如何理解数字图像的灰度? 如何根据灰度搜索变形后的子区?

9.5　数字图像相关方法测量精度与哪些因素有关?

9.6　云纹法和云纹干涉法有何区别?

9.7　举例说明激光散斑法在医学上的应用。

习　　题

9.1　在 DICM 测试中,设参考子区中任一点 $P(x,y)$ 经过变形后对应目标子区的点 $P'(x',y')$,设 u,v 分别代表参考子区中心点 $P_0(x_0,y_0)$ 在 x 方向和 y 方向的位移,试用点 P 坐标和 u,v 表示变形后目标子区内对应点 P' 的坐标。(1)只发生刚体位移(0 阶位移函数);(2)考虑刚体位移、伸缩和剪切变形(一阶位移函数);(3)考虑刚体位移、伸缩和剪切变形(二阶位移函数)。(提示:参考几何方程的推导)

9.2　图 9.40 为一直流电桥,供电电源电动势 $E=3\mathrm{V}$,$R_3=R_4=100\Omega$,R_1 和 R_2 为同型号的电阻应变片,其电阻均为 50Ω,灵敏度系数 $K=2.0$。两只应变片分别粘贴于等强度梁

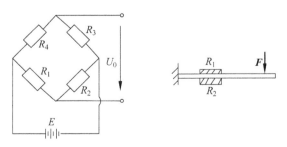

图 9.40　应变片接线图

（梁的各个截面上最大应力值相等）同一截面的正反两面。设等强度梁在受力后产生的应变为 5000，试求此时电桥输出端电压 U_0。

　　9.3　请读者仿照式(9-2)、式(9-3)推导半桥电路、全桥电路输出电压与电阻应变片阻值变化的关系（假定阻值变化绝对值相同，方向按文中给定）；并分析三种电桥的测量精度。

参 考 文 献

[1]　尹协振，续伯钦，张寒虹. 实验力学[M]. 北京：高等教育出版社，2012.

[2]　发动机结构强度实验室. 旋转轮盘应力实验指导书[M]. 北京：北京航空航天大学能源与动力工程学院，2006.

[3]　大连工学院数理力学系光测组. 光弹性实验(一)——光弹性实验原理和方法的介绍[J]. 力学学报. 1976，4.

[4]　戴福隆，沈观林，谢惠民. 实验力学[M]. 北京：清华大学出版社，2010.

[5]　王开福，高明慧，周克印. 现代光测力学技术[M]. 哈尔滨：哈尔滨工业大学出版社，2009.

[6]　刁述研，鲁运庚. 托马斯·杨与杨氏干涉试验[J]. 物理. 1999.

[7]　王秋芬. 利用激光全息干涉法测量梁的微小位移[J]. 物理实验. 2006，26(8).

[8]　潘海博. 焊接接头应变集中的激光散斑干涉精确测量方法研究[D]. 哈尔滨工业大学，2013.